U0379387

普通高等教育"十一五"国家级规划教材

高职高专电子信息类专业规划教材

电子设备维修技术

第 2 版

主　编　陈梓城

副主编　林训超　孙丽霞

参　编　李伟民

主　审　唐程山

机 械 工 业 出 版 社

本书由 2000 年出版的同名教材修订而成，主要内容为电子仪器设备维修基础、电子设备故障诊断方法、电子电路调试与故障诊断、电子电路抗干扰技术及调试、示波器原理与维修、数字电压表原理与维修、微机彩色显示器原理与维修等。在本次修订过程中，除介绍传统的故障诊断方法外，还增加了电子设备故障机理分析、故障自诊断技术、专家系统故障诊断方法、故障树分析法、神经网络法、电子设备故障诊断的信息融合技术、机电设备故障诊断的 Agent 技术、新型真有效值数字电压表的原理与故障诊断等。另外，增加了先进实用的知识，如第 3 章增加电路故障分析、诊断等。编写过程中融入了作者的工程实践经验和教学经验，力求通俗易懂，降低难度，如在复杂电路分析时列出信号流程等。

本书可作为高职、高专电子信息类专业教材，对电子工程技术人员、维修人员、高校电子信息类专业教师和高年级学生来说是一本具有实用价值的参考书。

为方便教学，本书为教师配有电子教案、习题解答、试卷、授课进程和教学大纲等，凡选用本书作为授课教材的学校，均可来电索取，咨询电话：010-88379375。

图书在版编目（CIP）数据

电子设备维修技术/陈梓城主编. —2 版. —北京：机械工业出版社，2008.3（2019.1 重印）

普通高等教育"十一五"国家级规划教材. 高职高专电子信息类专业规划教材

ISBN 978-7-111-07909-5

Ⅰ. 电… Ⅱ. 陈… Ⅲ. 电子设备—维修—高等学校：技术学校—教材 Ⅳ. TN05

中国版本图书馆 CIP 数据核字（2007）第 206427 号

机械工业出版社（北京市百万庄大街22号　邮政编码100037）
策划编辑：于　宁　责任编辑：曲世海　责任校对：张晓蓉
封面设计：王伟光　责任印制：李　飞
三河市国英印务有限公司印刷
2019 年 1 月第 2 版第 8 次印刷
184mm×260mm · 18.25 印张 · 448 千字
标准书号：ISBN 978-7-111-07909-5
定价：42.00 元

前　言

本教材自 2000 年出版以来，多次重印。2006 年被列为普通高等教育"十一五"国家级规划教材，修订后予以出版。

在再版修订过程中，将本教材使用的经验及其体会融入其中，以培养学生的电子技术应用能力和电子设备维修能力为主线，力图体现职业教育的特色。

1. 综合性

本教材将电子维修基础知识、维修示例，电子电路故障分析、诊断和电子电路抗干扰技术等知识加以综合。电子电路抗干扰能力是电子技术应用能力的重要组成部分。随着电子电路频率的升高，抗干扰显得越来越重要，而单独开课在时间上不允许，但在电子设备的试制、维修过程中，会遇到抗干扰调试的问题，故将其编入本教材。

2. 先进性

为适应电子技术及电子设备维修技术快速发展的新形势，对原教材内容进行了修订，编入电子设备最新故障诊断方法：故障自诊断技术、专家系统故障诊断方法、故障树分析法、神经网络法、电子设备故障诊断的信息融合技术、机电设备故障诊断的 Agent 技术和新型真有效值数字电压表等内容。

3. 实用性

本教材中的内容是前人工程实践经验的总结，学了有用、实用。将抗干扰技术专著变薄，以最简洁的方式在十几课时内把实用的知识介绍给读者。增加了许多实用性强的知识，如第 1 章增加电子设备故障机理分析、提高电子设备可靠性的方法等，第 3 章增加故障分析及常用电路故障诊断示例；增加了实用性强、有益于培养能力的习题等。

4. 职业技术岗位针对性与适应性

电子信息类专业高职毕业生的第一岗位半数以上为调试员、维修员，本教材介绍的知识、能力要素是职业岗位所必需的，能使毕业生尽快满足职业岗位工作要求，又为其日后发展打好基础。

5. 浅显性

本教材融入了作者的工程实践经验和教学经验，力求通俗易懂，降低难度；不作公式推导，直接给出应用公式、经验公式；分析复杂电路时列出信号流程等。

6. 系统性

在教学内容的安排上，依照先介绍故障诊断方法，后通过故障诊断、检修示例介绍方法应用的思路进行编写。在本次修订过程中，对维修示例进行了删减；对一些教学内容的编写顺序作了调整，使之更具系统性，便于教师组织教学和学生掌握。

7. 方便性

新编入的现代故障诊断方法涉及到模糊集合的知识，为便于知识的衔接和读者自学，把模糊集合的基础知识以简洁、易懂的编写方式，列在附录中。

8. 配套性

为方便教学，本书为教师配有免费电子教案、习题解答、试卷、授课进程和教学大纲等，凡选用本书作为授课教材的学校，均可来电索取，咨询电话：010-88379375。

本书具有一定的工程实用价值，除用作教材外，对电子工程技术人员、维修人员、高校电子信息类专业教师和高年级学生来说是一本具有实用价值的参考书。

本书第1版由陈梓城教授任主编，林训超副教授任副主编，孙丽霞教授、魏中老师和李伟民高级工程师参编。

本书第2版由陈梓城教授任主编，林训超副教授任、孙丽霞教授任副主编，李伟民高级工程师参编。其中林训超编写了1.7节、1.8节和第5章；孙丽霞编写了第4章；李伟民编写了第7章；其余各章节由陈梓城编写。

本书第1版、第2版均由唐程山副教授任主审。他认真审阅了书稿，并提出了许多宝贵意见。在本书修订过程中，参阅了大量参考文献。编者的学生袁绍德、李强做了大量的文字录入工作和制图工作。在本书再版之际，一并表示衷心的感谢！

由于编者水平有限，书中存在的错误与不妥之处，恭请同行专家及读者批评指正。

编　者

目　　录

绪　　论

　　随着经济的不断发展和科技的不断进步，电子仪器设备应用越来越广泛。各行各业乃至社会家庭，电子仪器设备无处不在。随着电子技术的飞速发展，电子仪器设备的集成化、数字化和自动化程度越来越高，智能化、模块化和软件化的仪器设备日益增多，对加快四个现代化建设步伐和提高人民生活质量起到了重要作用。目前世界上拥有和推出的电子仪器设备有万余种，社会上电子设备的拥有量日益增大，因而维护保养和维修量也日益增大。有的设备一天产值上万元甚至几十万元，有时会因一台关键设备产生故障，致使整条生产线、整个企业生产或重大科研项目陷于瘫痪。所以电子仪器设备的维修及其维修质量，直接影响社会效益和经济效益，具有重要的地位和作用。

　　"电子设备维修技术"课程是高等职业教育电子测量仪器、电子设备运行与维修、应用电子技术、电子信息技术等专业的专业课程。它为同学们参加电子设备维修实习和毕业后从事电子电路、电子仪器设备调试工作和电子仪器设备维修工作提供理论知识和指导方法。通过教学要达到以下要求：

　　1）了解使用环境对电子仪器设备的影响；熟悉仪器设备运行环境条件；掌握日常维护的内容和方法。

　　2）熟悉维修的内涵。了解电子设备故障的产生规律，熟悉故障形成机理，了解提高电子设备可靠性的方法。

　　3）掌握电子仪器设备的使用注意事项。

　　4）掌握维修的一般程序和浅知识故障诊断的方法，了解近年来发展起来的用于高精尖电子设备的故障诊断新方法。

　　5）熟悉常用电子电路调试和故障诊断的基本方法，并通过实训，巩固和掌握调试技能。

　　6）熟悉电子电路实用抗干扰技术，为设备维修和技术改造打好必要的基础。

　　7）通过电子电路故障分析、诊断示例和典型仪器设备的故障分析、诊断、检修示例，熟悉巩固所学故障分析、故障诊断和故障排除方法，并通过实习掌握维修技能。

　　"电子设备维修技术"是一门工程实践性很强的综合性课程。在电子仪器设备维修过程中，既要熟悉单元电路原理，又要掌握电路调试技术，有时还要采取抗干扰措施；既要熟悉整机原理及其性能参数，又要掌握整机联调与检定、检验方法和技能；既要掌握故障诊断、检测方法，又要掌握电子技术工艺及维修技能。显而易见，维修工作是理论与实践相结合、专业基础知识与工艺技能并用的技术工作。

　　本课程的学习对学生日后从事电子设备运行与维修工作，具有重要指导作用。为提高学习效果，为日后从事维修工作打好基础，应注意以下几点：

　　1. 坚持理论与实践相结合的原则

　　这是本课程的特点与维修工作的性质所决定的。本教材所述内容，是维修技术实践经验的总结，它对我们从事维修工作起到指导作用。学习维修规程、维修方法和实用技术的目的在于应用，在于用来指导维修工作实践。

陆游诗云：纸上得来终觉浅，绝知此事要躬行。这是说要把书本上的知识变成自己的东西，要通过实践，方能真正领会其真谛并牢固掌握。俗话说，熟能生巧。只有反复实践，才能熟练掌握维修技能。

2. 重视分析问题、解决问题和创新能力的培养

电子仪器设备维修的关键程序之一是故障的分析判断。用故障检查方法查找到故障部位后，也存在故障元器件分析判断问题；在查到故障元器件后，还应进行产生故障原因的分析判断，并将故障排除、修复，才能使电子仪器设备安全可靠地运行。分析问题、解决问题能力的强弱，直接影响到维修质量和速度。

分析问题、解决问题能力的培养，一是要靠扎实的专业基础知识；二是要靠掌握维修基本方法并灵活运用；三是要靠在实践中反复实践并总结、积累经验。学习本课程的主要目的，就是培养学生的故障诊断能力和解决问题、排除故障的能力。

电子仪器设备种类繁多，各类不同的电子仪器设备有其特殊性即个性。但各类电子仪器设备均是由基本单元电路组成的，其基本原理有相通的地方，有其共性即规律性的东西。它们离不开电子技术、微机技术、传感技术和自动控制技术等基础知识。电子电路调试技术和故障诊断方法等维修技术也是通用的。掌握了一种电子仪器设备原理和维修技术后，对别的电子仪器设备有触类旁通的作用。关键是找出其个性和共性的地方，在学习本课程和维修实践中，要注意创新（举一反三）能力的培养。即把所学知识和其他参考文献介绍的方法、经验，用来解决未曾见过的故障和用于新型电子仪器设备的维修，并能总结出自己的经验。

3. 重视知识更新，跟上时代发展步伐

电子技术日新月异。新技术、新工艺和新型元器件不断涌现，新型电子仪器设备层出不穷。只有使自己跟上时代发展步伐，才能适应自己岗位的工作要求。这就要求我们不断进行知识更新，学习新技术、新工艺、新型元器件和新产品知识。掌握其原理及使用注意事项，通过试验掌握其特性，并做好维修资料搜集、性能参数测试等维修基础工作，为应用和维修新型电子仪器设备打好基础。

4. 培养严、细、实的工作作风，培养良好的职业道德

电子仪器设备维修是一项细致严密的技术工作。在电子仪器设备的运行、维修过程中，不按规程和工艺要求操作，就会留下隐患甚至酿成大祸。如维修过程中掉进一块焊锡，就可能使设备内电路造成短路，造成设备故障，造成停产事故，造成经济损失。在一些关乎国家声誉及国家技术进步的重大科学试验中，更是容不得半点疏忽，否则将酿成重大事故。其中不乏其例。

具有严、细、实的工作作风是维修人员必备的素质，也是维修人员是否具有良好职业道德的重要标志。在国家劳动部颁布的无线电装配工、调试工和家电维修工职业技能鉴定考核大纲中，均把安全生产、文明生产作为考核评分项目之一；把仪器仪表、工具摆放是否整齐，工位是否整洁作为考核评分内容。这说明国家职能部门对工作作风及行为规范的重视，因为它对技术水平的正常发挥起到基本保证作用。

维修工作和操作运行是密不可分的。维修人员应把督促操作运行人员照章操作运行和做好运行记录作为自己的职责之一。维修后，应将故障原因及注意事项向操作运行人员和用户进行技术说明。

维修可分为三级：第一级维修是更换整个模块；第二级维修是更换电路板等组件；第三级维修是更换元器件。第一级修理速度最快，停机时间最短，但维修费用最大；第二级修理比第一级维修稍慢，但更换电路板等组件的费用比更换整个模块的费用低得多；第三级修理最经济，但要检测出故障元器件，并予以更换、调试，往往要较长时间。一般来说，生产线上的调试员和维修员，进行的是第三级维修。随着电子仪器设备微型化、模块化程度的提高，电子仪器设备维修较多的是第二级，即板级的维修。对照上述三级维修，第二、第三级维修更符合我国国情。坚持用户第一、物有所值、勤俭节约的原则是维修工作者职业道德的表现。应该从为用户节省每一分钱出发，坚持第二、第三级维修，总的原则应从经济效益角度考虑。如需要在极短的时间内修好设备，则只能用第一、第二级维修。等修好后，再把更换下来的模块、电路板进行维修，以便备用。

维修工作是一项重要且繁杂、细致的技术工作。"没有维修不了的仪器设备，关键在于物有所值。"这是维修界的一句行话。但要做到维修快速、高质，甚至开发出新的性能，这是高境界。要达到这一境界，需要有扎实的理论实践功底，并在实践中勇于探索、善于总结、不断提高。

第1章　电子仪器设备维修基础

1.1　维修概述

1.1.1　维修的基本概念

1. 维修

（1）维修的定义　维修是使设备保持和恢复规定状态所采取的全部措施和活动。维修是维护和修理的统称。

电子仪器设备的日常维护与设备的具体型号有关，一般会在说明书中进行介绍，其具体措施详见本章1.3节。

（2）维修的主要任务　电子设备修理工作的主要任务是：①根据设备的故障现象，隔离设备故障，确定故障点（故障部位）。②修复或更换失效或不合格的零部件、元器件。③检测设备的有关性能及参数，并进行调试，使设备恢复固有的性能指标和可靠性。④检验设备是否达到原有功能及性能指标等。

（3）电子设备维修的分级　电子设备的维修分为三级：第一级维修是更换整个模块；第二级维修是更换电路板等组件；第三级维修是更换元器件。第一级维修速度最快，停机时间最短，但维修费用最大；第二级维修比第一级维修稍慢，但更换电路板等组件的费用比更换整个模块的费用低得多；第三级维修最经济，但要检测出故障元器件，并予以更换、调试，往往需要较长时间。一般来说，生产线上的调试员和维修员，进行的是第三级维修。随着电子仪器设备微型化、模块化程度的提高，仪器设备维修较多的是第二级，即板级的维修。

（4）电子装备及其维修的分级　我们把一个由较多电子设备或分机、分系统组成的系统称为电子装备。电子装备的传统维修分为：大修、中修和小修三级。

大修是对装备进行分解检查，修理或更换不符合技术标准的零部件或元器件，将装备调整到规定的指标，大修通常在工厂或维修基地进行。

中修只对装备进行全面检查、排除故障、调试性能，使主要技术性能达到规定指标，但对装备的某些分系统、分机、重要整件的检查与调试按大修标准进行。中修一般在装备的某些技术状态恶化时进行，通常在现场由维修部门（如部队的修理所）组织实施。

小修是利用随机配置的仪表、工具和备件等对装备进行维修，其主要工作是：对装备进行故障定位、更换失效的零部件或元器件。小修适用于要求及时迅速的维修。

2. 故障诊断

故障诊断就是从故障现象出发，通过反复测试，做出分析判断，逐步找出故障的过程。其中包括：故障检测、故障定位和故障识别等步骤。具体详见本书第2章。

3. 检修

检修主要指在修理过程中开展的技术活动。其中的"检"包含两重含义：①使用仪器进行测试。②人工查看与调整等。其中的"修"更多的是指故障定位后的修复。

1.1.2 现代电子装备维修的特征

1. 维修概念全程化

维修概念全程化就是维修工作与电子装备的研制、生产相结合，维修问题从全系统、全寿命、全费用"三全"考虑，贯穿于寿命周期的全过程，面向整个寿命周期进行维修设计，包括产品和过程的设计。维修概念全程化体现在以下几方面：

1）重视产品的可靠性、维修性等与维修密切相关的设计特性，在研制中进行设计、分析和试验，达到规定的指标，在产品使用过程中加以改进、完善，使这些特性得以增长。

2）开展包括维修在内的产品与过程并行设计，及早进行维修规划和资源准备。

3）产品的维护、修理、改进、再利用与制造有机结合，重视改进性维修。

4）用户强化资产的前期管理，包括选择型号与生产厂家、参与设计制造、重视安装调试等。

5）建立健全全过程的使用、维修信息系统。

2. 维修工作精确化

维修工作精确化即进行精确或准确的维修，实现维修高效、低耗和优质，提高资产的可用度或利用率。其主要体现在：

1）准确的时间。就是及时维修，争取维修时不停机或少停机；维修时间适时，充分利用各种资源，如所谓的"机会维修"。

2）准确的位置。所选维修场所、机构和地点适当、正确。

3）准确的部位。维修部位、项目正确，维修深度适当。

4）正确的方法和手段。

3. 维修手段高技术化和信息化

目前用于电子装备维修保障的信息化技术主要有：

1）装备维修保障资源可视化技术。

2）装备维修保障网络化技术。

3）维修保障交互式电子技术手册关键技术。

4）装备远程诊断与维修技术。

5）维修信息综合处理技术。

在电子装备维修中应用了许多高技术，如：①以失效分析、状态监控和信息技术等支撑的故障预测技术。②智能化的故障诊断技术。③电路单元自动测试技术。④机内自检和芯片内自测试技术。⑤维修性仿真技术、虚拟维修研究等。

本书第 2 章将对相关的故障诊断新技术进行介绍。

4. 软件密集系统维修理论与技术的发展、应用

随着计算机技术和单片机、数字信号处理芯片等在电子装备中的广泛应用，电子装备的维修对象从硬件电路向软硬件相结合的方向发展。尤其是一些"软件密集系统"，软件维修更是必不可少的。美国军方极为重视软件维修的研究与应用，并将其纳入开发、使用的全过程。但在理论上、技术上还存在许多问题。研究的内容参阅参考文献[31]。

5. 快速应急维修理论与技术的发展、应用

在大型系统、通信网络、管道、运输工具和军事装备中，各种故障和损伤需进行快速应急维修。在信息时代，这种需求将显得更迫切，最典型的是对武器装备的战场抢修。应急维修技术主要包括：定点应急维修技术、战场原位应急维修技术以及伴随应急维修技术产生的应急维修信息化技术等。发达国家自 20 世纪 80 年代以来进行了深入研究，并将其应用于高技术条件下的局部战争中。

1.2 电子仪器设备的运行环境

任何电子仪器设备无一不是在一定的环境中储存、运输和工作的。环境中的各种因素都会对设备产生一定的影响，加速或造成设备损坏。通常接触到三种环境：气候环境、机械环境与电磁环境，有的使用场合还存在着腐蚀性气体、粉尘或金属尘埃等特殊环境条件。在设备安装、改造与设计时要考虑环境影响，这对提高设备的稳定性、可靠性具有重要意义。

1.2.1 气候环境效应及其影响

气候环境与地理环境密切相关。气候环境主要包括：温度、湿度、气压、盐雾、风沙、太阳辐射等要素；地理环境主要包括：海拔、土壤条件、昆虫和微生物等要素。

气候环境可以粗分为热带、亚热带、温带和寒带。根据湿度情况，热带又可以细分为湿热区、干热区和交替区；亚热带可分为亚湿热区和亚干热区；温带可分为温和区和干燥区。表 1-1 列出了这些区域的典型温度、湿度参数和其他因素存在的情况。

1. 温度

温度是环境因素中影响最广泛的一个，它往往与其他环境因素结合在一起，成为主要的破坏因素。

高温环境的主要影响为：

1）氧化等化学反应加速，造成绝缘结构、表面防护层等加速老化，加速被损坏。

2）增强水汽的穿透能力和水汽的破坏能力。

3）使有些物质软化、融化，使结构在机械应力下损坏。

4）使润滑剂粘度减小和蒸发，丧失润滑能力。

5）使物体产生膨胀变形，从而导致机械应力增大，运行零件磨损增大或结构损坏。

对于发热量大的仪器设备来说，高温环境会使机内温度上升到危险程度，使电子元器件损坏或加速老化，使用寿命大大缩短。

低温环境则会使空气的相对湿度增大，有时可能达到饱和而使机内元器件及印制电路板上产生"凝露"现象，使装置故障率大大增加。电子仪器设备运行时，总会将一部分电能转换成热能而使机内温度高于环境温度。"凝露"现象在电子仪器设备连续运行时几乎不发生，而经常发生在长期闲置或周期性停机后，特别是在低温高湿的条件下（例如冷天下雨的清晨）刚刚开机的一段时间里。低温环境也会使润滑剂粘度增大或凝固而丧失润滑性能，甚至把转动部分胶住，零下的低温可以使装置内的水分结冰，使某些材料变脆或严重收缩，造成结构损坏，发生开裂、折断和密封衬垫失效等现象。

表 1-1　各气候区主要环境参数及其他因素

环境条件	热带		交替区	亚热带		亚热带 干热区	温带		寒带
	湿热区	干热区		亚湿热区	亚干热区		温和区	干燥区	
最高温度极限/℃	47	58	58	47	58	—	46	48	35
最低温度极限/℃	0	−5	−5	−15	−30	—	低于−40	低于−40	−50
最热月平均最高温度/℃	36	45	45	36	40	—	32	35	25
最冷月平均最低温度/℃	8	5	5	−5	−20	—	−26	−26	−35
日气温最大变化/℃	10	40	40	20	40	—	20	25	20
气候因素 最热月最高相对湿度	气温35℃时95%	气温高于20℃时80%,在沿海能持续12h	在湿区时与湿热区相同,在干季时与干热区相同	气温30℃时90%	气温高于20℃时80%,在沿海能连续12h		月平均气温高于20℃时80%	月平均气温高于25℃时15%	月平均气温高于25℃时80%
最热月平均相对湿度	月平均气温高于25℃时90%	月平均气温高于35℃时15%		月平均气温高于25℃时86%	月平均气温高于35℃时15%			气温高于30℃时5%	
最热月最低相对湿度	气温高于35℃时50%	气温58℃时5%	区相同	气温35℃时50%	气温58℃时5%				
湿热月月数	2~12	0	1~3	1~4	0		0	0	0
干热月月数	0	2~12	1~3	0	1~4		0	1	0
雾	有	沿海	湿季	有	沿海		有	有	有
露	有	沿海	湿季	有	沿海		有	有	有
沙尘		有	旱季		有			有	
腐蚀因素 含盐空气	沿海	沿海		沿海	沿海		沿海		
生物因素 霉菌	有		湿季	有					
昆虫	有		湿季	有					

7

2. 湿度

湿度也是环境中起重大作用的一个因素，特别是它和温度因素结合在一起时，往往会产生更大的破坏作用。湿度的主要影响是由于绝缘度降低而引起误动作，以及产生腐蚀、生锈和润滑油劣化等。无论在运转状态还是运输保管状态都会引起这些问题。

湿热是促使霉菌迅速繁殖的良好条件，也会助长盐雾的腐蚀作用。因此将湿热、霉菌和盐雾的防护合称为三防，是湿热气候区产品设计和技术改造需考虑的重要一环。

3. 气压

所谓气压的影响，主要是指气压对电子仪器设备的影响。气压降低，空气稀薄所造成的影响主要有：散热条件差、空气绝缘强度下降、灭弧困难。

气压主要随海拔的增加而按指数规律降低，对于在高海拔地区使用的电子仪器设备来说，散热条件恶化所带来的温升增加，可由高海拔环境温度的降低来补偿，且两者大致能相互抵消。空气绝缘强度与海拔的关系大体上是：海拔每升高 100m，绝缘强度约下降 1%。气压降低，灭弧困难，主要是影响电气接点的切断能力和使用寿命。

4. 盐雾

盐雾是一种氯溶胶，主要发生在海上和海边，在陆上则可因盐碱被风刮起或盐水蒸发而引起。盐雾的影响主要在离海岸约 400m，高度约 150m 的范围内。再远，其影响就迅速减弱。在室内，盐雾的沉降量仅为室外的一半。因此，在室内、密封舱内，盐雾影响就变小。

盐雾对电子仪器设备的作用主要表现为其沉降物溶于水（吸附在机上和机内的水分），在一定温度条件下对元器件、材料和线路的腐蚀或改变其电性能。结果使装置的可靠性下降，故障率上升。

5. 霉菌

霉菌是指生长在营养基质上而形成绒毛状、蜘蛛网状或絮状菌丝体的真菌。霉菌种类繁多。霉菌的繁殖是指它的孢子在适宜的温湿度、pH 值及其他条件下发芽和生长。最宜繁殖的温度为 20～30℃。霉菌的生长还需营养成分和空气。元器件上的灰尘、人手留下的汗迹、油脂等都能为它提供营养。

霉菌的生长直接破坏了作为它的培养基的材料，如纤维素、油脂、橡胶、皮革、脂肪酸脂、某些涂料和部分塑料等，使材料性能劣化，造成表面绝缘电阻下降，漏电增加。霉菌的代谢物也会对材料产生间接的腐蚀，包括对金属的腐蚀。

6. 沙尘

沙尘是一种典型的气胶体质。空气是它的传播媒介。尘粒有棱角，表面粗糙，能吸湿。它对电子仪器设备的危害主要表现为擦伤零件表面和涂料，加速腐蚀，损害运动零部件，同时能加速霉菌的生长。

1.2.2　机械环境的影响

机械环境主要是指产品在储存、运输和运行过程中所承受的机械振动、冲击和其他形式的机械力。在运输过程中仪器设备必然会受到机械振动的影响。当然，在运输和储存的情况下生产厂家会设计合理的包装来减轻振动对它的影响。在安装过程和搬动时，要防止摔打、滚动等情况发生，以免使紧固件松脱、机械构件或元器件损坏。在运行中则要靠产品本身和安装时采用的防振措施来抵消机械振动的影响。对于任何设备，最具破坏性的现象是整机或其组成部件与外界的机械振动发生共振，严重的共振可使元器件、组件部件或机箱结构断裂或损坏。

一般情况下，电子设备都要求安装在专门的电气控制室或其他基本没有机械振动的地方。所谓基本没有振动，通常是指当振动频率在 0.1 ~ 14Hz 范围内时，振动幅度不超过 0.25mm。

有些仪器设备，要安装在有较强振动的主机上，例如柴油机、码头装卸机械或车辆、船舶等运输工具上，则应按照应用现场的振动条件，考虑采取必要的防振措施。

气候环境和机械环境产生的主要影响和典型故障如表 1-2 所示。

表 1-2　气候环境和机械环境产生的主要影响和典型故障

环 境 因 素	主 要 影 响	典 型 故 障
高温	材料软化、老化	结构强度减弱，电性能变化，甚至损坏
	金属氧化	接触电阻增大，金属表面电阻增大
	设备过热	元器件损坏，着火，低熔点焊锡缝开裂、焊点脱开
	粘度下降、蒸发	丧失润滑特性
低温	增大粘度和浓度	丧失润滑特性
	结冰现象	电气力学性能变化
	脆化	结构强度减弱，电缆损坏，蜡变硬，橡胶变脆
	物理收缩	结构失效，增大活动件的磨损，衬垫密封垫弹性消失，引起泄漏
	元器件性能改变	铝电解电容器损坏，石英晶体往往不振荡，蓄电池容量降低
高湿度	吸收湿气	物理性能下降，电强度降低，绝缘电阻降低，介电常数增大，机械强度下降
	电化反应	
	锈蚀、电解	影响功能，电气性能下降，增大绝缘部位的导电性
干燥	干裂	机械强度下降
	脆化	结构失效
	粒化	电气性能变化
低气压	膨胀	容器破裂、爆裂、膨胀
	漏气	电气性能变化，机械强度下降
	空气绝缘强度下降	绝缘击穿，跳弧，出现电弧、电晕放电现象并产生臭氧，电气设备工作不稳定甚至发生故障
	散热不良	设备温度升高
太阳辐射	老化和物理反应	表面特性下降、膨胀、龟裂、褶皱、破裂，橡胶和塑料变质，电气性能变化
	脆化、软化粘合	绝缘失效，密封失效，材料失色，产生臭氧
沙尘	磨损	增大磨损，机械卡死，轴承损坏
	堵塞	过滤器阻塞，影响功能，电气性能变化
	静电荷增大	产生电噪声
	吸附水分	降低材料的绝缘性能
盐雾	化学反应、锈蚀和腐蚀	增大磨损，机械强度下降，电气性能变化，绝缘材料腐蚀
	电解	产生电化学腐蚀，结构强度减弱

（续）

环境因素	主要影响	典型故障
霉菌	霉菌吞噬和繁殖 吸附水分 分泌腐蚀液体	有机材料强度降低、损坏，活动部分受阻 导致其他形式的腐蚀，如电化学腐蚀 光学透镜表面膜浸蚀，金属腐蚀和氧化
风	力作用 材料沉积	结构失效、损坏，影响功能，机械强度下降 机械影响和堵塞，加速磨损
雨	物理应力 吸收水分和浸渍 锈蚀 腐蚀	结构淋雨浸蚀、失效 热量损失增大，电气失效，结构强度下降 破坏防护镀层，结构强度下降，表面性能下降 加速化学反应
机械振动	机械应力疲劳 结构谐振 电路中产生噪声	晶体管、集成电路模块等元器件管脚、引线、导线折断 金属构件断裂、变形，结构谐振失效，连结器、继电器、开关 瞬间断开，电子接插件性能下降，仪表读取精度降低 输出脉冲超过预定要求，信号异常，内部干扰严重，电路瞬间 短路、断路
机械冲击	机械应力	结构失效，机件断裂或折断，电路瞬间短路
加速度	机械应力 液压增加	结构变形和破坏 漏液

1.2.3 电磁环境的影响

对于电子仪器设备来说，它的电磁环境主要包括以下三个方面：周围空间的电磁场、供电电源品质和信号线路中的电气噪声干扰。

1. 周围空间的电磁场

众所周知，在载流导线周围将产生随电流变化的交变磁场，磁场中的导线将感生出交变电动势。交变电动势在介质空间可产生一个交变电场，高频交变电流流动的导线能产生相应的高频（射频）电磁波。此外，某些与外界绝缘的物体由于摩擦和其他原因，而积聚起一定数量的电荷，从而在其周围建立起静电场。在电子仪器设备的各种场所的空间里充满着各种电磁场，其中有各个广播电台、无线电通信设备发射的高频电磁波，各种电气设备产生的电磁场和电磁波，雷电与宇宙射线造成的电磁波、地球磁场等。

在相对湿度较低的干燥环境中，身穿化纤衣服的工作人员在绝缘较好的地板上行走时，会因摩擦而带上电荷，从而使其对地电位达到数千伏或更高，当电压超过 6kV 时，作为带电体的人，将通过其较突出的部位，如手指等，向周围尖端放电。在放电过程中会产生高频电磁波。当带电人员接近电子仪器设备时，也会对设备的外壳等金属部件放电，产生电火花。所以，在进行 MOS 电路装配调试的工作人员要穿戴防静电工作服、手套和防静电工作鞋，戴接地的防静电腕带，以防止 MOS 元器件和集成电路内的绝缘栅被静电击穿。必要时铺设防静电台垫和访静电地板。

数字式、智能型电子设备，对一般高频电磁波和电磁场并不十分敏感。这是因为它们的工作电平较高，一般都超过 1V。有些设备的模拟信号输入电路的电平可低到 $10\mu V$，但它们的频率响应范围很低，一般只有几十到几百赫兹。所以不大于数百毫伏的射频感应电动势并不足以影响设备的正常工作。

由于化纤织物应用范围不断扩大，电子设备的信号频率日益提高，电子元器件的工作电平，尤其是工作电流大幅度降低，静电放电干扰对电子设备安全运行的危害愈来愈严重，应严格按操作规程对设备进行操作运行、安装维修。

2. 供电电源品质

在各种电磁环境条件中，供电电源品质对电子仪器设备的影响最大。

理想的供电电源应是一个频率、幅值均等于规定值且恒定不变，波形为理想正弦曲线的交流电压源。实际供电电源只能接近理想状态。衡量供电电源品质的指标有：频率和幅值的静态与动态精度、谐波分量和叠加的瞬态干扰电压的幅值、延续时间和干扰波形出现的频数。

品质较好的电网频率波动范围为 ±0.5%，幅度波动范围为 +5%～-10%；较差电网的电网频率波动可达 ±1%，幅度波动为 +10%～-15%。在用电紧张地区，波动幅度更大，已属于不正常运行状态。

电子仪器设备一般都内设直流稳压电源，必要时还要加接交流稳压器，可适应很大的电源波动范围。大多数电子仪器设备对电网频率波动不敏感。影响电子仪器设备运行可靠性的主要因素是：尖刺形与高频阻尼振荡形的瞬态干扰电压及电源电压的瞬时跌落。

尖刺形与高频阻尼振荡形的瞬态电压对电子设备威胁最大，因这种瞬时电压的幅值高（可达几千伏），频谱宽（可达几百兆赫兹）。其产生原因主要是：

1）由于某一负载回路发生短路故障，使附近其他负载上的端电压突然跌落，当故障回路的断路器或熔断器因过电流而自动切断故障电路时，线路电压立即回升，并产生尖刺形瞬时过电压。若线路电压跌落后几秒内不能恢复到规定限度内，则属于欠电压；若跌落后很快恢复（一般不超过一个周期波），则产生尖刺形瞬态电压。

2）雷电感应。

3）切断大容量负载时的电弧。

4）大功率半导体器件（如晶闸管）的高速切换等。

3. 信号线路中的电气噪声干扰

电子仪器设备一般有较多的输入、输出信号连接线。对于电子控制设备的连接线短则几米，长则几十米甚至可达数百米。在实际现场中，信号线路所用电线、电缆往往与其他电力电缆敷设在一起，它们之间会产生电或磁的耦合。因此信号线上不仅有信号在传输，而且还有各种耦合进来的不需要的电信号——电气噪声干扰。

同时，对于电子仪器设备来说，还有一个内部相互干扰问题。从设备总体来说不属于环境问题。可是从受干扰的组件、部件或组件上某一部分电路来说，其他组件、部件或电路对它们产生干扰，实际上也可以说是一种环境问题。

一般来说，仪器设备设计生产过程中已充分考虑了电气噪声干扰问题。但作为维修人员，在设备维修或对设备改造时也应充分考虑这一问题。对于电子电路抗干扰技术将在本书第 4 章介绍，在此不再赘述。

1.2.4　精密电子仪器设备的运行条件

通常规定精密电子仪器设备应在恒温（20±1）℃和恒湿（相对湿度为50%）的条件下工作

运行，且电源电压的变化范围为±5%。因此，室内应配有空调、去湿机和交流稳压电源。

为了有效地消除电源干扰，电网电源必须经隔离变压器、滤波器和稳压器等预处理后才能进行供电，并要有良好的接地装置（接地有效电阻应小于3Ω）。

对于高频精密仪器设备，应在金属网屏蔽室内使用，并将仪器的机壳良好接地。在灰尘过多的场所，应对空气进行净化处理，以保证必要的清洁度。

1.2.5 智能电子仪器设备的运行条件

1. 关于温度条件、湿度条件

（1）环境温度 在运转情况下为10～35℃，在运输保管情况下为0～50℃。

（2）温度变化率 在运转情况下，温度变化率应在每30min±5℃以内。

（3）环境湿度 在运转情况下为35%～80% RH，在运输保管情况下为20%～90% RH。

因为无论在什么场合产生凝露，都不仅会降低设备寿命，而且有引起误动作的危险，所以要严防凝露情况发生。

2. 磁场的影响

电力线周围产生的磁场和变压器漏磁会对CRT等按电磁作用原理工作的仪表部件造成影响，在CRT上表现为图像摇晃、变形及色散。但当磁场的交变磁场强度小于2.5A/m时不会引起麻烦。

地磁场强度为平行磁场，恒大于规定的交变磁场强度，但它对设备几乎没有影响。

对于电磁波的影响必须充分注意，广播天线、雷达天线、在仪表室内使用手机或对讲机，可能会引起智能仪器设备误动作和误差增加等现象。一般，设备的门或机壳有屏蔽效果，所以应把仪器设备的门或机壳盖好。

3. 关于振动条件

一般来说，无论在工作状态还是在运输保管状态，只要振动加速度小于0.25g，就不会有问题。这里，振动加速度以重力加速度g为单位，$1g=980\text{cm/s}^2$。振动的振幅、频率与振动加速度a之间的关系应为

$$a = 0.0202Af^2 \tag{1-1}$$

式中，f为频率（Hz）；A为全振幅（cm）。

不过，对磁鼓和磁盘规定：振动加速度必须小于0.2g，振动频率小于10Hz。

4. 电源质量的要求

为使智能仪器设备可靠地工作，对电源质量有如下要求：

1）电压变化范围限制在容许范围内，虽然不同设备有所不同，但一般应在±10%以内。

2）必须把频率变化限制在容许范围内，多数设备要求在±2%以内。对内部设有旋转机械的设备，有的要求频率变动非常小。

3）电源波形失真率要小于10%。电源波形失真率是指实际负荷状态下，在仪器设备输入端测量交流电压，用下式算出的波形失真率值：

$$波形失真率 = \frac{所有谐波的电压有效值}{基波电压的有效值}$$

4）对要求停电时不许停机的仪器设备，必须有发电机、电池和不间断电源UPS等备用

电源。

5）在电网供电切换或向备用电源切换时，以及由于其他原因引起瞬时断电或电源电压急剧变化时，微处理器有可能停止工作，当这种情况发生时不容许停止工作的系统，应配备吸收电源电压突变的设备。

如有必要，应设置智能仪器设备的专用电源装置。

在仪器设备说明书中对仪器设备的使用运行环境条件均会做出明确规定，这是设计者根据设备长期可靠运行而提出的重要技术要求。在设备安装、使用、运行和维修过程中，应在说明书要求的环境中进行，以使电子设备安全可靠运行和避免在设备维修中增加人为故障。对于设备的安装、使用和运行环境要防止两种倾向：①不按说明书的要求，降低标准。②片面追求可靠性，一味提高环境标准，增加设备投资。

必须指出，随着开关电源在电子设备中的广泛应用，用开关电源作为稳压电源的电子设备，对交流电源适应性大大增强。因为新型开关电源在交流电源电压 85～263V 范围内，均可提供稳定的直流输出电压，且具有体积小、重量轻、效率高的优点，但开关电源与线性稳压电源相比，其纹波电压较大。

1.3　电子仪器设备的日常维护

认真做好电子仪器设备的日常维护工作，对于延长设备寿命，减少设备故障，确保设备安全运行以及保证设备精度等方面都具有十分重要的作用，为此各单位均制定了设备日常维护规范，应严格照章执行。

仪器保管的环境条件一般为：

环境温度：0～40℃；

相对湿度：50%～80%（温度 20℃ ±5℃）；

室内清洁无尘，无腐蚀性气体。

电子仪器设备日常维护的基本措施大致可归纳为：防尘与去尘，防潮与驱潮，防热与排热，防振与防松，防腐蚀与防漏电等六个方面。具体内容与要求分述如下。

1.3.1　防尘与去尘

由于灰尘有吸湿性，故当电子仪器设备内积有灰尘时，会使仪器设备绝缘性能变坏，或使活动部件和接触部件磨损加剧，或导致电击穿，以致仪器设备不能正常工作。

要保证电子仪器设备处于良好的备用状态和运行状态，首先应保持其外表清洁。电子仪器设备如有专用防尘罩，使用完毕应加罩。无罩设备应自制防尘罩。防尘罩最好采用质地细密的编织物，它既可防尘又有一定的透气性。塑料罩具有良好防尘作用，但潮气不易散发，易使仪器设备内部金属元件锈蚀，绝缘程度降低。不能用玻璃纤维制品作防尘罩，因玻璃纤维散落在仪器设备内部不易清除。

平时要用毛刷、干布或沾有绝缘油的抹布、纱团，将设备外表擦刷干净。禁止使用沾水的湿布抹擦。如设备外壳沾附松香或焊油，应使用沾有酒精或四氯化碳的棉花擦除。接触点处用四氯化碳或酒精擦净。

对设备内部的积尘，通常利用检修的机会，使用橡胶气囊（俗称皮老虎）或长毛刷吹、刷干净。吹、刷过程中应避免触动插接式器件（如石英晶体、振动子等）。如要拆卸，应事先做好记号，以免复位时插错位置。

1.3.2 防潮与驱潮

设备内部的变压器及其他线绕元器件的绝缘程度会因受潮而下降，从而发生漏电、击穿、霉烂和断线等问题，使电子设备出现故障。因此，对电子仪器必须采取有效的防潮与驱潮措施。

对于电子仪器，一般在其内部或存放仪器柜中放置"硅胶袋"以吸收空气中的水分。应定期检查硅胶是否干燥，干燥的硅胶为白色半透明的砂状颗粒，如发现硅胶结块发黄，应予更新。此外，也可在仪器柜内装置红外线灯泡或100W的白炽灯泡，定期通电照射2~3h，能有效地对仪器进行驱潮。

对于长期不用的仪器设备，在使用之前应检查受潮情况。对于电子仪器，在使用之前应进行驱潮烘干处理。如仪器体积不大，可放进恒温箱内用60℃加热2~3h。

对于体积较大的仪器或有大量仪器进行驱潮工作时，可使用适当功率的调压自耦变压器，先将电网电压降低到190V左右，使电子仪器设备在较低电源电压下通电2~3h，然后将电网电压升高到220V，继续通电1~2h，这样也可收到驱潮烘干的效果。**注意**：对供电电压有严格限制的仪器设备，降低电压不能低于额定值，以免损坏仪器设备。另外，仪器设备在未经绝缘试验情况下，切忌通电驱潮。

对于大功率电子设备，长期闲置不用时，应按说明书要求或在每年雨季节过后定期通电驱潮。

温度的剧变也会吸附潮气。在我国北方地区，冬季室内外温差可达40~50℃。当仪器从室外移至室内时，仪器表面附有潮气，应及时检查擦净。

1.3.3 防热与排热

因为绝缘材料的抗电强度会随温度的升高而下降，且电路中元器件的电参数受温度的影响也很大。所以对于电子仪器的"温升"有一定限制，通常规定不超过40℃；电子仪器设备的最高工作温度也不应超过65℃。用手背触及仪器中的发热器件，以不烫手为限。

室内温度一般以保持在20~25℃最为合适，电子仪器设备说明书中会对使用环境温度做出规定。如超过规定温度，应采取通风、排热等人工降温措施，必要时可卸除仪器设备的机壳盖板，以利散热。一般情况下，室温超过35℃，即应采用人工降温措施。

对于内部装有小型排气风扇的仪器设备，应注意其运转情况，必要时应予以定期维护和加油擦洗等。

要防止电子仪器设备受阳光曝晒，以免影响仪器设备寿命。

1.3.4 防振与防松

小型电子仪器设备的机壳底板上，一般装有用于防振的弹性垫脚，如发现这些垫脚变形硬化或脱落，应及时更新。

对于大型电子设备，在安装时应采取防振措施。如有因长期使用运行或环境条件变化引起振动加剧的情况发生，应及时报告有关部门，并会同有关部门采取防振措施，予以消除。

对于仪器设备内部的插接式器件和印制电路板，通常都装有弹簧压片等紧固用的零件，在检修仪器设备时切不能漏装。在搬运笨重电子仪器设备之前，应检查把手是否牢靠，对于塑料或人造革的把手，要防止手柄断裂而摔坏仪器设备，最好用手托住底部搬运。

对于电子仪器设备面板上装置的开关、旋钮、度盘、插口、接线柱和电位器等的锁定螺钉、螺母应定期检查和紧固。

1.3.5　防腐蚀

如电子仪器设备内部装有干电池或其他电池，应定期检查，以免发生漏液或腐烂；如仪器设备较长时间不用，应取出电池另行存放，对于带有标准电池的电子仪器，在搬运时切忌倒置，以免使标准电池失效。

电子仪器设备应避免靠近酸性或碱性物体，如蓄电池等。如需较长时期存放，应使用凡士林或黄油擦仪器设备的镀层部分和金属配件，并用油纸或蜡纸包封。使用时再用干布抹擦干净。

在沿海地区，要经常注意盐雾气体对仪器设备的腐蚀。

1.3.6　防漏电

由于大多数仪器设备都是用电网交流电源来供电的，因此防止漏电是关系到人身安全的重要保护措施。如果仪器设备采用双芯电源插头且机壳又没有连接地线，仪器设备内部电源变压器的一次绕组对机壳严重漏电，则机壳与地面之间可能有相当大的交流电压存在（100～200V）。这样，当操作人员的手触及机壳时，就会感到麻木，甚至发生人身触电的事故。

对于各种电子仪器设备，必须定期检查其漏电程度，漏电常用兆欧表检查，步骤如下：

电子仪器设备不插接交流电源，把电子仪器设备的电源开关置于"通（ON）"部位，然后用兆欧表检测仪器设备的电源插头对机壳之间的绝缘电阻。**一般规定**：测得的绝缘电阻不得低于 500kΩ，否则禁止使用，并进行检修。

如缺少适当的兆欧表，也可利用万用表的 250V 交流电压档，进行漏电程度的检测。其具体测试方法如图 1-1 所示。

测试时，先把被测电子仪器设备接通交流电源，然后将万用表测试棒之一接触仪器设备的机壳或地线接线柱，再将另一根测试棒碰触双孔电源插座一端。若无交流电压指示，则再将这根测试棒碰触电源插座另一端，如图 1-1 中虚线所示。若在两者测试中电子仪器设备的漏电程度已超过允许安全值，则应禁止使用，并进行维修。

应当指出，某些电子仪器（如高频信号发生器等）的电源变压器一次绕组输入电路，装有电容平衡式高频滤波器，或由于电源变压

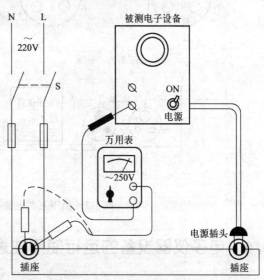

图 1-1　使用万用表检测漏电的方法

器的静电感应作用，仪器的机壳也会带电。此外，若用普通的验电笔碰触机壳，笔内的氖管也会发光，则表示机壳带电。但这类的机壳带电没有负荷能力，虽有麻木感觉，但不会发生危险。为进一步验证是否具有负荷能力，可使用万用表检测漏电的方法进行验证，即将万用表的交流电压档位从 250V 档扳至较低的电压档位(如 100V 或 50V)，若交流电压的指示值随量程变低而变小，则表明这种机壳带电无负荷能力，没有危险。

注意：用万用表测试漏电，在用测试棒碰触外壳时，要注意接触可靠。机壳一般均涂有油漆或喷塑等，是绝缘的。一般把测试棒接至固定螺钉上，可减少测试误差。

最安全的防漏电措施是采用三芯电源插头、插座，因它有一个接地端子，即使仪器设备内部的电源变压器发生漏电，也能使仪器设备的机壳通过插座插头的接地线可靠接地，对人身不会造成危险。必须指出，在采用三芯电源插头、插座的场合一定要严格按照规定，认真接线。L(端线或相线,俗称火线)、N(中性线)和地线端子的位置不能搞错。如果电源插头或插座的接法搞错了，当插头插进插座时，会立即发生短路，烧断电源熔丝，甚至会烧坏插头，这是十分危险的。

为防止可能出现错误，图 1-2 绘出了使用三芯电源插头、插座的线路接法。为正确接线，应借助验电笔和万用表，先检查三端接法是否正确，以保证仪器设备操作运行的绝对安全。在日常生活中，使用三芯电源插头的仪器设备，其插座的接地线往往是悬空的，没有接地。接地线形同虚设，这是违反安全操作规程的。

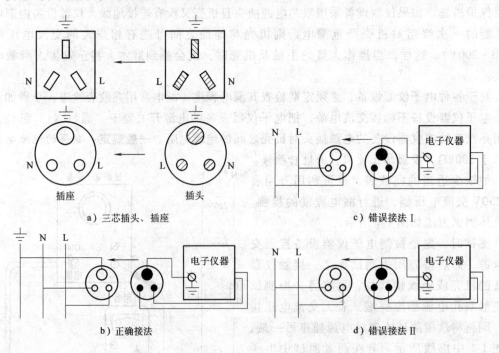

图 1-2　使用三芯电源插头、插座的线路接法

1.4　电子仪器设备的运行使用注意事项

电子仪器设备如果运行使用不当，很容易发生人为损坏事故。通常需注意以下事项，以

确保安全，减少故障。

1.4.1　仪器设备开机前的注意事项

1. 交流电压检查

仪器设备开机通电前，应检查仪器设备的工作电压与电网的交流电压是否相符，检查仪器设备的电源电压转换装置的设置部位是否正确。有的进口仪器设备电压转换装置有 110V、127V、220V 三种电压部位，千万不能搞错。有些电子仪器中的熔丝管插塞兼作电源电压转换装置，注意在更换熔丝管前，应记牢熔丝管所装位置，做好记号，更换后不要插错位置。

2. 面板检查

开机通电前，应检查仪器设备面板上各种开关、旋钮、度盘、接线柱及插口等是否松脱或滑位。仪器设备电源开关应扳置于"断(OFF)"部位。面板上的"增益"、"输出"、"辉度"及"调制"等控制旋钮，应依逆时针方向转到底，即旋置于最小的位置，防止仪器通电后可能出现冲击现象，而造成某些损伤或失常。例如，由于辉度过强，会使示波管的荧光屏灼伤；增益过大，会使指示电表受到冲击等。在测量值不能估算的情况下，应把仪器的"衰减"或"量程"选择开关扳置最大档位，以免仪器过载受损。

3. 接地检查

开机通电前，应检查电子仪器的接"地"是否良好。在多台电子仪器联用的场合，应使用金属编织线作为各台仪器的公共地线并连接起来，尽可能不用单芯导线做地线，以免杂散电磁场感应而引起干扰。

1.4.2　仪器设备开机时的注意事项

1. "高压"、"低压"开关的接通及预热

仪器设备开机通电时，对于设置有"高压"、"低压"两种开关的电子仪器设备，应先接通"低压"开关，预热 5～10min 后，再接通"高压"开关。对于使用单一电源开关的电子仪器设备，开机通电后最好也应预热 5～10min 左右，待电路工作稳定后再行使用。

2. 通电观察

开机通电时，应注意观察电子仪器设备工作是否正常，即眼看、耳听、鼻闻、手摸，以检查有无异常现象。如有嗡嗡声、跳火的噼啪声、糊味和冒烟等，应立即切断电源，在未查明故障原因时，不能再通电，以免扩大故障。

3. 烧熔丝的正确处理

开机通电时，如发现仪器设备的熔丝管烧断，应调换相同容量的熔丝管再行开机通电。如第二次又烧断熔丝管，应立即检查，找出原因。不应随便加大熔丝管的容量(绝不允许用铜线代替)进行第三次开机通电或换上同容量熔丝立即进行第三次开机通电。因第一次开机通电熔丝熔断可能是熔丝管长期使用，熔丝挥发变细受开机冲击电流所致；而第二次熔断说明电路中有短路故障、绝缘电阻降低或漏电等严重现象发生，应找出故障部位和原因，以免扩大故障。

4. 注意对风扇的检查

对于内部装有小型排气风扇的电子仪器设备，在开机通电时，应注意内部风扇是否运转正常。如发现风扇有碰触声或旋转缓慢，甚至不转动，应立即断电进行检修。

1.4.3 仪器设备操作运行时的注意事项

仪器设备操作运行过程中要注意如下问题：

1）在仪器设备操作运行过程中，对于各种开关、旋钮、度盘的扳动或调节操作，应缓慢稳妥，不应猛扳快转。当遇到转动困难时，不能硬扳硬转，应检查修理，以免发生人为损坏。

对于输出、输入电缆的插接或取出，应握住电缆的绝缘柄进行操作，不应直接拉扯电缆线，以免拉断内部导线或焊头。

2）用信号发生器输出信号进行维修测试时，信号发生器的输出端应串接隔直电容，这样才能连接到有直流电源电压的电路节点上，防止损坏信号发生器的衰减器。

3）对电子仪器进行测试时，应先接上"低电位"端子（即地线），然后再接"高电位"端子。反之，测试完毕后，应先拆除"高电位"端子，再拆除"低电位"端子，以免发生冲击现象。

4）操作运行前应熟记操作规程及注意事项，严禁违章操作。

1.4.4 仪器设备使用完毕后的注意事项

仪器设备使用完毕后要注意如下问题：

1）仪器设备使用完毕后，应先切断"高压"开关，然后切断"低压"开关，以免损坏仪器设备。

2）使用完毕后，除切断电源开关外，还应从电源插座上拔出电源插头，禁止只拔出电源插头不切断电源开关或只切断电源开关而不拔出电源插头的做法。

3）仪器设备使用完毕后，应将使用过程中暂时取出或替换的附件、配件加以整理归位，以免散失或错配。

4）仪器设备使用完毕后，一般应将面板上的"辉度"、"增益"、"输出"和"幅度"等控制旋钮旋转到最小位置，对于"量程"、"衰减"等多档开关应扳到最大位置。

5）对于贵重仪器设备，使用完毕后要填写"仪器使用卡"，特别是发生故障时，应详细记录当时的情况，未经管理人员许可，使用者不得自行打开机壳进行检修。

上述为仪器设备通用的使用注意事项，各种仪器设备均有使用说明书，使用者在使用前应详细阅读使用说明书，严格按使用说明书中的操作规程操作。

1.5 电子设备可靠性、故障的宏观规律及其故障机理分析

1.5.1 电子设备可靠性及其故障的宏观规律

所谓可靠性是指产品在规定的条件下和规定的时间内完成规定功能的能力。一个产品，尽管各项基本性能都很先进，但不可靠，返修率很高，就无实际使用价值，肯定不受用户欢迎而被淘汰。产品所具有的基本性能只反映产品质量的一个方面，而能否可靠耐用，即可靠性如何，则反映产品质量的另一方面。

通常按概率统计的方法近似描述可靠性，用以下几个特征量来衡量、表述。

1. 可靠度 $R(t)$

可靠度是产品在规定的条件下和规定的时间内完成规定功能的概率。它是时间的函数，记作 $R(t)$，也称为可靠度函数，即

$$R(t) = \frac{N - n(t)}{N} = \frac{N(t)}{N} \tag{1-2}$$

式中，N 为产品总数；$n(t)$ 为 t 时刻失效的产品数；$N(t)$ 为 t 时刻仍在正常工作的产品数。

2. 累积失效概率 $F(t)$

累积失效概率又称为不可靠度，是指产品在规定的时间内失效的概率。也可表述为"产品在规定的条件下和规定的时间内，完不成规定功能的概率"，即

$$F(t) \approx \frac{n(t)}{N} \tag{1-3}$$

将式（1-2）和式（1-3）相加可得

$$R(t) + F(t) = \frac{N - n(t)}{N} + \frac{n(t)}{N} = 1$$

3. 瞬时失效率 $\lambda(t)$ 及故障宏观规律

瞬时失效率简称失效率，是指到 t 时刻，单位时间内产品发生失效的概率。它是时间的函数，故又称为失效率函数。

各种电子元器件及电子设备的失效率曲线随时间的推移，形成类似"浴盆"的形状，故称为"浴盆曲线"，如图 1-3 所示。人们把产品失效期大体分为三个失效期。

（1）早期失效期　这一阶段失效率高且随时间增加而下降。这一时期的失效由元器件材料缺陷和生产工艺不良引起。为降低这一时期的失效率，提高可靠性，在企业生产过程中，采用元器件老化筛选工艺对元器件进行筛选。

（2）偶然失效期　偶然失效期失效率低，而且稳定，近似为常数，这一阶段时间较长。产品可靠性指标所描述的也是这一时期的失效率，这一时期又称为工作期。

（3）耗损失效期　工作期后产品进入衰老阶段，平均失效率随时间而增大。此阶段表现为机械零件磨损、元器件大量衰老，故又称为衰老期。

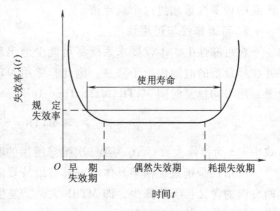

图 1-3　电子设备典型失效曲线

图 1-3 所示的电子设备失效曲线反映了电子设备故障的宏观规律，即早期的故障由高到低，在偶然失效期处于平稳且失效率低，到了衰老期故障增多。

在三个失效期中，我们最为关心的应是偶然失效期，并用偶然失效期失效率 λ 来表示故障发生的概率。失效率 λ 为单位时间内的平均故障数，为常数。可用下式计算：

$$\lambda = \frac{\gamma}{T} \tag{1-4}$$

式中，γ 为产品失效数；T 为受试验产品数与试验时间（小时数）的乘积，简称产品小时数。

电子元器件的失效率常用"Fit"作为单位，$1\text{Fit} = 10^{-9}/\text{h}$，即 100 万个元器件工作

1000h 有 1 个失效，就叫 1Fit。例如，10000 个产品试验 1000h 失效产品有 2 个，代入式 (1-4)计算：

$$\lambda = \frac{2}{10^4 \times 10^3 \mathrm{h}} = 2.0 \times 10^{-7}/\mathrm{h} = 200 \mathrm{Fit}$$

4. 平均寿命

在概念上，对于可修复产品而言，平均寿命是平均无故障工作时间，通常记作 MTBF (Mean Time Between Failure)。寿命是指两次相邻失效(故障)间的工作时间，而不是指每个产品报废的时间。对于不可修复的产品而言，它的寿命的平均值记作 MTTF(Mean Time To Failure)，称为平均到达损坏时间。

通常用特征量 MTBF 来描述电子设备的可靠性。

$$\mathrm{MTBF} = \sum_{i=1}^{n} \frac{t_i}{N} \tag{1-5}$$

式中，t_i 为第 i 个产品的无故障工作时间；N 为产品个数。

此外还可导出以下关系式：

$$\mathrm{MTBF} = \frac{1}{\lambda} = \frac{1}{\lambda_1 + \lambda_2 + \cdots + \lambda_i + \cdots + \lambda_n} \tag{1-6}$$

式中，λ_i 为第 i 个元器件的失效率；n 为整机所用元器件总数。

当今电子设备的可靠性用 MTBF 来表征，如 20 世纪 80 年代我国要求彩电不小于 15000h，收音机不小于 2000h，若达不到这一要求，则不允许生产和销售。目前，上述两种产品的可靠性远超过这个规定值。

5. 可维修性与可用性

在可靠性上，不仅要求系统尽可能少地出现故障，还希望在故障出现后能被及时发现，并在尽量短的时间内给予修复。因此，除用 MTBF 来描述可靠性外，还引入可维修性这一概念，用平均修复时间 MTTR(Mean Time To Repair)来定量描述。MTTR 是一个统计值，即

$$\mathrm{MTTR} = \frac{1}{n} \sum_{i=1}^{n} \Delta t_i \tag{1-7}$$

式中，n 为维修次数；Δt_i 为第 i 次维修所用的时间。

可用性是指系统在某具体时刻具有维持规定功能的能力。可用性也称为有效性，它包含两方面的含义：①故障少，即 MTBF 大。②发生故障后能及时修复，即 MTTR 小。通常用 A 表示可用性，并定义如下：

$$A = \frac{\mathrm{MTBF}}{\mathrm{MTBF} + \mathrm{MTTR}} \times 100\% \tag{1-8}$$

用可用性 A 来评估系统的可靠性更为全面。提高系统的可靠性，不能单纯地增大 MTBF，还要减小 MTTR。亦即在设计、研制和生产电子设备的过程中，不仅要努力提高 MTBF，还应从设计阶段起就考虑电子设备的可修复性。

1.5.2 电子设备的故障机理分析

电子设备产生故障的主要原因：①设备本身有缺陷。②设备使用的外部条件恶劣，超过设计容限。具体来说，形成电子设备故障的机理主要有：①元器件失效。②设计缺陷。③制造工艺缺陷。④使用维护不当。⑤人为因素和环境因素。

1. 元器件失效

元器件失效是电子设备产生故障的主要原因之一。统计资料表明，元器件失效占电子设备整机故障的 40% 左右。引起元器件失效的主要原因为元器件本身可靠性低，筛选不严和苛刻的环境条件等。除此以外，对可编程集成器件芯片，若软件编程错误或有病毒侵害，则会导致软件无法正常运行而瘫痪，使元器件失效；恶劣的环境会导致元器件失效，如电磁干扰、振动和高温等。

下面对常用电子元器件失效机理进行介绍。

（1）电阻器失效模式与机理　电阻器是电子设备中使用量很大，且容易发热的元器件，所以电阻器失效在引发电子设备故障概率中占有一定比例。其失效原因与电阻器的结构、工艺特点和使用条件密切相关。

电阻器的失效模式可分为致命失效和参数漂移失效两大类。其中致命失效占很大比重，常见的有：断路、机械损伤、接触损坏、短路和击穿等。

电阻器的构造不同，其失效机理亦有所不同。

1）非线绕固定电阻器。碳膜电阻器的失效机理为引线断裂、电阻膜不均匀、膜材料与引线端接触不良、基体缺陷等；金属膜电阻器的失效机理主要为电阻膜不均匀、电阻膜破裂、基体破裂、电阻膜分解和静电荷作用等。

2）线绕电阻器，其失效机理为接触不良、电流腐蚀、引线不牢和焊点熔解等。

3）可变电阻器，其失效机理为接触不良、焊接不良、引线脱落、杂质污染和环氧树脂质量差等。

（2）电容器故障模式　常见的电容器故障模式有：击穿、开路、参数退化、电解液泄漏和机械损伤等。各类失效模式的失效机理各不相同，本书不作详细介绍。

在实际工作中，电容器是在工作应力和环境应力的综合作用下工作的，有时会产生一种或几种故障模式和失效机理，还会由一种失效模式导致另外的失效模式或失效机理的发生。各种失效模式有时相互影响。电容器的失效与产品的类型、结构、制造工艺及工作环境条件等诸多因素有关。

（3）电感器和变压器类故障模式　此类元器件包括电感器、变压器、振荡线圈和滤波线圈等。其故障多由外界原因所引起。例如，因负载短路，流过线圈的电流超过额定值，变压器温度升高，造成线圈过热，漆包线漆层绝缘破坏而短路，漆包线绕制损伤处断路等。当通风不良、温度过高或受潮时，亦会产生漏电、绝缘击穿或极细漆包线霉断等故障。

（4）分立半导体器件故障机理　分立半导体器件主要包括普通二极管、整流二极管、晶体管、稳压管、晶闸管和场效应晶体管等。常见故障如下。

1）击穿。以上器件内部均有 PN 结，正常情况下，PN 结具有单向导电性，当 PN 结击穿后正反向电阻大小相等或相近。稳压二极管正常工作时工作于反向击穿区，反偏电压撤消后，PN 结能恢复正常状态，因反向电流过大，会使 PN 结损坏而不能稳压。

2）开路。晶体管开路往往是因通过管子的电流过大所致。

3）放大倍数等主要性能参数变化。分立半导体器件的主要性能参数离散性很大，主要性能参数值会在很大范围内变化。在过热、外接电压极性瞬时反接等情况下，尽管管子没损坏，但会使主要性能参数变差，性能下降。

（5）集成电路芯片的失效模式与失效机理　集成电路芯片的失效模式有：电极的故障

与失效；封装裂缝；电参数漂移；不能正常工作等几大类。

1）电极的故障与失效。这类故障包括多种类型，其中电极开路、时通时断是因电极间金属迁移、电蚀及制造工艺有问题所致；电极内部短路等的主要原因是电极间金属电扩散，金属化工艺缺陷，或制造时电极间落入外来异物等；引线折断的主要原因为线径不均匀，引线强度不够，热应力和机械应力过大和电蚀等；可焊性差的主要原因是引线材料缺陷，引线金属电镀层不良，引线表面污染、腐蚀和氧化等。

2）封装裂缝。封装裂缝主要是封装工艺有缺陷和环境应力过大等所致。

3）电参数漂移。电参数漂移的主要原因是原材料缺陷，可移动离子引发的反应等。

4）不能正常工作。这类故障一般是由工作环境条件因素造成的。

（6）接触件失效模式和失效机理　接触件是用机械压力使导体与导体之间彼此接触并有导通电流功能的元器件的总称。其中包括开关、插接件、继电器和交流接触器等。接触件是电子元器件中可靠性较差的元器件，它们是电子设备或系统可靠性不高的关键所在，应成为电子设备设计、制造及维修的重点关注对象。一般来说，开关和接插件以机械故障为主，电气失效为次，主要是因机械磨损、机械疲劳和腐蚀所致。而接点故障、机械失效等则是继电器等接触件的常见故障模式。详细失效机理因篇幅所限，恕不赘述。

2. 设计缺陷

设计缺陷是形成电子设备故障的重要原因之一。即使电子元器件质量很好，如设计存在缺陷，生产出的电子设备同样会产生故障。常见的设计故障有抗干扰设计存在问题；通风散热设计差；精度设计考虑不周；产品耐环境设计差；电路设计不合理；元器件选择计算没有降额或降额幅度不够等。例如，有些电子设备在实验室能正常工作，而在电磁污染严重、大电流设备频繁起动的使用现场却无法工作，其原因就是抗干扰设计不到位。

3. 制造工艺缺陷

制造工艺缺陷也是造成电子设备故障的原因之一。常见的制造工艺缺陷有：

1）焊接缺陷。如虚焊、漏焊和错焊，经常调整和强振动部位处焊接不良等。

2）元器件、材料挑选不当，元器件未经老化处理或老化工艺有问题。

3）产品出厂前关键性能参数调整和校验不当。

4）设备的组件组装不合理等。

4. 人为因素和环境因素

人为因素主要是指电子设备的装配、调试人员和维修人员，不按规定的操作规程组装、调试和使用电子设备而形成的人为故障。

环境因素是因使用条件恶劣，导致电子设备产生故障。如高温、强振和强烈电磁干扰等影响，超出电子设备的设计要求，使之不能正常工作。

1.5.3　提高电子设备可靠性的方法

为提高电子设备的可靠性，在设计时除采用可靠性设计原则、合理选用元器件外，还应采用元器件老化筛选、降额设计和其他可靠性保障措施，如热设计、瞬态过应力防护设计、可维护性设计、电气互连的可靠性设计、机械防振设计、气候环境防护设计和电磁兼容性（抗干扰）设计等。本节仅对元器件老化筛选和降额设计进行介绍。

1. 元器件老化筛选

老化筛选的原理及作用是，给电子元器件施加热、电、机械的或多种组合的外部应力，模拟恶劣的工作环境，使它们内部潜在的故障提前暴露出来，然后进行电气参数测量，筛选、剔除失效或变值的元器件，尽可能把早期失效消灭在正常使用之前。

在电子设备整机厂，广泛使用的老化筛选项目有：高温存储老化、高低温循环老化、高低温冲击老化和高温功率老化等，其中高温功率老化是目前使用最多的试验项目。高温功率老化是给元器件通电，模拟它们在实际电路中的工作条件，再加上 +80 ~ +180℃ 的高温进行几小时至几十小时的老化，它是对元器件多种潜在故障均有筛选作用的有效方法。老化试验一般在由专业厂家生产的老化设备中进行。

人们发现，对于像电阻、晶体管等多数电子元器件，在使用前经过一段时间如一年的储存，其内部也会发生化学反应及机械应力释放等变化，使其性能参数趋于稳定，这种情况称为自然老化或自然存储老化。一般，军品所用元器件大多采购后存储一年，再进行其他老化筛选工艺。

元器件筛选要付出人力、物力和时间的代价，淘汰了劣等品虽然增加了元器件的成本，但有关统计资料表明，筛选的代价可换得极大的经济效益和社会效益。表 1-3 所示为国外技术机构统计的电子设备从制造到使用各阶段，因元器件失效所造成的损失的美元数值。以军品为例，在元器件筛选时元器件失效的损失是 7 美元，到整机调试时元器件失效的损失就为 120 美元，而在用户使用阶段剧增为 1000 美元。换言之，在筛选阶段剔除不良器件 7 美元的损失，可避免在整机调试时 120 美元的损失和用户使用阶段中 1000 美元的损失。从表中可看出，对电子设备整机生产者来说，筛选的代价已在印制电路板调试阶段得到补偿，而筛选所带来的整机质量好、信誉高和市场竞争力强等更是难以计算的。

表 1-3　元器件失效在各阶段造成的损失　　　　　　（单位:美元）

产品分类 \ 各阶段	元器件筛选	印制电路板调试	整机调试	用户使用
民品	2	5	5	50
工业品	4	25	45	215
军品	7	50	120	1000

2. 降额设计

考虑到元器件参数的分散性、电子系统工作条件的变化和其他不可知因素，为提高可靠性，保证元器件能工作在额定的应力之下，在电路设计时必须采用降额设计。降额设计是电子设备可靠性设计常用的方法。

降额设计就是把元器件的额定参数乘以一个小于 1 的系数后再使用，也就是留有一定的余量。降额设计可减小元器件所承受的应力，显著地降低元器件的失效率，降低元器件因意外因素而工作在额定参数之上的概率。通常用降额系数 S 来表示降额设计的程度，即

$$S = \frac{实际工作应力}{额定工作应力} \tag{1-9}$$

S 在 0 ~ 1 之间取值。降额系数应在合理范围内选取，过大则降额效果不明显，过小则可能使器件工作状态不良。降额设计还应根据元器件的失效模型实施，元器件可能因电压、电

流、功率、频率和温度等因素而失效，一般只对影响元器件可靠性的主要因素进行降额设计。

（1）电阻器　电阻器的主要降额对象为功率，且与电阻器的工作环境温度有关。一般，当环境温度低于 65℃ 时，S 取值在 $0.1 \sim 0.6$ 之间，温度越高降额系数取值越小。

当 $S < 0.1$ 时，电阻器工作时产生的热量过低，不利于潮气的驱除，失效率反而会增大。

（2）电容器　电容器的主要降额对象为电压，其工作电压应为交流峰值电压与直流电压之和，一般取 $S < 0.6$。电容器的使用温度应低于 50℃，尤其是电解电容器不能在较高温度环境中工作。

（3）分立半导体器件　分立半导体器件包括各种晶体管、二极管、晶闸管及光电子器件等。一般在温度低于 50℃ 时，取 $S < 0.6$。不同的器件依据不同的降额对象，取不同的降额系数。

1）晶体管：S = 实际功耗/25℃ 时的额定功耗。

2）二极管与晶闸管：S = 平均正向工作电流/25℃ 时的额定正向电流。

3）稳压管：S = 实际功耗/25℃ 时的额定功耗。或者，S = 实际工作稳压电流/25℃ 时的额定稳压电流。

4）光电半导体器件：S =（平均正向工作电流/25℃ 时的额定正向电流）× 最大允许 PN 结温系数。或者，S =（实际功耗/25℃ 时的额定功耗）× 最大允许 PN 结温系数。

需特别指出的是，发光二极管（LED）是失效率最高的器件，对采用 LED 显示器的电子设备，应严格按照降额系数取值的要求，不能为追求显示亮度而增大器件的工作电流。

（4）微处理器与数字芯片的降额设计

1）微处理器工作主频的选择。人们常常通过提高微处理器的工作主频来提高其工作速度，但主频过高也会带来不少问题，如功耗增加、长线传输受到限制、总线容性负载能力下降等；此外，若信号频率接近于器件的最高工作频率，则会降低其可靠性。

对于微处理器系统的工作主频，可在满足系统适时性要求的前提下，结合时钟频率的上下限，对最高工作频率采取一定的降额设计。

2）总线负载的降额设计。总线结构是微机系统的特点，设计时必须考虑微机系统总线负载的降额问题。总线负载的降额系数以取 0.6 以下为宜。计算总线负载时，不仅要考虑静态直流负载引起的信号电平和边沿的变化，还要考虑容性负载和连线分布电容引起的信号延迟和畸变。加接总线驱动器可提高总线的负载能力，但仍要有降额要求，要取适当的降额系数。

1.6　维修电子仪器设备的一般程序

电子仪器设备维修是一项理论与实践紧密结合的技术工作，既要熟悉仪器设备的基本原理，又要熟悉单元电路原理及其调试基本技能；既要掌握维修基本理论，又要掌握维修基本技能并积累维修经验。切忌瞎摸乱碰以图侥幸成功，否则不但忙了半天一无所获，而且还会使故障越修越复杂。

要搞好电子仪器设备的维修工作，必须遵循一套科学的工作程序，才能事半功倍，提高效率。通常把电子仪器设备维修程序归纳为以下 10 条：①研究、熟悉工作原理。②熟悉操作运行规程。③了解故障情况，发现故障线索。④进行初步表面检查，确定故障症状。⑤维修前进行定性测试。⑥拟订故障检测方案。⑦分析、诊断故障。⑧处理故障及电路调整。⑨校验。⑩填写检修记录及交付使用等。

1.6.1　研究、熟悉工作原理

熟悉待修电子仪器设备的工作原理是维修的前提。

1. 查阅设备档案资料

电子仪器设备的档案资料应包括产品使用说明书、电路原理图、电路结构框图、装配图等图样资料，产品检验书或合格证、维修手册、运行维修记录等。目前进口设备日益增多，大都不给电路原理图等资料，给维修带来困难。对于责任范围内需维修的仪器设备，做好维修基础工作十分重要。

2. 研究工作原理

研究工作原理，首先要从研究电路结构框图开始，搞懂待修仪器设备内部所包含的单元电路及其相互之间的关系，这有助于判断发生故障的区域。其次要从电路原理图中，搞懂组成电路的元器件在电路中的作用及其相互之间的关系，电路元器件的选择计算方法，电路性能指标的估算等。最后要研究装配图，搞清电路图中元器件在印制电路板和仪器设备中的位置。这些是分析故障产生原因和诊断故障的基础。

电路结构框图是用来反映成套设备、整件和各组成部分以及它们在电气性能方面的基本工作原理和顺序的设计文件。它反映的是分机、模块、印制电路板和单元电路之间的连接关系，有的在连接线上方标注该处的基本特性参数，如信号电平、阻抗、频率、传送脉冲的形状幅值和各种波形等。这一阶段的研究过程中，关键是一要搞清各单元（模块）的作用和工作原理；二要搞清单元（模块）与单元（模块）之间的关系，熟悉输入输出数据或波形。

电路原理图是详细说明产品各元器件、各单元之间的工作原理及其相互之间连接关系的略图，是设计、编制接线图，设计印制电路板以及编制调试工艺的原始技术资料。较详细完备的电路原理图如彩色电视机电路原理图，会标出关键节点的电压数据和波形等，这是电子设备维修十分重要的资料。这一阶段的研究过程中，关键是要搞懂组成电路的元器件在电路中的作用及其相互之间的关系，电路元器件的选择计算方法，电路性能指标的估算和电路调试方法等。

印制电路板装配图是用来表示元器件、零部件及模块与印制电路板连接关系的图样。安装图是指导操作人员在使用地点进行产品及其组成部分安装的完整图样，其中包括产品及安装用件（包括材料的轮廓）图形；安装尺寸以及和其他产品连接的位置与尺寸；安装说明（对安装需用的元器件、材料和安装要求加以说明）。它们反映了元器件、模块、分机等对应的安装位置及连接关系。

3. 做好维修资料的归档工作

在研究、熟悉工作原理的基础上，应搜集有关本仪器设备维修的文献资料，熟悉维修方法，做好资料归档并做好以下工作：

1）有必要时测绘出仪器设备的电原理图。

2）研究各印制电路板及各部分之间的关系，测量并记录正常运行时各部分之间的电参数、波形或反应等。

3）查明仪器设备中各元器件型号、主要元器件正常工作时各引脚的测试参数或波形以及备用和代用元器件型号。

以上工作繁杂且费时，但对于维修工作却能起到事半功倍的作用。

1.6.2　熟悉操作运行规程

在检修仪器设备中，发现故障往往是由于使用不当，甚至是不懂使用方法违章操作所造成的。对维修者来说也必须认真对照被修仪器设备的说明书，熟悉操作运行规程，才能进一步了解故障情况，尽快修复。从这一点出发，可以说，不会使用仪器设备，就不会修理仪器设备。

维修人员除做好维修工作外，还应关心仪器设备操作使用者素质的提高，应督促操作使用人员按操作运行规程办事(以免造成人为损坏)，搞好设备管理，提高经济效益。

1.6.3　了解故障情况，发现故障线索

维修人员要从掌握故障情况入手，进行维修。因此在检修之前，要调阅仪器设备运行维修记录，并向操作使用人员了解仪器设备发生故障的过程及其出现的故障现象，这对于进行故障诊断、分析故障产生原因很有帮助。需了解的情况如下：

1）故障发生的时间，以及故障发生前是否进行过维护、修理和拆装等工作，是否因运输受到颠簸和振动，故障是发生在运行一段时间后还是一开始就有故障。

2）故障发生时的现象，即故障是突发的还是渐变的，面板上的指示仪表、设备或荧光屏上的图像有何变化，机内有无打火声或不正常声响，有无焦糊味、发光或冒烟等故障现象。

3）故障发生时操作人员的动作行为，例如动过什么旋钮，扳过什么开关，操作步骤是否有误等。

4）设备的历史，即设备的出厂日期、工作时间，曾发生过的故障、故障现象及其修理情况等。

设备历史的了解对确定设备有可能发生的故障模式很有帮助。如新设备处于早期故障期，易发生因设备检验疏忽而产生的一些故障；而在设备的耗损故障期，则易发生元器件老化、性能下降和失效等故障。以往的故障史，对确定目前故障的类型很有帮助，尤其对一些与曾发生过的故障相类似的故障，可借鉴以前的故障诊断和修理方法，极大地提高维修效率。

认真填写设备运行维修记录，是设备管理的重要基础工作。维修人员应督促操作人员认真填写运行维修记录。

1.6.4　初步表面检查，确定故障症状

检修电子仪器设备时，为了尽快查出故障原因，通常先初步检查仪器面板上的开关、旋钮、度盘、插口、接线柱、表头和探测器等有无松脱、滑位、断线、卡阻和接触不良等问题，然后打开仪器设备盖板，检查内部电路的电阻、电容、电感、电子管、晶体管、集成电路、石英晶体、电源变压器、熔丝管和电源线等是否烧焦、漏液、霉烂、松脱、虚焊、断路、接触不良和印制电路板插接是否牢靠等问题。这些明显的表面故障一经发现，应立即予以修整更新，这样就可能修好仪器设备。

1.6.5 维修前的定性测试

修理电子仪器设备之前，必须先对待修仪器设备进行定性测试，即在开机通电的情况下，进行必要的操作运行，以确定被测仪器设备的主要功能和面板装置是否良好，对进一步观察和分析故障部位和性质很有帮助。

必须指出：当出现烧熔断器、跳火、冒烟和焦味等故障现象时，通电测试应慎重。如需通电测试，应采用逐步加压的方法，即电源交流电压采用调压器逐步升高，以免扩大仪器设备的故障。具体方法步骤参阅本书 2.1.1 节。

1.6.6 拟订故障检测方案

根据仪器设备的故障现象以及对仪器设备工作原理的研究，只能初步分析可能产生故障的部位和原因，要确定发生故障的确切部位和原因，必须拟订出检测方案，其中包括检测的内容、方法和所用测试仪器等，并选择测试点，以做到心中有数、有条不紊。当然，也必须准备好仪器设备正常工作时主要节点的电平、波形等数据资料。这是仪器设备维修工作的重要程序。

1.6.7 故障分析、诊断

根据各种检测结果——数据、波形和反应等，进一步分析或确定发生故障的部位和原因。通过检测—分析、再检测—再分析，确定完好的部分和有问题的部分。然后在有问题部分的电路中，查出损坏、变值（即性能参数值改变）的元器件和虚焊等故障。

电子仪器设备维修人员对于故障原因的正确认识，只有在不断地分析检测结果的过程中才能完成。故障分析过程是由片面到全面，由个别到整体，由现象到实质的过程。这是检修电子仪器设备的各个程序中最为关键且最为费时的环节。

在进行故障诊断和分析故障产生原因时应遵循：先外后内，先粗后细，先易后难，先常见后稀少，由大部位到小部位的原则。

维修人员对仪器设备正常运行时各部分的参数应十分熟悉，对仪器设备说明书中或维修手册中的故障现象及维修办法应十分了解，这对缩短维修周期大有裨益。这就是强调做好维修基础工作的原因所在。

有的智能仪器设备编有故障判断程序，只要正确运行程序，即可方便地确定故障部位，予以维修。

1.6.8 故障处理

除虚焊等简单故障外，还要做好处理故障前的准备工作。维修人员在拆卸元器件前，要做好必要的、清楚的标记，尤其像波段开关、变压器等焊点多的情况或者要制作和外购元器件需较长时间的情况，更应注意做好标记。不做标记，装配、焊接时费时费力，甚至会弄错，带来不必要的麻烦。

电子仪器设备的故障，大都是由个别元器件损坏、变值、虚焊、松脱，或个别接点断开、短路、虚焊和接触不良等原因而引起的。通过检测查出故障后，就可进行故障处理，即进行必要的选配、更新、清洗、重焊、调整和复制等整修工作，使仪器设备恢复正常的功能。

1. 注意事项

（1）元器件的替换和代用　替换元器件时，理想的情况是规格型号完全一致。替换前一般要进行性能参数测试，并要经过仔细挑选。没有同型号元器件可供替换时，可用性能相同的元器件代替。找不到性能完全相同的元器件代替时，可采用性能相近、在电路中可完成相同功能的元器件代用，不在万不得已情况下不用此法，以防因考虑欠周而影响性能。维修人员应熟悉国内外常用元器件的代用情况，以提高维修效率。

（2）工艺问题　生产厂家从元器件老化筛选，到部件、整机的装配、调试，都是严格按照工艺规程进行的。修理中，应尽可能按照原工艺要求进行，严防虚焊，严禁用焊油助焊，防止将线头、焊渣落入机内，任何一点疏忽，都会带来不必要的麻烦或损失。

（3）机械故障　电子仪器设备常会发生机械故障，如磨损、变形、紧固件松动等，造成接触不良、机械传动失灵等，这些故障常可修复，需认真仔细对待。

对于光、机、化学、生物和医疗等电子设备，要与使用者密切配合，一起修理，以便取长补短，切忌盲目乱动，带来后患。

2. 不能随意处理的故障

维修人员在以下情况不能随意处理故障，进行修理。

1）设备保修期内，不应随意拆、焊，以便核查责任。如果生产科研急需，需经有关部门主管领导批准后，方可维修。

2）对工作原理一时难以搞清的复杂仪器设备，对工艺上有困难的仪器，如微波器件的腔体等部件，特别是非标准零部件的故障不能轻易处理，应与生产厂家联系，请有关专业人员修理。

3）修理过程中应考虑经济效益。若不考虑其他因素，可以说，没有什么仪器是不能修复的，无论其损坏程度如何。但必须考虑到修理的任务和目的，必须全面衡量得失，在修理中花费的材料、工时与使用价值间权衡。若修理中消耗过大，而修复后价值不大时，建议有关部门作报废处理。

1.6.9　校验

对修复后的仪器设备一般都要进行定性测试以鉴定其主要功能是否正常。校验就是进行维修后的性能检定和检验。

修理过程中，更换了元器件、零部件，由于其电气参数的离散性，不可能与原值完全相同，会影响整机的性能参数和技术指标，因此在维修后应进行定量测试，进行检定和检验，使仪器设备达到设计性能指标。

检定是计量检定的简称，是指为确定计量器具的计量特性是否合格所进行的全部工作，是国家计量主管部门——国家技术监督局指定的检定单位，依据国家法规（检定规程）进行的政府行为，具有准确性、一致性、溯源性、法制性，且具有强制性。仪器设备维修单位若没有经技术监督局的授权，则其不是检定单位，无权进行检定。检定在计量工作中具有重要的地位，检定必须严格按国家计量主管部门颁布的检定规程进行。检定规程是为检定计量器具而制定的技术法规，其中对法规的适用范围、计量器具名称、计量性能、检定条件、检定项目、检定结果处理及检定周期等均做出了明确规定，实际工作中必须遵循。

对电子测量仪器的检定，是借助于标准仪器或通过法定检定的同类型仪器，按检定方法将修复后的仪器的主要技术指标进行对比，以检查其性能是否下降；或进行必要的调整与校正，以保证仪器的性能参数符合标准要求。

电子测量仪器主要功能技术指标的准确度是用测量误差来表征的。测量误差又有绝对误差、相对误差、允许误差、基本误差和附加误差等规定指标。各类测量仪器有不同的检定方法、标准，需查阅资料，照章执行。

对于电子设备的检验，是参照生产厂家的设备检验条件，测试整机性能指标，进行调整与校正，使性能参数达到标准要求。

对可靠性要求高的设备，一般在修复后还要进行必要的试验，如电气性能试验、负载试验、连续运行试验、环境温度性试验和抗干扰试验等。若本单位无试验条件，可请生产厂家协助解决有关试验问题。

校验是维修的关键环节，既有单元电路调整问题，又有整机联调问题；既有单元电路测试问题，又有整机性能参数测试检定检验问题。校验环节直接关系到仪器设备的稳定性、可靠性，影响到生产科研质量和经济效益，必须认真仔细对待。

1.6.10　填写检修记录及交付使用

填写检修记录是一项总结经验、积累资料的工作，对于做好仪器设备的维修、保养和生产具有实际意义。因为故障的发生反映了使用运行中的缺点和薄弱环节，也是对仪器设备性能的实际检验，如设计是否合理、元器件质量是否可靠、工艺结构是否先进等。所以整个检修过程是不断学习和加深认识的过程。通过总结，把实践经验上升到理论高度，达到融会贯通、举一反三、不断提高技术水平的目的。

仪器设备修复后，维修人员要认真填写检修记录。检修记录的内容通常包括：修理仪器设备的名称、型号、厂家、机号、送修日期、委托单位、故障现象、检修结果、原因分析、使用器材、修复日期、修后性能、修理费用、联系人、检修人和验收人等项目。

表 1-4 为电子仪器设备检修记录表的实用表格，供参考。

表 1-4　电子仪器设备检修记录表

名称		型号		价格	
生产厂家		机号		资产编号	
委托单位		联系人		送修日期	年　月　日
故障现象					
检查结果			附件清单		
原因分析			修理费用		
使用器材					
修复日期	年　月　日	检修人		验收人	

在交付使用过程中，应进行交验工作。交验工作包括与操作运行人员或领取者共同开机，确认故障已排除、仪器设备工作正常，办理交付使用手续，校对附件、说明书及技术资料等。

维修人员还应与操作运行人员一起分析故障原因，以吸取经验教训，减小故障率。

修理过程中，维修人员应随时做好记录。修完后，要整理资料、归档。对于大型仪器设备，应按规定写出技术总结报告，其中除包括故障现象、检查结果、原因分析、使用器材、修理费用及修后性能等内容外还应提出建议、意见。

维修人员还应给使用部门当好参谋，推荐适用的优质仪器设备，还应向仪器设备制造部门提供用户意见和要求。在某种意义上讲，维修人员比制造部门和使用部门更应全面地掌握仪器设备的质量情况，应在使用者和制造者之间起桥梁作用。

1.7 电子测量仪器的计量检定

1.7.1 计量的定义、特点和分类

1. 计量的定义

计量学（Metrology）是研究测量的理论和实践方法，保证量值统一和准确的一门应用科学。《国际通用计量学基本名词》中，对计量学的定义是：计量学包括有关测量理论与实践的各个方面，而不论其准确如何以及用于什么科技领域。

计量学是有关测量的知识领域。

从学科的发展来看，计量学原本是物理学的一个分支。随着科学技术、经济和社会的发展，计量的概念和内容也在不断地扩展和充实，逐渐发展形成了一门独立的学科，一门研究测量理论和实践方法的综合性学科，从理论到实践都形成了现代完整的体系。计量测试技术是计量学的重要组成部分，它包括科学研究、技术开发和工程测试等多方面的内容，是发展自然科学和经济建设的技术基础。现代计量测试技术应用了物理学、数学等基础科学的理论和原理，吸收了现代科学技术的最新成就，以其测量理论和测试技术，为自然科学、国民经济建设和社会建设服务，涉及的领域十分广阔。

在科学的形成和发展中，观察和测量是从事研究必须进行的工作。测量能力是人类具有的重要能力之一，人们观测得越精确，就越能深入地解释自然现象。在科学实验中，由测量得到的数据，要求具有足够的准确度和复现性，并且同类测量结果应该保持一致，这样的数据才有普遍应用价值。自然科学的各个学科，应用计量测试技术提供的可靠的测量技术探索自然现象，并根据国际上对计量单位所复现的准确量值，保证实验数据的准确一致，从而促进了科学的发展。

科学技术成果的商品化，是经济发展的重要动力。在生产技术中，测量活动贯穿于实验开发和生产的全过程。各种参数的测量结果，是判断试验和生产是否正常、质量是否可靠的科学依据。提供数据信息，并保证其准确可靠以及和同类数值之间的一致，是生产社会化和商品具有通用性和互换性的必要条件。这些均有赖于计量测试技术的保证。

计量测试技术与社会安全、医疗卫生、环境保护和人民生活等方面都有非常密切的关系，其社会效益是十分明显的。

计量测试技术工作的主要任务是：为生产活动、科学研究、经济管理、内外贸易、社会建设、国防工程和人民消费等各个方面提供测量数据和准确一致的量值，为提高劳动生产率，提高质量，降低消耗服务，保证社会建设和经济建设的顺利进行。根据计量单位的国际定义而建立的计量基准，是统一全国量值的依据，通过国际对比，又达到国际间量值的一致，这对于各行各业都有实际意义。

由于各部门对被测参数的种类、范围和技术要求不同，而且这些需求日益发展，因而计量测试技术也在不断地向前发展。随着一系列新技术的出现和工业自动化的实施，特别是微电子技术的广泛应用，促使若干物理量和化学量的测量从单参数向多参数、从静态量向动态量发展。计量测试技术和控制技术、工艺技术相结合，加速了在线测量和自动控制的综合应用，自动化测试技术迅速发展起来。同位素、激光、超导、计算机和传感器等新技术在现代生产和国防工程的测量技术中得到大量应用。新一代计量仪器仪表正向集成化、智能化和多功能化的方向发展。其中微处理器的普及，不但改善了传统的测量技术，扩大了测量范围，而且提高了计量准确度。以电信号和频率信号为主要输出的模拟信号和数字信号的转换处理技术、数据自动采集和转换技术、温度自动补偿技术、自校准与自诊断技术、网络分析技术、频谱分析技术、电磁兼容、SQUID 器件、光导纤维传输以及其他探测与传感器件的应用等，大大加快了计量测试技术的现代化步伐。

在现代计量测试技术领域中，电子计量技术占有十分重要的地位。电子计量技术的内容包括：建立电子技术基本参量的标准，保证量值统一，研究各种精密测量技术与方法。作为电子设备维修技术的基本内容，了解和掌握电子计量技术的基本知识是十分必要的。这是因为，在电子仪器使用、日常维护和故障检修中，对电子仪器的计量和检定是经常要进行的、十分必需而又重要的内容。对电子仪器设备的计量和检定，实质上就是对电子仪器设备中的特征电子参量进行计量和检定的过程。电子计量技术是电子仪器计量检定的基础。

2. 计量的特点

作为一般概念上的计量，概括起来具有如下特点：

（1）准确性　准确性是计量的基本特点，它表征的是计量结果与被计量真值的接近程度。严格地说，只有量值而无准确程度的结果，不是计量结果。也就是说，计量不仅应明确地给出被计量量的值，而且还应给出该量值的误差范围(不确定度)，即准确性。否则，量值便不具备明确的社会实用价值。所谓量值的统一，也是指在一定准确范围内的统一。

（2）一致性　计量单位的统一，是量值统一的重要前提。无论在任何时间、地点，利用任何方法、器具，以及任何人进行计量，只要符合有关计量所要求的条件，计量结果就应在给定的误差范围内一致。否则，计量将失去其社会意义。计量的一致性不仅限于国内，而且也适用于国际。

（3）溯源性　在实际工作中，由于目的和条件的不同，对计量结果的要求也各不相同。但是，为使计量结果准确一致，所有的量值都必须由相同的基准传递而来。换句话说，任何一个计量结果，都能通过连续的比较链与原始的标准器具联系起来，这就是"溯源性"。"溯源性"是"准确性"和"一致性"的技术归宿。因为，任何准确、一致都是相对的，是与当时科学技术的发展水平和人们认识能力密切相关的。也就是说，"溯源"可以使计量与人们的认识相对统一，从而使计量的"准确"和"一致"得到基本保证。对一个国家而言，所有的量值都应溯源于国家基准；就世界而论，则应溯源于国际基准。

（4）法制性　计量本身的社会性，就要求计量有一定的法制保障。量值的准确和统一，不仅要有一定的技术手段，而且还要有相应的法律和行政手段。只有这样，计量的作用才能得到充分发挥。为此，我国于1985年颁布了国家性的关于计量的法律性文件，即《中华人民共和国计量法》，使计量有法可依，有章可循，纳入了法制化的轨道。

而作为电子计量技术，除具备一般计量的特点之外，在技术应用上也有新的发展。自动化技术和微型计算机的迅速发展，把无线电电子技术的应用推向了一个新阶段，从而推动了电子计量测试技术的发展。

多年来，测量大都是对单个器件的测量，现在已发展成对系统和应用系统的测量。如从确定功率电平、衰减和相移等单个电参量，变成确定诸如散射参量等描述器件或系统特征的量，出现了以网络分析仪和六端口技术为代表的多功能自动测量系统。另外，还发展了用微型计算机控制和进行数据处理的其他小型自动测量系统。应用微型计算机不仅提高了测量系统控制和数据处理的能力，使测量准确度相应提高，还提高了控制和运算的速度与灵活性，在测量过程中改变参量，在系统的运算输出和图形输出中进行多种选择，同时还采用各种变换技术，在频域测量和时域测量之间变换，从近场测量推算出远场结果。

在计量仪器方面，由于采用微处理器控制、取数、存储并处理数据，产生了各种智能仪器和小型自动测试系统（它往往可以用几台各自独立的仪器，配以微型计算机，用通用接口母线GPIB连接起来构成）。典型的如美国HP公司生产的436A型功率计和WE公司生产的自动功率校准系统（System Ⅱ）。

这些重大变革，要求电子计量技术的计量范围不断扩大，计量项目不断增多，计量速度和准确度不断提高；要求被测的量由单一参量发展到综合多参量，由静态发展到动态，同时对复杂的自动化设备、智能仪器及自动测试系统进行测量。而大规模集成电路和微波集成电路的检测，光导纤维和激光参量的计量等，则都是电子计量的新课题。

3. 计量的分类

从学科而论，计量学可分为：①通用计量学。②应用计量学。③技术计量学。④理论计量学。⑤品质计量学。⑥法制计量学。⑦经济计量学等。

从计量对象应用的科学领域来分，又可以把计量分为：几何量（亦即长度）、热工、力学、电磁、无线电、时间频率、声学、光学、化学和电离辐射计量，即所谓十大计量。

另外，一些新的计量领域，如生物工程、环保工程和宇航工程等计量测试，正在逐渐形成。

上述计量领域的划分是相对的，并无严格的规定。如有的将电磁（主要是关于直流和低频电磁量的计量测试）和无线电计量合在一起称为电学计量，也有的将电磁、无线电和时间频率合在一起称为电学计量。实际上，各计量领域不是孤立的，而是彼此联系的、相互影响的。许多实际应用的计量测试问题，往往可能要涉及到两个甚至更多的计量领域。

1.7.2 电子计量中的量值传递与检定

1. 电子计量标准

在电子计量中，哪些是基本的、重要的参量，哪些是导出的或次要的参量，并没有严格的理论根据或一成不变的原则规定，而是随着科学技术的发展和实际工作的需要在不断地发展。这些参量常常是在无线电电子技术中经常遇到的，且需要测量的高频和微波电磁量作为对象，其参量和单位如表 1-5 所示。

表 1-5　电子计量的参量和单位

参量名称	单位	参量名称	单位
频率	Hz	衰减	无量纲
时间	s	增益	无量纲
波长	m	相移	无量纲
电场强度	$V \cdot m^{-1}$	噪声温度	K
磁场强度	$A \cdot m^{-1}$	噪声系数	无量纲
天线增益	无量纲	噪声功率谱密度	$W \cdot Hz^{-1}$
天线效率	无量纲	脉冲响应函数	无量纲
电压	V	脉冲上升时间	s
电流	A	复数相对介电常数	无量纲
功率	W	复数相对磁导率	无量纲
复数阻抗	Ω	介质损耗角正切	无量纲
复数导纳	S	失真系数	无量纲
复数散射矩阵分量	无量纲	调幅系数	无量纲
复数反射系数	无量纲	频偏	无量纲
电压驻波比	无量纲	电导率	$S \cdot m^{-1}$
Q 值（品质因数）	无量纲	反射率	无量纲

尽管这个参量表并没有包括所有要测量的参量，而且，从计量学观点出发，有一些参量是重复的，但真正需要建立计量标准、开展量值传递的参量实际上只有 20 个左右。

在这些参量中，除时间（频率的倒数）和电流的单位是国际单位制基本单位外，其他单位都是导出单位。例如噪声温度单位由温度直接导出，波导或同轴传输线的特性阻抗单位由长度单位导出，功率、电压、电流、电场强度和磁场强度等的单位都是从国际单位制的基本电学单位直接或间接导出等。

在电子计量的众多参量中，决定某个参量重要性的主要依据是实际应用的需要，如功率、电压等的比值，属于无量纲的所谓二次导出量；如衰减、相移、电压驻波比、复数反射系数和复数散射矩阵分量等，往往和判断一个电子系统接收及传输电磁波的能力有关，对它们的测量准确度要求相当高，已被公认为是电子计量的重要参量。

各国公认比较基本、比较重要、需要建立国家标准和相应的量值传递系统的参量有：功率、电压、阻抗（包括高频电容、电阻、电感、Q 值等集中参数阻抗和复数反射系数、电压驻波比等微波阻抗）、衰减、相移、噪声、场强，以及脉冲、调幅系数、频偏、失真系数和复数相对介电常数等近 20 个参量。

电子计量标准几乎全是导出标准，大体可分为三类。

1）基本标准：这类参量可以由质量、长度、时间和温度等几个基本单位计算出来，如截止衰减标准、波导阻抗标准，都与精确已知的尺寸有关，而热噪声标准则与温度直接有关。

2）替代标准：这类参量与一级电学计量标准有关，如微波功率和高频电压采用直流替代原理所建立的标准即属于这一类。

3）比值标准：它不涉及其他物理量，仅由比值计量而得，如衰减标准中采用的感应分压器、失真和调制度计量标准等。

按照习惯，通常把电子计量的基本标准分为电压、功率、阻抗和衰减四大类。

电子计量与直流和低频电磁量的计量有着密切的关系，但前者本身涉及的量程广、频带宽。为了降低测量不确定度，减少研制能适应不同频段和量程而精度又高的标准器的数量，在电子计量的各级标准装置中，广泛采用了各种变换、替代测量技术以及平衡对消技术。

2. 电子计量中的量值传递

量值传递是指通过对计量器具或电子仪器的检定或校准，将国家基准所复现的计量标准通过各等级计量标准传递到工作点，以保证被测对象量值的准确和一致。量值传递一般应按国家计量检定系统的规定逐级进行，并且在量值传递时遵循准确度损失小、可靠性高和简单易行的原则。

实现计量标准与量值传递必须具备两个基本条件：①标准源和校验仪（校准仪器或自动化校准系统）。②有溯源到国家标准的跟踪能力。溯源性表示在测量仪器的性能指标与国家最高标准之间，通过一个紧密联系的比较链结合起来的能力。溯源性可形象地比喻成校准金字塔，其顶点是国家或国际最高标准，然后通过地方或行业计量局、计量站逐级往下传递。由于计量部门的级别不同，所用标准源的技术指标亦不同，图1-4详细列出了直流数字电压

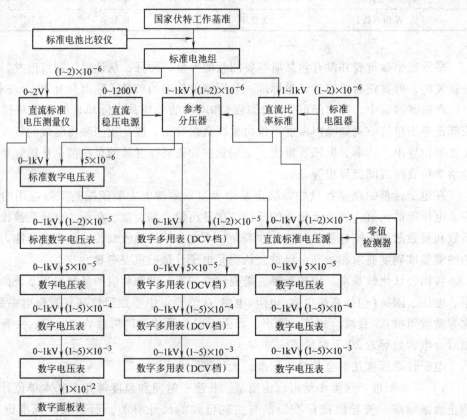

图1-4　直流数字电压表的量值传递

表的量值传递情况。

3. 电子仪器的检定

电子仪器的检定是指为评定电子仪器的计量特性，确定其是否符合法定要求所进行的全部工作。电子仪器的检定有时也称为电子仪器的校准。校准是一种由国家指定机构进行的非常特别和极高准确度的测量过程。这一测量过程是将被校准的测量仪表与准确度更高的标准仪表进行比较，从而确定或经调试后消除被校仪表的偏差，并对结果提出报告。因此校准也是一种检定仪表准确度的过程。仪表经校准后就获得了由国家标准"传递"给它的被"认可"的准确度，从而提高了该仪表的可靠程度。

检定是计量学的一个最重要的实际应用，是计量部门一项最基本，也是最经常性的任务。因此，它在计量工作中占有十分重要的地位。检定作为计量工作的专门术语，还具有法制性。

电子仪器在使用、日常维护中以及维修完成后，都要经常或定期按规定送到相关计量检定单位去检定校准，即送检，从而鉴定电子仪器是否符合规定的技术要求，即该电子仪器能否被有效地使用。

在实施电子仪器的检定时，应严格按照国家或有关部门规定的相关检定规程来进行。检定规程是检定电子仪器时必须遵守的法定技术文件。所有正式的检定，都必须严格按照有关的检定规程进行。

检定规程的内容一般包括：适用范围、电子计量标准的计量特性、检定项目、检定标准测试条件、检定方法、检定所用设备、检定周期、检定数据处理以及附录等。

检定方法是保证量值传递以及检定数据有效的重要前提，应尽量选择精度损失小、可靠性高而又简单可行的检定方法。具体来讲，检定方法是指检定规程中规定的操作方法和步骤。

校准用的标准源和各类校准仪是检定的重要基础。如在电压、电阻的检定中，所用的最基本的直流标准源只有两个：标准电池与标准电阻。这两个标准源需由国家或国际上保存的伏特基准与欧姆基准来传递量值和进行比对。利用这两个标准源可以确定电压与电阻，将二者组合后还可以确定电流。过去，标准源与校准仪是分开的，操作繁琐。目前生产的许多校准仪兼有标准源的功能，使工作效率明显提高。校准仪的种类很多，例如直流电压校准仪、直流电流校准仪、电阻校准仪、交流电压校准仪、交流电流校准仪和热传递校准仪等，而且校准仪正从单一功能向多功能、由手动控制向自动化及智能化校准系统的方向发展。天津中环科学仪器公司与迪特朗公司合作生产的 400A 型可编程多功能精密校准仪，可校准 $5\frac{1}{2}$ 位 ~ $7\frac{1}{2}$ 位 DVM（数字电压表）。福鲁克公司生产的 7457A 型自动校准系统，在 MET/CAL 软件支持下，可通过 PC 自动完成对仪器的校准、记录并给出检定报告。对于具备 IEEE—488 接口并能做软件校准的智能数字多用表，该系统几乎不需操作人员的介入，即可完成"闭壳校准"（不用打开被校表的机壳就能完成校准工作）。

检定规程中规定的电子仪器的标准测试条件是可靠检定的保证。如检定电子仪器应在标准测试条件下进行。我国颁布的电子测量仪器标准（基准）条件（GB 6587.1—86），如表 1-6 所示。目前各国规定的标准条件不尽相同，对于进口或国内组装的电子仪器，应参照说明书规定的标准条件。

表 1-6 我国电子测量仪器的标准条件

影响量	标准值或范围	误差	影响量	标准值或范围	误差
环境温度	20℃	±2%（或 ±1℃）	直流供电电压	额定值	±1%
相对湿度	45%~75%		直流供电电压的纹波	$\frac{\Delta U}{U_。} \le 0.1\%$	
大气压	86.66~106.67kPa（650~800mmHg）		外电磁场干扰	应避免	
			通风	良好	
交流供电电压	220V	±2%	阳光照射	避免直射	
交流供电频率	50Hz	±1%	工作位置	按产品标准规定	±1°
交流供电波形	正弦波	失真度 $\beta = 0.05$			

　　额定工作条件是指允许使用仪表的环境条件。超出此条件的规定范围会带来附加误差，甚至造成仪表的永久性损坏。额定工作条件一般视各国实际情况而定。我国制定的直流数字电压表技术条件标准（ZBY 095—82）中，对 A、B、C 三个组别的额定工作条件分别作出规定，如表 1-7 所示。仪表对大气压强也有要求，这是因为气压低，空气就稀薄，仪表的散热条件变差，功耗易超出额定值。因此，在高山、高原地区应适当缩短仪表的连续开机时间或采用强迫风冷。

表 1-7 我国对直流数字电压表额定工作条件的规定

仪表组别	A	B	C
环境温度/℃	+5 ~ +40	-10 ~ +40	-25 ~ +55
相对湿度（%）	20 ~ 80	10 ~ 90	5 ~ 95
大气压/kPa	70.0 ~ 106.0	53.3 ~ 106.0	53.3 ~ 106.0
阳光照射	无直接照射	无直接照射	≤ +55℃[①]
周围空气流速/(m·s⁻¹)	0 ~ 0.5	0 ~ 0.5	0 ~ 5

　　① 指环境温度与太阳辐射的综合效应使表面温度不超过 +55℃。

　　毫无疑问，检定工作人员是检定的关键因素。检定工作人员应具备检定工作所需的专业知识和操作技能，必须经有关计量部门考核合格并取得相应的上岗证书，方能从事计量检定工作。

　　电子仪器检定完成后，计量检定机构必须对受检仪器出具检定证书（检定合格证）。检定证书是被检定仪器计量性能被认可的最终体现，它不仅是电子仪器可信的标志，而且是电子仪器可使用的凭证，同时也是调解、仲裁和判决计量检定纠纷案件的法律依据。检定证书是具有法律效力的技术文件，其封面和规格全国统一。一般包括：检定单位名称；送检单位名称；被检仪器名称、规格、型号、制造厂名、出厂编号和设备编号；检定结论；检定员、核验员和负责人签章；检定单位印章；检定日期；有效日期等。若仪器检定合格，还应将检定合格证（用铝箔不干胶材料印制的合格标签）粘贴在仪器上，其内容包括检定日期、有效日期和检定员的签章。若仪器检定不合格，则由检定机构出具相应的证明文件（检定结果通知书），并注明检定的原始数据和具体的不合格之处。

1.7.3　电子测量仪器计量中的注意事项

在电子测量仪器计量中应注意以下事项：

1）计量工作是科学、严谨的工作，工作中要认真、仔细。

2）应严格按照计量规程办事。

3）计量中应尽可能选择精度损失小、可靠性高而又简单易行的计量方案。

4）熟悉关于计量的国家政策法规（《中华人民共和国计量法》）和各地区、部门制定的相应的制度和规定，将计量工作纳入法制轨道中。

1.8　电子设备维修与装备条件

电子仪器的维修工作，是保证电子仪器设备正常使用的重要措施。在实际工作中，一般大中型工厂、企业和研究所等，都建有专门的电子仪器设备维修室（维修组），配备专门的维修人员，以保证各类电子仪器设备维修工作的完成。

1.8.1　人员配置

电子仪器设备维修室在人员配备上，一般应根据工厂、企业自身的电子设备种类、数量以及电子设备的使用情况等来设置。同时还应考虑电子仪器设备分类维修的需要，一般相对明确和固定，由一个或几个维修人员专门负责一类或相关几类电子仪器设备的维修。

电子仪器设备维修人员应经过专门的职业培训并取得上岗合格证方可担任。

1.8.2　设备配置

电子仪器设备维修室的设备配备应根据实际日常维修仪器设备的需要来配置。如常规电子仪器设备的维修工作，维修室可配置下列仪器设备：

1）信号源（正弦信号发生器、脉冲信号发生器、函数信号发生器和高频信号发生器）。

2）数字多用表。

3）晶体管特性测试仪。

4）示波器（双踪、20MHz 以上）。

5）电子计数器（频率计）。

6）逻辑笔（逻辑探头）。

7）其他，如：扫频仪、频谱分析仪和集中参数测试仪等。若维修的仪器设备包含高频设备、通信设备等，则还需要配置相应的维修设备。

8）维修中的工具配备：电烙铁（不同功率类型）、钳子和剪刀等常用电工工具。如有必要，可配置一些专用的维修工具。

1.8.3　规章制度

电子仪器设备维修室都有完善严格的各项管理措施和规章制度，在维修工作中应认真严格地执行。

1. 仪器仪表维护维修制度

仪器仪表维护维修制度一般包含以下内容：

1）仪器修理由维修室负责。仪器在使用中发生故障应及时填写送修单送修，仪器使用人员不能自行拆卸修理。

2）修理工作要贯彻节约原则，只要能修复的仪器要精心修复投入使用，修理后确实无法达到原性能指标者，经领导批准可降级使用，无法修复或无修复价值的仪器可按规章提请报废。

3）仪器修理实行计划修理与临时修理相结合、修理与预防相结合的原则，修理人员应根据计划的安排，对自己分工负责的仪器进行日常维护。

4）修理人员在修理仪器前，应首先熟悉仪器原理、电路及结构特点，不得盲目乱动。

5）在修理普通仪器的关键部分及动用进口仪器备份件时，应经维修组长同意，修理精密贵重仪器的关键部件时须经维修室技术领导批准。

6）修理仪器应谨慎、细心，不得随意挪动元器件位置。若需改进仪器性能或增加附属设备时，应先做出方案，报领导批准后，方可进行。

7）精密仪器修复后，必须填写仪器检修表，将仪器故障原因、现象、修理过程及结果详细记录在仪器档案中。

8）修理人员对所修仪器应做出故障性质的结论，若是责任事故或其他，应及时向领导汇报。

2. 维修人员岗位职责

维修人员岗位职责一般包含以下内容：

1）仪器维修任务由维修室统一安排，修理人无权私自接受维修任务。

2）修理仪器前，应认真消化技术资料，做到不盲目动手，不扩大故障，力求判断有据，拆装有序，不使简单故障复杂化。

3）认真填写修理记录，对故障现象、原因、排除方法和更换元器件等必须一一记录存档；需要更改原设计时，必须提出书面报告及做出更改方案，报领导批准后，方可施行。

4）维修人员如发现被修仪器原有故障明显属于责任事故所致，必须立即报告组长，并做好故障分析记录，报领导处理。

5）对被修仪器的降级报废，修理人员应提出书面建议，经小组与检定员商定签署意见后，报维修室领导审批处理。

6）修理后的仪器，修理人员可先进行粗校，但必须提交检定员检定合格后方算该项修理任务完成。原则上维修人员不能自修自检。

7）修理人员有权制止无关人员动用修理中的仪器。

8）在符合有关规定时，修理人员负责对其他有关人员进行业务指导和技术考核。

9）在符合有关规定时，修理人员参加拟制和审核修理、操作规程等方面的技术文件。

3. 其他规章制度

如："仪器仪表全过程管理办法"、"仪器的计量及周期检定"、"仪器事故确定与处理制度"和"维修室文明安全制度"等。

思考题与练习题

1-1　填空题

1. 高温环境对于发热量大的仪器设备来说会使机内温度上升到危险程度，使_____损坏或迅速_____，使用寿命大大缩短。

2. 空气绝缘程度随海拔升高而下降，海拔升高100m，绝缘程度约下降_____。

3. 电子设备应安装在基本无振动的环境中，要求振动频率在_____范围内，振动幅度小于_____。

4. 电子设备日常维护基本措施的六个方面是：_____、_____、_____、_____、_____和_____。

5. 了解故障情况应了解以下主要内容：①故障发生的_____。②故障发生时的_____。③故障发生时操作人员的_____。④设备的_____等。

6. 电子设备故障诊断应遵循：先_____后_____、先_____后_____、先_____后_____、先_____后_____和由_____到_____的原则。

1-2　简答题

1. 电子设备维修分为哪三级？电子装备维修又分为哪三级？

2. 凝露现象对电子设备危害很大，它往往在什么情况下发生？

3. 为防止电子设备中元器件产生霉菌，应注意什么问题？

4. 供电品质诸因素中对电子设备影响最大的是什么？它的特点是什么？其产生的主要原因有哪些？

5. 简述精密电子仪器设备运行环境的要求。

6. 简述用万用表测电子仪器设备绝缘程度的步骤。电子仪器设备的绝缘电阻有何要求？

7. 用万用表测电子仪器设备机壳带电无负荷能力时，万用表上250V档扳至100V或50V档时电压指示值会随之变小，为什么？

8. 说明图1-2中三芯电源插头插座接法图中，图1-2c、d错误的原因和后果。

9. 简述仪器设备操作开机时的注意事项。

10. 电子仪器设备操作运行时应注意什么问题？

11. 电子设备整机厂生产过程中安排元器件老化工艺的目的是什么？

12. 电子仪器设备维修一般包括哪些程序？

13. 试述检定与检验的异同。

14. 在维修故障处理时应注意哪些问题？

15. 在哪些情况下不能随意进行故障处理？

16. 电阻器降额系数的取值应在什么范围内？取 $S = 0.08$ 是否可以？为什么？

1-3　计算题

在进行平均寿命测试时，有1万台产品，2000h内失效产品有2台，计算其平均寿命MTBF。

第2章 电子设备故障诊断方法

电子设备检修的关键在于采用适当的故障诊断方法，发现、判断和确定产生故障的部位和原因，以便对症下药，排除故障，进行维修。故障诊断就是采用测量、试验和从其他信息源获取信息(即观察征兆)等方法来收集和分析系统的状态信息，进而隔离系统的故障源(器件、部件或系统)。经过30余年的发展，电子设备故障诊断已由传统的浅知识故障诊断方法向基于人工智能(Artificial Intelligence, AI)的智能故障诊断技术方向发展，智能故障诊断技术成为一个重要的研究领域。

故障诊断过程一般分为以下三步：

1) 生成故障信息。从故障特征中抽取所需的信息，通过融合来自多个信息源的信息(包括所测量到的数据、所做的诊断实验和所观察到的征兆等)来实现。

2) 故障分析。在有的文献中把这一步称为产生故障假设。故障分析就是利用从故障特征中抽取到的故障信息，将故障定位到一些元器件、部件或子组件的某一子集，该子集与所抽取到的故障信息相符合。

3) 故障检测定位。有的文献称这一步为鉴别故障假设。故障检测定位就是通过检测手段验证所做分析是否正确，将故障部位加以确定，然后找出故障产生的原因，并加以修复。

传统浅知识故障诊断方法一般称为故障检查方法。常用的浅知识故障诊断方法有：观察法、测量电压法、测量电阻法、替代法、波形观察法、短路法、改变现状法、分割测试法、同类比对法、测试元器件法、信号注入法、字典法与信号流程图法等，我们将其编为一节，予以介绍。逻辑分析法是对数字电路及微处理器系统进行故障诊断的有效方法，不能将其列入浅知识故障诊断方法，所以单独列出予以介绍。

常用的浅知识故障诊断方法有许多不足，无法满足对复杂的大规模非线性系统和可靠性要求很高的电子设备的故障诊断要求，其主要表现为：①故障分辨率不高。②信息来源不充分。③实用效果差。④无推理机制，扩展性差等。

针对电子设备故障诊断的现状，随着计算机技术和人工智能技术的飞速发展，近年来出现了电子设备故障诊断的新技术，本章将分别予以介绍。我们所见的具有自诊断功能的电子设备，可运行程序自动检查、显示故障部位和原因等，有的文献称这种方法为自诊断法，它是电子设备故障诊断的新技术和计算机技术在该类设备中的应用。

2.1 常用浅知识故障诊断方法

2.1.1 观察法

观察法就是凭感官的感觉进行故障诊断。观察法又分为不通电观察法和通电观察法。

1. 不通电观察法

不通电观察法又称为直觉法，就是不依靠电测量而凭感官(手、眼、耳、鼻)的感觉对故障原因进行判断的方法。

（1）适用场合　直觉法是一种初步表面检查，在检查电子仪器设备时，通常先在不通电的情况下，观察是否有明显故障迹象，一经发现，将会简化检修过程。不通电观察法适用于明显的表面故障。

直觉法有其局限性，有时感觉到的不是故障的根本原因，而是故障引起的一些现象和后果，更何况有些元器件的损坏变质和虚焊在外表无任何迹象，单凭直觉法是很难发现故障的。

（2）方法要领　在不通电的情况下，先观察被修仪器设备面板上的开关、旋钮、度盘、插口、接线柱、探测器、指示电表、显示装置、电源连线和熔丝管插塞等有无松脱、滑位、卡阻、断线等问题。然后打开仪器设备的外壳盖板，观察内部元器件、零部件、插件、电路连线、电源变压器和排气风扇等有无烧焦、变色、漏液、发霉、击穿、松脱、开断、脱焊和接触不良等问题。一经发现，应立即予以排除，予以修复。

（3）注意事项

1）应用直觉法发现故障后，在修复时不能单纯地调换损坏的元器件就算了事，还应当进一步查对被修仪器设备的电路原理图、装配图，搞清损坏元器件所在电路部位及其作用，从而分析导致损坏的真正原因以及可能波及的范围。这样才能查出引起故障的各种因素，一并加以整修。否则，当仪器设备开机通电时，势必会使更换的元器件又很快损坏。

2）原则上应使用同类型、同规格的元器件来更换损坏的元器件。特别对有精度要求的电路，对置换元器件的性能参数应进行测试，仔细挑选，使其与已损元器件电参数一致，如差分放大器、分压器和输出衰减器等。但对于有些电路元器件如耦合电容、滤波电容和整流器等，可以适当变通，只要保证电路工作正常就可以了。

2. 通电观察法

通电观察法是在通电情况下，凭感官的感觉对故障部位及原因进行判断的方法。

（1）适用场合　如果在不通电观察中未能发现问题，就应进一步采用通电观察法进行检查。通电观察法特别适用于检查引起跳火、冒烟、异味和烧熔丝等故障现象的部位与原因的诊断。为了防止故障的扩大，以及便于反复观察，通常采用逐步加压法来通电观察。

维修过程中的修前定性测试就是在通电观察的基础上进行的，它不但有助于发现问题，还能使维修人员进一步推测仪器设备存在故障问题的广度与深度，有助于对故障原因的判断与分析。

（2）方法要领　通电观察法常采用逐步加压法。被修仪器设备由一个电功率约 500VA 的调压器供电，其测试线路的接线示意图如图 2-1 所示。

在装接逐步加压的自耦变压器的输出端，串接一只适当量程的交流电流表 A，并接一只适当量程的交流电压表 V，用以测量加在待修仪器设备上的电流与电压。通电观察时，要打开仪器设备的外壳盖板，并把自耦变压器旋到 0V 部位。然后将待修仪器设备插头插至与自耦变压器相连的插座上，将待修仪器设备的电源开关扳到"通（ON）"位置，再从 0V 开始逐步升高自耦变压器输出的交流电压值。此时既要观察待修仪器设备内部有无异常现象（如跳火、冒烟和臭味等）发生，又要注意电流表的指示值。

如果在逐步加压的过程中，发现电子管设备的屏极发红、跳火，或整流桥很烫，或电解电容器发烫、有吱吱声，或电源变压器、电阻器有发烫、发黑、冒烟和跳火等现象时，应立

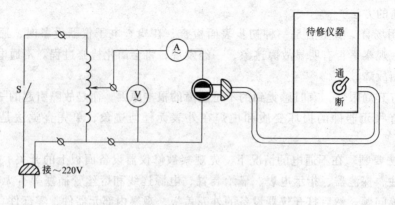

图 2-1　逐步加压法测试线路的接线示意图

即切断仪器设备的电源，并将自耦变压器的输出电压退回到 0V。如一时看不清楚损坏元器件的部位，可以再开机逐步加压进行通电观察。

如果在加压不大的情况下（十几伏或几十伏），交流电流表的交流电流指示值已明显增大，这表明仪器设备内部有短路故障存在。此时应将自耦变压器的输出电压调回到 0V，然后分割仪器设备的整流电路、供电支路或取出有疑问的插接式单元，再行开机逐步加压进行测试。当有短路故障的电路或单元被分离时，交流电流表的电流指示值应恢复正常，否则说明仪器设备的电源变压器有短路故障。

在逐步加压通电观察过程中，当自耦变压器输出的交流电压值（即 $\underset{\sim}{V}$ 指示值）接近仪器设备的额定工作电压（通常取 200V ± 20V）时，$\underset{\sim}{A}$ 的指示值未超过正常值，则说明仪器内部无短路故障，此时可进行下一步的仪器设备的定性测试操作。

（3）注意事项

1）通电观察法所用交流电流表的量程 I_0，应根据被修电子仪器设备的功耗 P 来选定。设电子仪器的交流工作电压为 U，则

$$I_0 \geqslant \frac{2P}{U} \tag{2-1}$$

2）在通电观察中查出损坏的元器件后，不能简单地更换了事，而应进一步对照被修仪器设备的电路原理图，分析元器件损坏的原因和可能波及的范围，然后一并排除所有的故障因素，才能达到修复仪器的目的。

3）对于有严格规定不能降压运行的仪器设备不能应用逐步加压法。

4）在通电检查时要注意安全，尤其是利用触觉来感测元器件温度时，一定要确定电路电压是否在安全电压（36V）以下，高压电路切忌使用触觉法。触摸时尽量接触绝缘部位，避开金属部分，且用手背触摸。

2.1.2　测量电压法

检查电子仪器设备的外部交流电源电压和内部直流电压是否正常，是故障诊断的基础。因此检修电子仪器设备时，应先测量有关的电源电压和主要节点的对地电压，往往会发现问题，查出故障。

测量电压法就是通过测试被修仪器设备的各部分电压，与正常运行时的电压值进行对

照，进行故障诊断，找出故障所在部位。

在维修过程中，即使已确定电路故障的部位，还需进一步测量相关电路中的晶体管、集成电路等各引脚的工作电压，或电路中主要节点的电压值，看数据是否正常。这对于发现损坏的元器件和分析故障原因，均有帮助。因此，当待修仪器设备的技术说明书中，附有电路工作电压数据表（包括电子器件引脚的对地电压）、或电路主要节点电压值、或波形图等维修资料时，应先采用测量电压法进行检测最为有效，往往进行测量就会发现问题。

有的参考文献中，故障诊断方法中列有电流法，由于电路中电流的测量不太方便，要把电流表串接在电路中，有时要人为切断印制电路板中的印制导线方能进行，故本书未列入。我们可测量被测电流所流过的电阻器的两端电压，然后借助欧姆定律推算求得。

$$I = \frac{U_R}{R} \tag{2-2}$$

式中，U_R 为被测电阻器两端的电压；R 为被测电阻标称值。这种方法会有误差，原因是电阻值有一定误差，且长期使用的电阻其值会产生变化，尤其是碳膜电阻。

测量待修电子仪器设备有关电路的输入或输出信号电压，以检查电路动态工作状态是否正常，也属测量电压法的范畴。

1. 方法要领

1）选用适当量程的交流电压表或直流电压表（通常使用万用电表），测量相应的电源电压。

2）选用适当量程和高输入阻抗的电子电压表，测量有关电路节点或器件电极的工作电压。

3）选用适当量程和频率范围的电子电压表，测量有关电路的输入和输出信号电压。

4）对照正常值找出故障部位。电压偏离正常值较大地方，往往是故障所在部位。

2. 注意事项

1）应注意直流电压表"＋"、"－"极性，以确定电压或电流方向。

2）应注意工作点电压的相对测量点：一般是对地线（即对机壳）的；有的是对0V线（即浮地电路）的；有的是电极之间的。需分门别类、仔细测试。

3）电子电压表的接入，应注意"高"电位端和"低"电位端的先后次序，即测量时应先接"低"电位端（即地线），后接"高"电位端；测量完毕，应先拆"高"电位端，后拆"低"电位端。

4）应注意电压表的输入阻抗和频率范围对检测结果的影响。

2.1.3　测量电阻法

在检修电子仪器设备中，经常发现有关电路中的晶体管和场效应晶体管损坏了，或大容量的电解电容器漏液、变值，或插件和开关接触不良，或电阻器变值、开断，导通孔眼（多层印制电路板）孔金属化质量差，连线虚焊等问题，从而导致各种故障的发生。这些故障都可以在不通电的情况下，利用万用表的电阻档进行检查和确定。因此，为了加快检修进度，在进行修前定性测试时，先采用测量电阻法，对有疑问的单元电路板上的元器件、通路、或接点，进行电阻检测，以便发现损坏、变值、虚焊等故障部位和原因。

目前，不少电子设备维修的文献和杂志，把测量电阻法作为主要的故障诊断方法加以应用。一有新型电子设备问世，即有人编著维修参考文献，测出新型集成电路芯片未接入电路时(离线)和在线时的各引脚间的电阻值，列表以供参考。这为没有专用集成电路测试仪和在线测试仪等贵重维修仪器设备的维修者提供了简捷实用的故障诊断方法。

1. 方法要领

1) 通断检测。使用万用表的 $R \times 1$ 档检测通路电阻，必要时应将测试点刮焊干净后再行检测，以防接触电阻过大，引起测量误差。用数字万用表的"·)))"档测通断十分方便，将数字万用表调至"·)))"档，当所测通路电阻为零或很小时，表内的蜂鸣器会发出"滴"声，以示电路是通的。

2) 电容器电容量及漏电程度的粗测。使用万用表的 $R \times 1k$ 或 $R \times 10k$ 档，检测电容器电容值大小及漏电程度。

3) 晶体管的测试。使用万用表 $R \times 1k$ 档检测小功率晶体管，使用 $R \times 100$ 档检测中功率晶体管，使用 $R \times 10$ 档检测大功率晶体管。

4) 指示电表线圈粗测。使用 $R \times 1k$ 档检测仪器指示电表(通常为直流微安表，电压表以此表加分压电阻构成)的好坏。

用万用表测试诸多元器件性能的方法，请参看万用表说明书或相关书籍。

2. 注意事项

1) 不能在仪器设备开机通电的情况下，检测各种电阻。

2) 对于电容器应先进行放电，然后脱焊一端进行检测。

3) 对于电阻元件的检测，如和其他电路连通，应脱焊被测电阻的一端，然后进行检测。

4) 对于电解电容和晶体管的检测，应注意万用表电阻档测试表笔(棒)的极性，不能搞错，红棒为"−"极性电压，黑棒为"+"极性电压。

5) 对于万用表电阻档的档位选用要适当，否则，不但检测结果不正确，造成错觉，甚至会损坏被测元器件。例如用 $R \times 1k$ 档检测大功率晶体管，会错把好管认为是坏管；反之使用 $R \times 1$ 档检测小功率管，不但测不出结果，有时还会烧坏晶体管。又如使用 $R \times 10$ 或 $R \times 1$ 档检测仪器设备指示电表，会因通过表头电流太大而损坏表头。

2.1.4 替代法

替代法又称试换法，就是对于可疑的元器件、部件、插板、插件和模块等，用同类型的部分通过试换来查找故障的方法。

在检修电子仪器设备时，通常先使用相同型号、规格和结构的元器件、印制电路板、插入式单元部件等，暂时替代有疑问的元器件、印制电路板、插入式单元部件。如故障现象消失，说明被替代部分存在问题，然后再进一步检查故障的原因。这对于缩小检测范围和确定元器件的好坏很有帮助，特别对于结构复杂的电子仪器设备的故障最为有效。

替代法在下列条件下适用：①有备份件。②有同类型仪器设备。③有与机内结构完全一样的零部件。替代法的直接目的在于缩小故障的范围和确定部位，不一定能立即确定故障原因。

替代法为电子设备故障诊断的常用方法之一。目前随着电子仪器设备所用器件集成度的增大，智能化仪器设备迅速增多，此法具有越来越重要的地位。

1. 方法要领

1）对脱焊有疑问的有源元器件，使用好的元器件来替代，以观察其对故障现象的反应。

2）对有疑问的电阻、电容等元件，使用好的元件并联焊接，以观测其对故障现象的反应。

3）对有疑问的印制电路板、插入式器件和插入式单元部件，可从仪器设备中取出，然后使用好的器件或部件来替代，以观测其对故障现象的反应。在进行器件或部件替代后，如对故障现象无影响，则说明被替代的元器件或单元部件没有问题，是好的；反之，如故障现象消失了，则说明被替代的元器件已损坏或单元部件有问题。

2. 注意事项

1）在替代前和替代过程中，都要切断仪器设备的电源。严禁带电进行操作，否则会损坏元器件和单元部件，甚至会发生人身伤害事故。

2）原则上要使用相同型号、规格、结构的元器件和单元部件进行替代测试，但对于有些元件，诸如滤波、耦合、旁路等电容器，以及限流、降压、滤波、负载等电阻器，也可使用规格相近的元件进行替代。

3）对于精密复杂的电子仪器设备的插入式部件或印制电路板，不能随便使用完好仪器设备上的或备用的插接件进行替代检测。通常应先对有疑问的插接件进行不通电观察和通电观察，如果没有明显异常现象，再取出进行替代。为慎重起见，有时反而是用有疑问的插接件来替代完好的，以期故障重现。如果完好的仪器设备出现相同的故障现象，则说明问题确定存在于其中。

之所以用有疑问的插接件去替代好的，是为了防止好的插接件在替代有疑问的插接件时被损坏。因为此时如引起故障的原因未发现和排除，好的插接件有可能在替代、观测过程中产生与被替代插接件同样的故障。

2.1.5　波形观察法

如果采用上述的方法均未能确定故障部位，通常采用波形观察法来解决问题。通过示波器观察被检电路工作在动态时各被测点波形的形状、幅度和周期等来判断电路中各元器件是否损坏变质的方法称为波形法或波形观察法。因用电压测量法测直流电压只能检测电路的静态、动态工作点是否正确，而波形观察法则能检查电路的动态功能是否正常，所以检测结果更为准确、可靠。

用波形观察法检查振荡电路时不需外加任何信号，而其他被测电路如放大、整形、变频、调制和检波等有源电路，脉冲数字电路则需把信号源的标准信号接到输入端。这种方法在多级放大器的增益下降、波形失真，振荡电路，变频、调制、检波及脉冲数字电路的故障诊断中应用很广。

由于扫频仪(频率特性测试仪)是一种扫频信号发生器与示波器结合的测试仪器，所以可直观地观测被测电路的频率特性曲线，便于在电路工作的情况下观察其频率特性是否正常，并调整电路，使其频率特性符号规定要求。用它来观察频率特性也可归为波形观察法。另外，扫频仪除测频率特性外，还可测增益、品质因数、输入输出阻抗和传输线特性阻抗等。扫频仪为视频设备维修中的常用仪器。

1. 方法要领

1）使用示波器，从被修仪器设备的主振荡电路或标准信号接入端开始，依次向后边的单元电路推移，观察其信号波形是否正常。如哪一级单元电路没有输出波形或波形变畸，则可确定故障在这一级。对于复杂的多级电路，可采用"二分法"分段检测，以缩小测试范围，加快检查速度。

2）使用示波器观测有疑问电路的输入和输出信号的波形，如果有输入信号而无输出信号，或信号波形畸变，则问题存在于被测电路中。

3）用扫频仪观测被测视频电路的频率特性，与标准曲线相符则说明被测电路正常，否则需维修调整。

2. 注意事项

1）应选用适当带宽和灵敏度的示波器，最好选用具有定量测试功能的示波器，即具有标准的增幅灵敏度、扫描速度、比较电压和时标信号等功能的示波器。一般情况下，示波器的带宽应为被测信号最高频率分量的 3 倍。用于测量脉冲时，其上升时间与示波器带宽之间的关系为

$$带宽 = \frac{0.35}{上升时间} \tag{2-3}$$

2）应注意示波器输入阻抗对被测电路的影响，必要时应使用 10:1 固定衰减探头进行检测。

3）应注意被测电路中的直流电压对示波器输入端器件的影响。设 U_D 为直流电压，U_P 为信号电压峰值，U_{max} 为示波器可观测的最大信号电压，则

$$U_{max} > U_D + U_P \tag{2-4}$$

否则，应串联隔直电容进行测试。

4）要注意各波形的相对时间关系。即在对一个电路测量时，常需测量多点的波形，这就必须对各个点逐次分时测量，每次测量必须用同一时间基准去触发，这样才能比对各测量波形的相对时间关系。

5）测量时要区分被测信号的不稳定与示波器未调试稳定而引起的波形不稳。判别这两种波形不稳定的最简单方法是：在测量波形之前，用示波器探头先测示波器的校准波形。若示波器无校准波形，也可通过观察波形来判断，通常波形不稳时，在示波器上基线的前段较稳定，而随着向右扫描，离散或虚影会越来越大，

6）波形观察法适用于时间域的测量，因此特别适用于模拟信号的波形测量。在某种情况下，也可用于频域和数据域的测量，如测脉冲波形，测计数器的各级输入、输出波形等，但对复杂的或规律性不强的数字信号，虽可用以观察，但很难用来判断故障，这时需用逻辑分析仪、数字特征分析仪等数据域测量仪器进行观测。详见本书的逻辑分析法一节。

波形观察法是一种观察波形是否与正常工作时相符的检测方法，所以拥有正常运行时各部分电路的输入、输出波形，有关节点的波形或频率特性的资料，就显得十分重要，维修人员应收集相关维修资料或进行测试记录，备案存查。

2.1.6 短路法

短路法又称交流短路法、电容旁路法。该方法是利用电容器对交流阻抗小的特性，将被测电路中的信号对地(机壳)短路，以观察其对故障现象的反应。这种方法对于噪声、干扰、

纹波、自激(寄生振荡)及示波器无光点等故障的判别简便迅速,是经常采用的方法之一。

1. 方法要领

(1) 故障部位检测 检查产生故障部位时,使用适当容量和耐压值的电容器,对地旁路有疑问电路的输入端或输出端,以观察其对故障现象的反应:

1) 当旁路输入端时,如有反应,即故障现象消失或显著减小,则说明故障存在于前级电路中。反之,如无反应,则表明故障存在于本级或后级电路中。

2) 当旁路输出端时,如有反应,则表明故障存在于本级或前级电路中;反之,如无反应,则表明故障存在于后级电路中。

(2) 寄生振荡故障检测 检测寄生振荡的故障原因时,使用相同容量和耐压值的电容器,对地旁路有疑问的整流平滑滤波电容器、电源去耦滤波电容器或电极旁路电容器,以观测其对故障现象的反应:

1) 寄生振荡消失或减轻,表明被旁路的电容器已变质或损坏;如无反应,表明被旁路的电容器是好的。

2) 使用适当容量和耐压值的电解电容器,对地旁路有疑问的直流稳压电源的输出端,观察其对故障现象的反应,如有反应,则表明被旁路直流稳压电源有寄生振荡或纹波太大。

2. 注意事项

(1) 容量选择

1) 检测高频寄生振荡,应采用 $0.01\mu F$ 的旁路电容器。

2) 检测低频寄生振荡,应采用 $10\mu F$ 的旁路电容器。

3) 检测寄生调幅故障原因时,应采用和有疑问的滤波电容器相同容量的电容器。

4) 检测仪器内部直流稳压时,应采用大容量的电解电容器。对晶体管稳压电源,通常使用 $2000\mu F$ 的电解电容器。

(2) 电容器耐压值选择及其他注意事项

1) 旁路电容器的耐压值应大于电路的直流电源电压。

2) 应注意电解电容器 "+"、"-" 极性不能接错,否则会击穿或发生爆炸。

3) 高压或大容量的旁路电容器,使用后应并联适当的电阻进行放电,以防触电事故发生。

4) 在多级链式结构中,应用短路法时应采用 "二分法",从中间一级开始短路,这样可较快缩小范围,减少短路次数,节约时间。

2.1.7 改变现状法

改变现状法是指在检修电子仪器设备时,变动有疑问电路中的半可变元器件,或者触动有疑问元器件的管脚、管座焊片和开关触点等,或者把有疑问的电子管、印制电路板等插入式器件和部件反复进行拔出、插入操作,以及对有疑问的元器件重新焊接,甚至大幅度地改变有关元器件的参数,观测其对故障现象的影响,以便暴露接触不良、虚焊、变值和性能下降等故障,及时加以修整、更新。因此,在已确定故障部位的电路中,如有半可变元器件(诸如半可变电阻器、电位器、微调电容器和磁心电感线圈等),插入式器件、部件,以及对有疑问的元器件引脚或其他电路节点,都可以采用 "改变现状法" 进行检测。

这种方法对软故障查找很有效。所谓软故障是指故障现象时有时无,一时难以发现规律的一些故障。其故障原因十分复杂，常有焊点虚焊，波段开关接触不良，元器件运行于临界状态、不稳定，环境温度、电压变化等影响电子电路、电子设备的正常工作。碰到软故障情况时，首先要对可疑部位仔细检查，看印制板上有无划痕、断裂，尤其是焊点和印制线铜箔根部是否断裂等。有时使用橡胶锤、手拍打仪器设备等，使接触不良暴露出来(注意不能用力过猛，以免损坏元器件)。其余照方法要领操作。

1. 方法要领

1) 对于半可变元器件，可用螺钉旋具进行调节，同时观测其对故障现象的影响。

2) 对于插入式器件，可用手指摇晃，或反复拔出、插入几次，并观察其对故障现象的反应。

3) 对于多触点开关、印制电路板或插入式部件，可用四氯化碳、无水酒精进行拭擦后观察其对故障现象的影响。

4) 对于有疑问的单元电路，可改变负载电阻、分压电阻、限流电阻、降压电阻和偏置电阻的阻值，以观察其对故障现象的影响。

2. 注意事项

1) 首先切断被修电子仪器设备的电源开关，在断电的情况下方能进行改变现状的操作，以防损坏事故发生或人身安全事故发生。如需要带电进行调试，也应注意防止螺钉旋具碰触其他元器件而造成短路或触电事故，必要时使用绝缘材料(如胶木、塑料等)制作的螺钉旋具进行调试。磁心调节不能用铁质螺钉旋具，以免对磁感应强度产生影响，而应选用无感螺钉旋具。

2) 严格说来，在检修电子仪器设备时，一般不应随便变动可调元器件的旋置部位。要变动时应采取以下措施：第一，做好定位标志；第二，先测得阻值、电压值和频率值，或使用示波器、扫频仪等仪器检测波形等。

2.1.8　分割测试法

分割测试法也叫断路法、分段查找法或网络撕裂法，就是把可疑部分从整机电路或单元电路中断开，即脱焊电路连线的一端或取出有关的元器件和单元板插件，观察其对故障现象的影响。如故障现象消失，则一般说来故障部位就在被断开的电路。也可单独测试被分割电路的功能，以期发现问题所在部位，便于进一步检查产生故障的原因。此法应用很广，尤其在当今电子仪器设备越来越复杂，在多插件、积木式结构的情况下，断路法得到了广泛应用。

由于仪器设备组成的电路较复杂，涉及元器件很多，因此受影响的因素也很多。有些闭环电路如密勒扫描电路、锁相电路和逻辑控制电路等，是由多个单元电路首尾衔接而组成的，因而相互牵制，一般在未进行必要改接的情况下，不能直接用断路法，断开网络进行故障诊断。例如断开负反馈系统的反馈网络，整个系统变为开环系统，由线性系统变为非线性系统，性能发生根本改变，所测得数据不可能准确。而对于多路负载的电源故障等，可采用"断路法"来分离有疑问的元器件、单元电路和供电支路，以判断其对故障现象的反应，或单独检测其功能是否正常，这样就能迅速确定故障部位或原因。

1. 方法要领

1) 取离插入式器件、印制电路板和插入式部件，以观察其对故障现象的反应。

2）脱焊有疑问元器件，以观测其对故障现象的反应。

3）脱焊有疑问单元电路的前后连接处，单独检测有疑问电路功能的好坏。

2. 注意事项

1）在进行分割操作、检测复位之前均应切断电源，以防损坏被测电路中的元器件或插件。

2）对于直接耦合系统，应考虑分割元器件后，对前后各级电路工作点的影响，必要时应采取保护措施（如切断集电极电源等）。

3）对于不能空载运行的电路，不能贸然进行分割操作，以防损坏电路。这样不但不能查出故障，反而人为增加故障。如确需分割，应接好相应的负载。

4）对分割的单元电路有时要进行必要的改接，才能测试其功能的好坏。

5）逐次分割测试后，要把无故障部分按原样焊接好，以防查找其他故障时，忘记前面的分割，造成新的故障。

2.1.9　同类比对法

同类比对法有的文献称之为整机比较法。将被检修仪器设备与同类型完好的仪器设备进行比较，比较电路的工作电压、波形、工作电流、对地电阻和元器件参数的差别，找出故障部位、原因，称为同类比对法。这种方法适用于缺少维修资料（如正常工作电压数据和工作波形图等）的仪器设备或难于分析故障的仪器设备，特别对于复杂的电子仪器设备的检修，不失为一种好方法。

1. 方法要领

1）使用外部的电子示波器、电子电压表和万用表等仪器设备，对可能存在故障的电路部分，进行波形观测和工作电压、工作电流、对地电阻的测定，比较两台好、坏仪器设备检测结果的差别，以便发现问题，并进行故障原因的分析。

2）必要时可对有疑问电路元器件进行参数测定与比较。

2. 注意事项

1）采用同类比对法检测时，应对照仪器设备的电路原理图进行测试与比较。

2）应考虑到同类型的新、旧产品电子仪器设备的部分电路设计可能已有变动，因而对比不出结果，甚至会产生错觉，在进行检测前应先搞清电路及参数指标是否相同。

2.1.10　测试元器件法

测试元器件法是在检修电子仪器设备时，对有疑问的元器件进行定量测试，判断其好坏，有助于分析和确定故障产生的原因。

故障产生的根本原因常因元器件变质或损坏所致。当故障范围缩小到某一元器件时，不应立即判其"死刑"，还需对其进行严格细致的测量。

对元器件的测量，如有在线测试仪最好，因用其测试，不必焊下元器件即可断定元器件的好坏。如无此类仪器，用万用表也可粗略判断其好坏。在没焊下之前，最好用万用表进行测试，以求判断得准确一些。维修时应尽量少动电烙铁，原因有三个：①过热对元器件不利。②印制电路板多次受热后容易损坏。③有可能造成虚焊。

元器件焊下后，用元器件测试仪仔细测量判定。

1. 方法要领

使用集成电路在线测试仪、微处理器在线测试仪对有疑问的集成电路进行定量测试；用专门仪器如 Q 表、RLC 电桥、晶体管特性图示仪和集成电路测试仪等对有疑问的元器件焊下后进行各种电参数的定量测试。

2. 注意事项

1）仪器的测试条件应与电路的实际条件完全相同。

2）有时会出现定量测试结果是好的，连接在电路中使用不一定是好的情况，需进一步使用元器件替代法加以确定。

2.1.11 信号注入法

信号注入法是将各种信号逐步注入仪器设备可能存在故障的有关电路中，然后利用自身终端指示器（如指示电表）、外接示波器（或其他波形观察仪器）和电压表等测出波形或数据，从而判断各级电路是否正常的一种检查方法。它与测量电压法、波形观察法有相同之处，其根本区别在于测量电压法、波形观察法一般不用注入信号。

信号注入法适用于不产生信号的电路，如放大器、整形电路、检波器和计数器等，适用于由功能不同、信号不同的电路组成的仪器设备的检测。

信号注入法检测故障一般分两种：

一种是顺向寻找法。即把电信号加在电路的输入端，然后再利用示波器或电压表从前向后测量各级电路的波形和电压等，从而判断故障部位。有的文献称这种方法为信号寻迹法。

另一种是逆向检查法。就是利用被修电子仪器设备终端指示器或者把示波器、电压表接在输出端上，然后自末级向前逐级加入电信号，从而查出故障部位。

在应用信号注入法检修的过程中应注意如下几点：

1）应选用合适的注入信号的性质（如直流、交流、高频和脉冲信号）和幅值，否则会影响检测效果。信号太大会导致限幅，产生限幅失真；信号太小反应会不明显。

2）对于各种信号发生器，在信号注入到被测电路之前，要检查产生的信号是否正常，同时要考虑被测电路上直流电压对信号发生器的影响，是否会损坏信号发生器的衰减器。必要时，应串接一个隔直电容器以确保安全。

3）为提高效率，可用"二分法"，从中间级查起。

4）在应用顺向寻找法即信号寻迹法时，要考虑测量仪器对被测电路的影响。如中频谐振放大器有可能因测量仪器的接入而失谐，从而使放大器失去放大作用；也有可能使原来有故障的放大电路因测量仪器的接入而恢复正常工作；数字电路中也会出现因测量仪器的接入而影响电路工作的情况。在测试时，要注意测量仪器对被测电路的影响，特别在频率较高电路中用示波器测量时，一定要将探头的接地端接在被测量点附近的地线上，以实现测量点和示波器输入端相连的信号线与其屏蔽地线等长，防止被测波形产生畸变失真。

2.1.12 字典法与信号流程图法

字典法又称对症下手法或对号入座法，就是依据电子仪器设备技术说明书或维修手册中的维修资料，对照故障现象、故障产生原因和排除方法等来进行故障诊断和维修的方法。依照故障检查对照表对照检查的方法又称为查表法。

不少仪器设备的技术说明书、维修手册中附有较完整的维修资料，如各级电路的工作电压、波形图以及常见故障现象、产生原因和检测方法对照表等。这些技术资料对仪器设备维修人员具有较高的参考价值。所以在维修时，应根据故障现象，尽可能地先对照现成的维修资料，对号入座，对症下手，以便尽快修好仪器设备。

目前智能仪器设备日益增多，大都设有自检测、自诊断程序，只要按说明书要求运行自检测、自诊断程序，显示器中就会显示仪器设备工作运行正常与否，若有故障会显示出故障部位，这对维修人员来说非常方便。运行自检测、自诊断程序判断故障，属于自动的对症下药法。

信号流程图法是常用故障诊断方法之一。信号流程图法是根据电子设备信号的流向，仿照微机软件编程的方法编制出故障检查诊断流程（步骤），然后按照流程逐步查找故障部位的方法。

所以，从广义上说，流程图法也是一种字典法，是字典法的推广，它是按流程来查找故障的字典。

一般来说，完备的信号流程图法应包含以下内容：①根据电子设备整机框图编制的整机信号流程框图。②整机检修流程。③各功能模块（或单元电路、印制电路板等）检修流程等。在具有以上资料的情况下，只要按照流程图的说明，按部就班地进行检查，就能找出故障部位，予以修复。

信号流程图法是复杂电子设备维修的有效方法之一。它可根据整机的信号流向，画出功能模块，化整为零，逐步缩小故障范围，逐步查出故障。信号流程图法的具体应用，参阅本书第 5 章示波器原理与维修和第 7 章微机彩色显示器的原理与维修。典型的信号流程图如图 7-9 所示，其中列出了彩色显示器无光栅、无显示故障的诊断、检修流程。

信号流程图法也有其局限性：①只有在维修技术文件中给出了流程图法资料的情况下才能应用。②一般情况下，流程图法的资料中不给出故障原因。③流程图法不能单独完成故障的诊断，需要其他诸多方法的配合，如测电压、电阻，用字典法中告知的相同型号、相同性能参数的元器件去替代等。

信号流程图法是维修技术员搞好设备维修工作的好办法。在无流程图法技术资料的情况下，可在分析整机原理的基础上，试学画出整机信号流程框图、整机故障检修流程、功能模块故障检修流程等，为设备维修打好基础，并在实践中总结、补充和完善。当然，这是一项繁杂的技术工作，但对于专职维修人员来说，做好这一维修的技术准备工作是有益的，也是必需的。

1. 字典法的方法要领及其应用注意事项

（1）方法要领　在进行修前定性测试的基础上，根据故障现象，查阅仪器设备技术说明书中维修资料的有关条文，进行相应的检测工作，直至查出产生故障的原因。对于有自检测、自诊断程序的仪器设备，按说明书操作运行自检测、自诊断程序即可。

（2）注意事项　在现成的维修资料中，所列故障情形不一定完备，可以参考类似的故障进行分析，不要受资料局限性和片面性的影响，要开拓思路，按科学的检修程序进行修理。

平时正常运行时，各级电路的工作电压、波形等数据资料是维修工作的基础。设备维修人员要对自己责任区内的仪器设备做好维修资料的积累工作。对于无工作电压、波形资料的设备进行测试记录，看起来很繁杂，但对维修工作能起到有备无患、有条不紊和事半功倍的效果。

2. 信号流程图法的应用注意事项

1）熟悉整机原理是用信号流程图法进行故障诊断的基础。信号流程图法是在分析整机原理的基础上编制的故障诊断、维修的技术资料。对于维修人员不仅要知其然而且要知其所以然。熟悉整机原理对分析故障产生的原因、提高故障诊断速度和维修速度很有帮助，这也是提高维修质量所必需的。

2）必须认真分析故障产生的原因并予以排除。信号流程图法仅给出故障诊断步骤（顺序），一般无故障产生原因。在用故障诊断流程查出故障后，不能简单更换元器件了事。而应根据故障现象结合元器件在电路中的作用、电路工作原理，分析故障产生的原因，并予以排除，以免故障再次发生，损坏刚替换的元器件。

3）结合其他故障诊断方法进行检修。一般情况下，信号流程图法需和其他故障诊断方法结合起来灵活运用，方能查出故障，如电压法、电阻法、波形法和替代法等。这就要求维修人员具有扎实的维修基础知识和熟练的基本技能，要求维修人员平时注意积累电子设备正常运行时功能模块、单元电路和印制电路板中关键节点的电压、波形等数据资料，这对提高维修速度、保证维修质量大有裨益。

2.2 逻辑分析法

逻辑分析法是借助简便的逻辑分析器（诸如逻辑探头、逻辑脉冲分析器、电流跟踪器和逻辑夹头等），甚至使用专门的逻辑分析仪（诸如逻辑时间分析仪、逻辑状态分析仪和特征分析仪等）进行检测，以确定故障发生的部位和元器件损坏变质的原因。

随着电子仪器设备的集成化、数字化和智能化程度的不断提高，检修电子仪器设备时，除需检测"时域信息" $A = F(t)$（如信号波形）和"频域信息" $A = F(f)$（如频率响应、实时频谱）等模拟量外，还需检测"数据域信息"（如触发脉冲、控制信号和编码信号等）的数字量，而后者的特点往往是非周期性的，或者是一种长周期的窄脉冲，或者是一群具有一定高、低电平变化的脉冲信号。这些数字电路的动态特性，采用传统的模拟式电子仪器和检测方法，是很难观测和确定的，必须采用"逻辑分析法"，才能有效地确定故障发生的部位和损坏变质的器件。

逻辑分析法特别适用于检测数字电路和带有微处理器的电子仪器设备（即智能仪器设备）的故障性质与原因。

1. 方法要领

1）使用逻辑探头（又称逻辑笔）检测各种数字电路的输入、输出情况，以判断其工作状态是否正常。

2）使用逻辑脉冲发生器，模拟各种数据域信息，以检测各种数字电路的动态功能是否正常。

3）使用电流跟踪器，检测各种数字电路和印制电路的短路故障，以确定"低阻抗"故障的部位。

4）使用逻辑夹头，以检测数字集成电路的逻辑状态。

5）使用逻辑时间分析仪，以检测各总线信息的时序关系是否正确，以及发现"毛刺"干扰，有助于故障原因的分析。

6）使用逻辑状态分析仪，以检测各种程序（即软件）的运行状况，以发现漏码、错码和跳码等故障问题。

7）使用特征分析仪，检测数字电路中各种"特征码"是否正确，以确定故障的部位或损坏的元器件。

2. 注意事项

1）应熟悉被修仪器设备的逻辑系统及其工作原理。

2）应熟悉各种逻辑分析器的技术性能和使用方法。

3）应熟悉有关数字集成电路、微处理器的功能和引脚接法等。

2.3　故障自诊断技术与专家系统故障诊断

故障自诊断技术又称自诊断法。电子装备内含用于故障自诊断的设备称为机内自检设备 BITE（Built In Test Equipment）。

2.3.1　机内自检设备简介和机内自检技术分类

1. 机内自检设备简介

机内自检设备是系统或设备内部提供的具有检测和隔离故障的自动测试能力的装置，也就是说这一类系统或设备具有故障自动检测与隔离能力。机内自检设备也称内装式测试设备，它是一种特殊的自动测试设备，通常安装在被测系统或设备内部，且与被测系统或设备融为一体。机内自检设备就是采用自诊断技术和具有故障自动隔断能力的设备。

2. 机内自检技术分类

机内自检技术 BIT 可分为：余度机内自检技术、环绕机内自检技术、特征分析机内自检技术、机内逻辑块观察技术、参数测试机内自检技术、编码检错技术和智能机内自检技术等。本节仅对余度机内自检技术、智能机内自检技术进行简单介绍，其余技术及方法请读者参阅参考文献[31]。

（1）余度机内自检技术　余度机内自检技术的原理框图如图 2-2 所示。在采用余度机内自检技术的系统内，被测电路（CUT）被设置成相同的两路，其中一路是被重复设计的余度单元，余度单元与被测电路输入相同的激励信号，通过比较这两路的输出信号来判断电路工作状态是否正常。若输出值不同且其差值超过某一阈值，则说明被测电路发生故障。图 2-2 中，差动放大器用于电路幅值差值的检测；窗口比较器用来检测超过阈值部分的具体位置；故障闭锁器用来锁定故障，以便故障的显示或检测。

（2）智能机内自检技术　智能机内自检技术是由美国空军罗姆航空发展中心的 Dale W. Richards 于 1987 年首次提出的。当时的主要目的，是把人工智能理论引入到机内自检技术的故障诊断中来，用来解决常规机内自检技术不能识别的间歇故障问题。随后把专家系统、神经网络等智能理论和方法先后引入到机内自检技术的故障诊断之中，以提高故障诊断的能力。

智能机内自检技术就是将包括专家系统、神经网络、模糊集合理论和信息融合技术等智

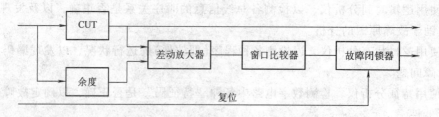

图 2-2　余度机内自检技术原理框图

能理论应用到机内自检技术的设计、检测、诊断和决策等方面,以提高机内自检技术的综合效能。例如有的雷达在闭合电源开关后,会自动按模块逐一进行自检,如检测各模块无故障,则按显示屏提示闭合起动开关,雷达开始运行,否则,设备自锁,不能运行。

智能机内自检技术涉及的主要内容结构图如图 2-3 所示。

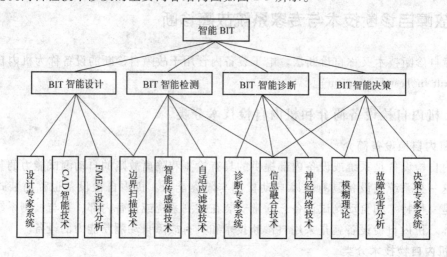

图 2-3　智能机内自检技术涉及的主要内容结构图

2.3.2　微处理器系统的故障自诊断技术

微处理器系统的故障自诊断技术是微处理器系统设备利用软件程序对自身硬件电路进行检查,以及时发现系统中的故障,根据故障程度采取校正、切换、重组或报警等技术措施,或直接显示故障部位、原因等。

故障自诊断方式有三种:①上电自检。设备上电后,先对仪器设备进行自检,避免系统带故障运行。②定时自检。由系统周期性地在线自检,以及时发现运行中的故障。③键控自检。操作者可随时通过键盘操作来启动一次自检,这在操作者对系统可信度下降和系统维护时特别有用。下面对常用电路的故障自诊断方法分别进行介绍。

1. CPU 的故障自诊断

如 CPU 出现故障,整个系统不能正常工作,所以 CPU 的自诊断是最困难的。

专业性的 CPU 测试程序是根据 CPU 的结构特点编写而成的。由于 CPU 的故障发生具有随机性,须经过足够次数的测试方能查出 CPU 故障。一般用户系统的 CPU 自诊断程序可认为是系统的测试程序,如系统能正确地运行自检程序,则可认为 CPU 自身也是正常的。

2. ROM 的故障自诊断

EPROM 的窗口未封好，经外界光线较长时间作用会改变其存储信息。E^2PROM 的存储信息也可能因受电干扰而发生意外改变。ROM 信息的改变势必使原设计程序发生错误，并以软件故障的形式反映出来，使系统无法正常运行。

ROM 为只读存储器，对其自诊断只需判断从 ROM 中读出的数据是否正确即可。具体方法很多，常见的 ROM 自诊断的方法有校验和法、单字节累加位法和双字节累加位法等。校验和法又称奇/偶检验法，是较常用的自诊断方法，具体实施步骤如下：

当写入程序代码和数据表格时，在 ROM 中保留一个单元(通常保留紧接有效信息后的一个)，用于存放所有有效代码的校验和("加法和"或者"异或和")。加法和是有效代码的对应位进行不进位加法的值，应将其取补存放；异或和是有效代码的异或值，可直接存储。在自诊断时，将有效代码和校验和逐一读出，同时按写 ROM 时的相应运算规则计算其校验和。若 ROM 中的数据正确，则加法和的值应全为 1，而异或和的值应全为 0，否则即是 ROM 的内容已发生变化。

3. RAM 的故障自诊断

RAM 是微型计算机系统中故障率较高的单元。下面介绍固定模式测试和游动模式测试两种 RAM 故障自诊断方法。

(1) 固定模式测试 固定模式测试是将某数据写入被测试的 RAM 单元中，然后再从其中读出并与原始数据进行比较，以此来判断 RAM 的写入和读出的故障。为检查字节单元的各个位之间的影响，应将可能出现的每一种数据组合都进行一次测试，如 8 位 RAM 字节所有的数据组合为 00 ~ FFH。实际系统中也常用 0AAH 和 55H 这两个 0 和 1 间隔的数进行检查，可发现最易出现的相邻位关联的故障。这种方法的缺陷是没有检查 RAM 单元之间的影响。

(2) 游动模式测试 游动模式测试是先将所有需测试的 RAM 单元初始化为全 1 或全 0，再将一个数据送入一个被测单元，并检查其他单元是否受到该次写入的影响；然后将该单元的数据读出并与原始数据进行比较，以检查该单元自身的情况以及是否受到其他单元的影响；如果该单元检查无误，则将其恢复为初始值，检测其他单元；如此不断进行，直至所有 RAM 单元通过检查。

与固定模式测试相似，游动模式测试送入 RAM 中的数据应考虑所有可能的数据组合，通常选择有代表性的几种数据组合进行测试，如 AAH、55H 或反码连续测试等。反码连续测试是一个单元在很短时间内被写 "1" 和写 "0"，可检查出寄生电容影响而产生的隐含故障。

4. 数据采集通道的故障自诊断

微处理器系统的数据采集通道一般由 A/D 转换器和多路模拟开关组成，典型的数据采集通道进行自诊断的方案如图 2-4 所示。图中，用多路模拟开关的一个通道接一已知的基准电压 U_{REF}，其等效电压的数值一般为通道的中心值。进行自检时，系统对该已知电压进行 A/D 转换，若转换结果与预定值相符，则认定数据采集通道正常；若有少许偏差，则说明数据采集通道发生漂移，可求出校正系数，供实际测量时进行补偿；若偏差过大，则判断数据采集通道发生故障。

若采用两路模拟开关可组成更周密的自诊断方案：其中一路如上所述接基准电压信号；

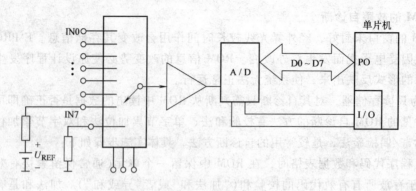

图2-4 数据采集通道的自诊断方案

另一路接采集通道的等效零点信号。通过对两路信号的自诊断测试，不但可进行故障诊断，还可进行零点漂移和增益漂移的补偿。智能仪器设备的自校正技术，就是将这一思路推广应用到整个测量通道的结果。

5. 模拟输出通道的故障自诊断

微处理器系统的模拟输出通道一般由 D/A 转换器组成，对模拟输出通道诊断的目的是为了确保模拟输出量的准确性。而要判断模拟量是否准确必须将其转换成数字量，这样 CPU 才能对模拟输出通道进行判断。因此，模拟输出通道的自诊断还需数据采集环节。

借助多路数据采集通道对 D/A 进行自诊断的电路如图 2-5 所示。图中 R_1、R_2 组成分压电路，将输出电压分压后返回至 A/D 转换电路。适当调整分压比，使得 D/A—A/D 环节增益为 1，即可达到满意的诊断效果。要使诊断准确，数据采集通道必须正常可靠。

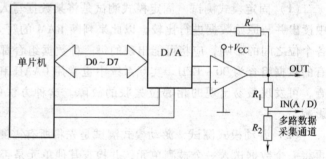

图2-5 D/A 转换的自诊断电路

在自诊断时，可选择在 D/A 输出范围内较典型的值如中值、准上限值(不能是最大值)和准下限值(不能是最小值)分别进行自诊断测试。

6. 人机界面的故障自诊断

人机界面的故障自诊断与其他部分的不同之处在于其诊断的结论不是由 CPU 决定的，而必须由操作者来判断自诊断程序的运行结果与预期是否一致。

（1）数码显示器和点阵显示器的诊断 数码显示器的失效率较高，一般通过检查其各显示段是否正常来诊断。自检方法之一：将所有显示位和符号段全部闪烁点亮几次，亮时不能出现暗段，暗时不能出现亮段。自检方法之二：轮流点亮一位显示器的所有段，这种方法不仅可检查该显示器的状态，还可检查与相邻段的关联情况。

点阵显示器的自检可采取全屏闪烁点亮加显示信息的方法进行自诊断，全屏闪烁可检查失效的点阵；提示信息除可告诉操作者诸如系统研制者、系统主要功能和系统时钟等信息外，还可检查点阵驱动器的可靠性以及是否有故障。

在工程实际中，系统在上电或复位时，大都会全屏闪烁几次、依次显示"8"或给出提示信息，这就是系统中设置的自检程序运行的结果。此时操作者应注意是否有不正常显示状况出现，配合系统完成显示单元的自检工作，不能因此时无实际操作而不予理会。

（2）键盘的诊断　微处理器系统的键盘常设有键盘操作回复声，诊断时可作为正常操作的提示。若按键操作后无回复声，则说明出现故障。有的系统用指示灯作为操作回复的提示，则应对每个键相对应的指示灯进行观察。

（3）音响装置的诊断　音响装置在微处理器系统中常用作操作提示和报警。在自检程序运行过程中，常用作报警输出，当自检没通过时，除显示报警提示外，还用音响增加报警提示的效果，有的还可利用音响的长短、间隔等显示故障类型。

2.3.3　专家系统故障诊断简介

1. 专家系统故障诊断方法及其应用

专家系统故障诊断方法是指计算机在采集被诊断对象的信息后，综合运用各种规则即专家经验，进行一系列推理，必要时还可随时调用各种应用程序，运行过程中向用户索取必要的信息后，可快速地找到最终故障或可能发生的故障，再由用户来证实。专家系统故障诊断的根本目的是利用专家在本领域的知识经验为故障诊断服务。目前在国内外机械系统、电子设备及化工设备等故障诊断方面已有成功的应用。

2. 专家系统故障诊断结构框图及各部分功能

专家系统故障诊断结构框图如图2-6所示。专家系统故障诊断由数据库、知识规则库、人机接口和推理机等组成。各部分功能简述如下。

（1）数据库　对于在线监视或故障诊断系统，数据库的内容为实时检测到的工作状态数据；对于离线诊

图 2-6　专家系统故障诊断结构框图

断，数据库的内容可以是发生故障时检测数据的保存，也可以是人为检测的一些特征数据，即存放推理过程中所需要的和所产生的各种信息。

（2）知识规则库　知识规则库是专家领域知识的集合，其中存放的知识可以是系统的工作环境、系统知识。所谓系统知识是反映系统的工作机理及系统结构的知识。规则库存放一组组规则，反映系统的因果关系，用于故障推理。

（3）人机接口　人机接口是人机信息的交接点，是人与专家系统打交道的桥梁与窗口。

（4）推理机　推理机是专家系统的组织控制机构。它根据获取的信息综合运用各种规则，进行故障诊断，输出诊断结果。

3. 专家系统故障诊断的局限性

专家系统应用的基础是专家领域知识的获取，而领域知识的获取比较困难，被公认为专家系统研究开发的瓶颈。此外，专家系统在自适应能力、学习能力及实时性方面与其他现代故障诊断方法相比都存在不同程度的局限性。

2.4 其他现代故障诊断方法简介

2.4.1 故障树分析法

故障树分析法是通过建立故障树模型来分析系统故障产生的原因、计算系统各单元的可靠度以及对整个系统的影响，从而搜寻薄弱环节，以便在设计中采取相应的改进措施，实现系统优化设计的故障诊断方法。故障树分析法又分为故障树定性分析和定量分析。

1. 故障树模型

故障树模型是一个基于研究对象结构、功能特征的行为模型，是一种定性的因果模型，以系统最不希望事件为顶事件，以可能导致顶事件发生的其他事件为中间事件和底事件，并用逻辑门表示事件之间关联关系的一种倒树状结构的逻辑图。

2. 故障树的符号及其意义

一般用事件符号和逻辑门符号来构建故障树，故障树的各种符号、名称及其说明如表2-1所示。

表 2-1 故障树的符号、名称及其说明

符 号	名 称	说 明
○	基本事件	不需要进一步发展的初始失效事件，也称底事件
◇	待发展事件	由于某种原因还没有发展的失效事件，作底事件处理
⬠	房形事件	它不是失效事件，而是正常预计要发生的事件，如触发事件
▭	中间事件	通常为其他事件逻辑组合产生的结果，包含顶事件和中间事件，框中包含了事件的说明
⟨&⟩	与门（AND）	事件的"交"操作，仅当所有输入事件发生时，输出事件才发生
⟨≥1⟩	或门（OR）	事件的"并"操作，只要输入事件有一个发生，输出事件就发生
⟨=1⟩	异或门	当输入事件任何一个发生时，都会引起输出事件发生，但输入事件不能同时发生
⟨条件⟩	禁止门	当条件满足时，输入存在，即有输出；当条件不满足时，即使输入存在，也无输出
△	转入符	从另外的门接收输入，只能接收从一个门来的输入，与转出符配合使用
△	转出符	输出至另外的门，可以被多个门接收，与转入符配合使用

3. 故障树的构建步骤

只有建造出正确合理的故障树才能搜寻到真正的故障部件，所以建造故障树是正确快捷应用故障树分析法的关键。构建故障树的步骤如下：

1）收集、分析相关技术文件资料，以求对建树的设备有深刻的了解，以准确地定义故障，合理地确定设备的边界。

2）选择顶事件。找出设备所有可能的故障模式，把最不希望发生的故障模式作为顶事件。

3）设置第二级。一般把引起顶事件的直接原因，如硬件故障、软件故障、人为因素和环境因素等作为第二级，并用相应的原因事件符号表示，并根据顶事件和直接原因事件之间的逻辑关系用相应的逻辑符号连接起来。

4）照此原则向下发展，直至最低一级原因事件不能再分为止，并以此为底事件。这样就构建成一棵以顶事件为"根"，中间事件为"枝"，底事件为"叶"的倒置的 n 级故障树。

5）故障树的简化，即运用逻辑化简等方法进行化简，去掉多余事件，以简单逻辑关系来表示。常用的化简方法有"修剪法"和"模块法"。修剪法是用目测或布尔代数运算吸收去掉多余事件。模块法是将故障树中的底事件化成若干底事件的集合，每个集合都是互斥的，即其包含的底事件在其他集合中不重复出现。

4. 故障树构建示例

下面以微机彩色显示器无光栅无显示（黑屏）故障为例（参阅本书 7.4.1 无光栅无显示故障检修流程）介绍故障树的构建。

微机彩色显示器由显像管及其相应电路组成。显像管由灯丝、阴极、栅极、加速极、聚焦极、阳极和显示屏等组成；相应的电路有行扫描电路、视频放大电路和 X 射线保护电路等。微机彩色显示器的电路图及工作原理参阅本书第 7 章彩色显示器原理与维修。

其中，行扫描电路由行扫描集成电路输出行扫描信号，经行推动级放大，由行推动变压器输至行输出级。行输出级由行输出管、阻尼二极管、行逆程电容及行输出变压器等组成。电源电路包括高压电路、中低压电路，给显像管阳极、聚焦极、灯丝和视频输出级供电。

视频放大电路以三色视放集成芯片为核心组成放大电路，并经红、绿、蓝三路放大器放大后供给显像管的三个阴极。

在构建故障树时，选择"彩色显示器无光栅无显示"作为顶事件，它由"行扫描电路故障"、"视频放大电路故障"、"电源熔丝熔断"、"开关电源失效"或"显像管失效"等五个次级中间事件之一所致。我们可对每个次级中间事件进行分解，例如"行扫描电路故障"分解成以下四事件之一引起的：①"行推动级故障"。②"行扫描集成芯片损坏"。③"行输出级故障"。④"X 射线保护电路工作"。其中"行输出级故障"为中间事件，可再次分解为"行输出管故障"、"阻尼二极管短路击穿"、"行逆程电容击穿"或"高压包行输出变压器损坏"等。依次类推，按同样的方法把各次级中间事件逐一分析、分解，最终可得到故障树结构，如图 2-7 所示。

考虑到以下因素：①引起阳极高压上升使"X 射线保护电路工作"、"行扫描电路停止工作"、"显示器无光栅"的原因很多。②行扫描集成芯片及其组成的电路和视频放大电路较复杂，产生故障的因素也很多。③引起"电源熔丝熔断"、"开关电源故障"的原因很多等。为简化故障树的形式，我们把"X 射线保护电路工作"、"行扫描集成芯片损坏"、"视放集成芯片损坏"、"电源熔丝熔断"和"开关电源失效"用待发展事件表示。在分析"显像管失效"时暂不考虑电路部分失效事件，所以把"阳极无高压"和"灯丝电压为零"也用待发展事件表示。

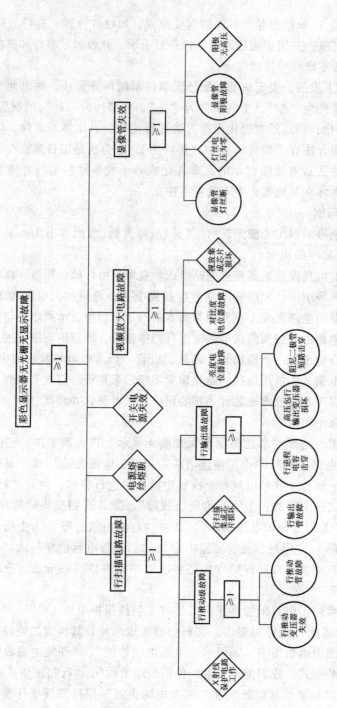

图 2-7 彩色显示器无光栅无显示故障的故障树结构图

需要说明的是，视频放大电路较复杂，绝大多数元器件的失效与引发"彩色显示器无光栅无显示"事件不相关，而能引起这一故障的底事件为"亮度电位器故障"或"对比度电位器故障"。

5. 故障树分析法在电子设备故障诊断中的应用

故障树分析法用于电子设备故障诊断，涉及到故障树的数学表述方法、割集和最小割集等知识。且在求得全部最小割集后，若有足够数据，则能够对故障树中各个底事件和各个最小割集的发生概率作出计算，进行定量分析；若数据不足，则进行定性分析，并作故障推理与诊断。对系统电路的故障诊断主要包括测点信号采集、数据分析处理和状态识别 3 个环节。测点信号采集部分的硬件主要由测量模块、数据采集卡和计算机等组成，其结构如图 2-8 所示。数据分析处理和状态识别由故障诊断软件实现。所以其实用故障诊断系统是一个由硬件和软件组成的智能系统。本部分超出大纲要求，恕不赘述。感兴趣的读者可参阅参考文献 [37]。

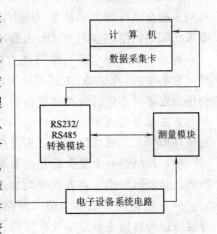

图 2-8　故障诊断系统的硬件组成

2.4.2　神经网络法

神经网络法是仿效生物体信息处理系统获得柔性信息处理能力，借用人工神经网络对外界输入样本的识别、分类能力和联想记忆功能来进行故障诊断的方法。它是一种新的智能化问题的求解模式。所谓人工神经网络（Artificial Neural Networks，ANN）就是模仿人脑工作方式而设计的一种机器，它可以用电子元器件或光电子元器件实现，也可以通过软件在计算机上仿真。从信息处理角度分析，人工神经网络是一种具有众多连接的并行分布式处理器，它具有通过学习获取知识并解决复杂问题的能力。而且在人工神经网络中，知识以分布式方式存储在连接权（值）中，而不像常规的计算机那样按地址存储于特定的存储单元中。

1. 神经元的结构

19 世纪末 Waldeger 等科学家创建了神经元学说，认为复杂的神经系统是由数目繁多的神经元组合而成的，大脑皮层神经元的类型有很多种，其基本结构如图 2-9 所示。

神经元由细胞及其发出的许多突起构成。细胞体内有细胞核，突起的作用是传递信息。把引入输入信号的若干突起称之为"树突"或"晶枝"（Dendrite），而作为输出端的突起只有一个，称之为"轴突"

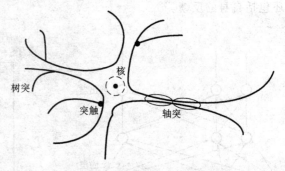

图 2-9　神经元的结构示意图

（Axon）。树突是细胞体的延伸部，它由细胞体发出后逐渐变细，全长各部位均可与其他神经元的轴突末梢相互联系，形成所谓的"突触"（Synapse）。在突触处两神经元并未连通，它只是发生信息传递功能的结合部。突触可分为兴奋性和抑制性两种类型，它相应于神经元之间耦合的极性。每个神经元的突触数目有所不同，最高可达 10^5 个。各神经元之间的连接强度和极性有所不同，且均可调整，基于这一特性，人脑具有存储信息的功能。

2. 人工神经网络

利用大量神经元相互连接组成的人工神经网络将显示人脑的若干特征。人工神经网络具有初步的自适应能力和自组织能力，通过学习或训练，改变突触权重值，以适应周围环境的要求。同一网络因学习方式及内容不同可具有不同的功能。

神经网络是一个具有学习能力的系统，可以发展知识，甚至超过设计者原有的知识水平。它的学习（或训练）方式可分为两种：①有监督（Supervised）或称为有导师的学习，它是利用给定的样本进行分类或模仿。②无监督（Unsupervised）或称为无导师的学习，它只规定学习方法或某些规则，而具体的学习内容随系统环境（即输入信号情况）而异，系统可自动发现环境特征和规律性，具有更近似于人脑的功能。

神经网络是一个复杂的互连系统，单元之间的互连模式将对网络的性质和功能产生重要影响。神经网络的互连方式种类繁多，本节仅介绍以下两种结构。

（1）前向网络结构　前向网络结构又称前馈神经网络。前馈神经网络可分为若干层，各层按信号传输先后顺序依次排列，第 i 层的神经元只接收第 $i-1$ 层的神经元给出的信号，各神经元之间没有反馈。前馈神经网络的结构示意图如图 2-10 所示。其中，输入节点没有计算功能，只是为了表征输入矢量各元素值。其余各层节点表示具有计算功能的神经元，称为计算单元。每个计算单元可有任意个输入，但只有一个输出，它可送到多个节点作输入。把输入节点层称为第 0 层。计算单元的各节点层从下至上依次称为第 1 至第 n 层，由此构成 n 层的前向网络。（**注：**亦有文献把输入节点层称为第 1 层，这样相对应第 n 层将变为第 $n+1$ 层。）

图 2-10 中输入（节点）层与输出（节点）层统称为可见层，而其他中间层则称为隐层（Hidden Layer），这些神经元称为隐节点。

（2）反馈网络结构　典型的反馈型神经网络的结构示意图如图 2-11 所示。其中每一个节点都为一个计算单元，同时接收外加输入以及其他节点的反馈，每个节点也都直接向外输出。在某些反馈型神经网络中，每个神经元除接收外加输入以及其他各节点的反馈输入外，还包括自身的反馈。

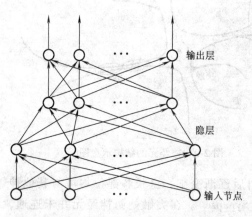

图 2-10　前馈神经网络结构示意图

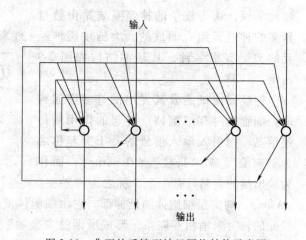

图 2-11　典型的反馈型神经网络结构示意图

3. 神经元、人脑和冯·诺依曼计算机之间的异同

（1）信息处理方式及速率　人脑、神经元之间传递脉冲信号的速度为毫秒量级，远低于冯·诺依曼计算机的工作速度，冯·诺依曼计算机的时钟频率一般可达 10^8 Hz 或更高。但由于人脑是一个大规模并行与串行组合的处理系统，在许多问题上可作出快速判断、决策和处理，其速度远高于串行结构的冯·诺依曼计算机。人工神经网络的基本结构模仿人脑，具有并行处理信息的特征，可大大提高工作速度。

（2）自适应（学习）能力　人脑具有很强的自适应与自组织能力。后天的学习与训练可开发许多各具特色的活动功能。如盲人的听觉和触觉异常灵敏，聋哑人善于运用手势，训练有素的运动员可表现出非凡的运动技巧等。

冯·诺依曼计算机的系统功能取决于程序给出的知识和能力，而要使其具有人脑的自适应能力并编制程序十分困难。

人工神经网络具有初步的自适应与自组织能力，可在学习和训练过程中改变突触的权重值，以适应环境的要求。同一网络可通过改变学习和训练方式使之具有不同的功能。它是一个具有学习能力的系统，可发展知识，甚至超过设计者的原有知识水平。

（3）信息存储方式　人脑在存储信息时是利用突触效能的变化来调整存储内容的，即信息存储在神经元之间连接强度的分布上，存储区与运算区合为一体。虽人脑神经细胞每日均有大量死亡，但不影响大脑功能，局部损伤可能会使功能衰退，但不会突然丧失功能。

冯·诺依曼计算机具有相互独立的存储器和运算器，知识存储和数据运算互不相关，只通过人们编制的程序指令使之沟通，这种沟通不能超越程序编写者的预想。硬件中的元器件局部损伤或软件程序中的微小错误均有可能引起严重失常。

4. 神经网络在故障诊断中的应用原理

广义地讲，设备故障可理解为设备的异常现象，使设备表现出不期望的特性。故障诊断的本质是进行模式的分类和识别，即把设备的运行状态分为正常和异常两类，判别信号样本正常与否，判别异常信号样本属于哪种故障，并进行模式识别。

电子设备故障检测与诊断是一个十分复杂的模式识别问题，若为模拟电路的故障诊断还存在大量的非线性问题，此外模拟电路还存在大量的反馈回路和容差，这些均增加了故障模式识别的复杂性。人工神经网络由于具有并行性、自学习性、自组织性、联想记忆及分类功能等信息处理特点，使其能解决传统模式难以解决的问题。为此，人工神经网络成为电子设备故障诊断的重要方法之一。

神经网络对外界输入样本具有很强的分类识别能力和联想记忆功能，可以很好地解决对非线性曲面的逼近，比传统的分类器具有更好的分类与识别能力。它对外界输入样本的分类实际上是在样本空间找出符合要求的分割区域，而每一区域内的样本属于一类，这就是运用神经网络进行故障诊断的缘由。

一般来说，一个神经网络用于故障诊断时，包含以下三层：①输入层，它从设备和诊断对象接收各种故障信息和现象。②中间层，它把输入层得到的故障信息，经内部的学习和处理，转化为针对性的解决办法。中间层含有隐节点，它通过权值连接输入层和输出层。它可为一层，也可为多层，也可不要中间层，只是连接方法不同而已。③输出层，它能针对输入的故障形式，经过权值调整后，得到故障的处理方法。对于一个新的输入状态信息，训练好的网络将由输出层给出故障识别结果。

神经网络在设备故障诊断领域的应用研究主要集中在以下两方面：①从模式识别的角度，用它作为分类器进行故障诊断。②将神经网络与其他故障诊断方法相结合，形成复合的故障诊断方法，如神经网络信息融合法等。

2.4.3 电子设备故障诊断的信息融合技术

信息融合技术又称为多传感器信息融合 MSIF（Multi-Sensor Information Fusion）技术，它是针对一个系统使用多种（或多个）传感器这一问题而展开的一种信息处理的新的研究方向。它利用计算机技术把来自多传感器或多源的信息和数据，在一定的准则下加以自动分析、综合，以完成所需要的决策和估计而进行的信息处理过程，以便得出更为准确可信的结论。

有人称信息融合为数据融合，就它们的内涵而言，信息融合的内涵更广泛、更合理，也更具概括性。因信息不仅包括了数据，而且包括了信号和知识。

多传感器信息融合是对人脑综合处理复杂问题的一种功能模拟。多传感器信息融合技术的基本原理就如同人脑综合处理信息的过程，充分利用多种传感器的资源，通过对各种传感器及其观测信息的合理支配和使用，将各种传感器在空间和时间上的互补和冗余信息，依据某种优化准则组合起来，产生对观测环境的一致性解释和描述。信息融合的目标是在各传感器分别观测信息的基础上，通过对信息的优化组合导出更多的有效信息，其最终目的是利用多种传感器共同联合操作运行的优势，来提高整个传感器系统的有效性。信息融合技术广泛应用于许多领域，如机器人、智能仪器系统、无人驾驶飞机、目标检测与跟踪、自动目标识别和多源图像复合等。

1. 应用信息融合故障诊断方法的缘由

电子设备的故障检测与定位是一项十分复杂而又困难的工作。尤其是模拟电路的故障诊断，当电路中的某元器件出现故障后，不仅其本身的输出信号失真，且影响与其相连的其他正常元器件的功能，亦即电路前后元器件相互影响，这也使它们的相关信号失真。如直接测试待诊断元器件的电压或电流信号，难以准确判断它是否有故障。若以传统的断路法（网络撕裂法）进行故障诊断，割断被怀疑元器件的前后联系，通电测试其关键节点电压、电流信号，判断它是否有故障。采用这种方法不仅测试麻烦，且无法准确判断是哪一元器件的故障，必须切割很多元器件才能诊断出真正的故障元器件。而且在很多情况下是不允许进行此类破坏性诊断的，特别是一些重要的仪器电路或正在运行的机电设备的故障诊断，例如光电雷达和飞船系统等就不允许使用此类方法。而多传感器信息融合技术为电子设备的故障诊断提供了一条崭新的途径。它是通过测试电子电路工作时电子元器件的温度和关键点的电压这两类数据信息，并探索采用多种信息融合方法，从而准确搜寻出故障元器件。

2. 信息融合故障诊断方法的分类

信息融合故障诊断方法有贝叶斯（Bayes）信息融合法、模糊信息融合法、D-S（Dempster-Shafer）证据推理法及神经网络信息融合法等。本部分难度超出大纲要求，感兴趣的读者可参阅参考文献[37]。

3. 多传感器信息融合故障诊断示例

下面以由 3 个集成运算放大器组成的测量放大电路为待诊断的实验电路，简单介绍多传感器信息融合技术在故障诊断中的应用。

由 3 个集成运算放大器组成的测量放大电路如图 2-12 所示。图中 3 个运算放大器均采用 OP—07 型运算放大器,它们为待诊断器件。其中 u_{o1}、u_{o2}、u_o 分别为 A_1、A_2、A_3 的输出电压。

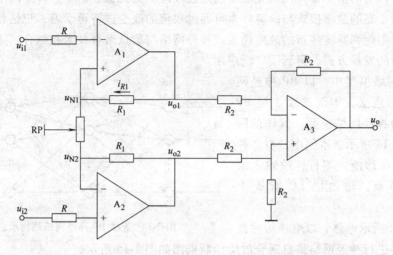

图 2-12 测量放大电路原理图

(1)模糊信息融合故障诊断简介 图 2-12 所示电路采用的多传感器模糊信息融合故障诊断框图如图 2-13 所示。本节涉及到的模糊集合的有关概念,如隶属度值等,请读者参阅本书附录 B。

首先利用探针测出各待诊断元器件关键节点的电压信号,把热像仪 Inframetrics 600 作为待诊断元器件的温度测量仪器,测试出电路板待诊断元器件的工作温度信号。对每一个传感器而言,被测元器件发生故障的可能性可分别用一组隶属度值来表示,这样可得到两组共 6 个隶属度值。由于电路中前后元器件相互影响,同一传感器测得的不同元器件的隶属度值有的相互接近,如用同一种传感器判别故障元器件,往往会出现误判。可采用以下方法加以解决:应用模糊集合论对两组隶属度值进行融合处理,得到两传感器融合后各待诊断元器件属于故障的隶属度值,再根据一定的判定准则进行故障元器件的判定。

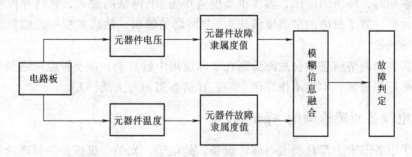

图 2-13 多传感器模糊信息融合故障诊断框图

在实际应用中,多传感器模糊信息融合的故障诊断,还需进行隶属度函数形式、模糊信息融合和故障判定规则的确定及相关取值等多重步骤。这部分内容较难,受篇幅限制,本节不作详细介绍,详情参阅参考文献[37]。

(2)神经网络信息融合故障诊断简介 神经网络是仿效生物体信息处理系统获得柔性信息处理能力。它从微观上模拟人脑的功能,构成一种分布式的微观数值模型。神经网络通过对大量经验样本的学习，将专家知识和诊断实例以权值和阈值的形式分布在网络的内部，并且利用神经网络的信息保持性来完成不确定性推理。尤为重要的是，神经网络具有极强的自学功能，对于新的故障模式与故障样本可通过权值的改变进行再学习、记忆和存储，使之在以后的运行中能判断这些新的故障模式。神经网络与信息融合技术相结合，成为故障诊断领域的一种新的发展方向，得到了广泛应用。

在神经网络模型中，以 BP 神经网络最具有代表意义，本例选取 3 层 BP 神经网络作为神经网络模型。具体的网络结构如图 2-14 所示。本例中，有 2 种传感器，3 个待诊断元器件，故输入层 LA 有 6 个节点，输出层 LC 有 3 个节点。

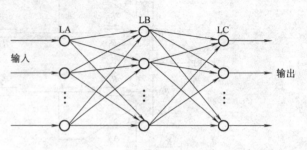

图 2-14　3 层 BP 神经网络结构示意图

对图 2-12 所示电路，以电压传感器和温度传感器进行神经网络信息融合故障诊断框图如图 2-15 所示。

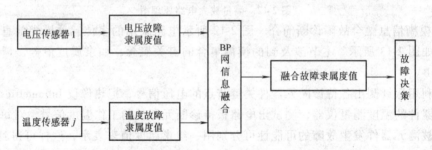

图 2-15　多传感器神经网络信息融合故障诊断框图

其工作原理是：将模糊集合与 BP 神经网络相结合，构成一个模糊神经网络分类器，把模糊数学的概念应用于神经网络的各层中，它们的输入、输出都具有语义性质的隶属度值。在进行故障诊断时，将所测电压、温度隶属度值作为 BP 网络的输入，将两种传感器融合后的各待诊断元器件属于故障的隶属度值作为 BP 网络的输出，然后根据一定的判定规则进行故障元器件的判定。

多传感器神经网络信息融合故障诊断在实际应用中较复杂，涉及神经网络和模糊集合知识，较难且受篇幅限制，本节不作详细介绍，详情参阅参考文献[37]。

2.4.4　机电设备故障诊断的 Agent 技术

大型电子设备基本上都是机电一体化设备，是电子、光学、机械及控制理论等有机结合的电子设备或系统。如工厂、企业的大型连续的自动化生产线、雷达天线及其伺服系统、计算机、导弹、宇宙飞船和飞机等，它们都是光、机、电一体化的系统。例如飞船故障诊断系统可以概括为"天地一体化"，它包括故障检测、诊断、隔离和恢复 4 个过程。飞船上天后，地面有一个与在轨飞船同步运行的"模拟飞船"系统，当轨道上的飞船发回的信号出现异常时，地面指挥部通过故障诊断系统诊断，找出故障源，并向轨道上的飞船发送指令，从而启动飞船上的装置自动排除故障，在宇航员不知不觉中清除隐患，保障飞船正常运行。

在生产过程控制领域，许多大型连续的自动化生产机组分布在不同的地域，在运行过程中存在着大量的并发故障、动态过程和突发事件等复杂现象，这就要求它们的故障诊断系统要在有效的时间内能实时跟踪这些大型机电设备系统的运行状态，实现从故障的预防、隐患产生到故障消除的全过程跟踪。也就是要求对这些复杂系统的故障诊断能实现集成化、智能化、自动化和网络化。这样，传统的故障诊断专家系统和故障诊断技术已无法满足要求，必须采用新的技术来建立诊断体系及其结构。其中，Agent 技术可克服传统的人工智能诊断系统无法解决的实时性等缺陷，可构建集成化、智能化、自动化和网络化故障诊断系统，实现网络环境下的分布式计算和问题求解，在故障诊断过程中实现并发信息检测、事务处理、动态实时规划、推理和搜索。

Agent 是一个具有自主性、反应性、主动性和社会性的，并且由硬件和软件构成的计算机系统，通常还具有人类的智能特性，如知识、信息、意图和愿望等。Agent 理论与技术源于 20 世纪 80 年代中期的分布式问题求解，随着分布式并行处理技术、面向对象技术、多媒体技术和计算机网络技术的发展，特别是 Internet 技术与 WWW 技术的发展，Agent 成为当前人工智能与软件工程中的研究热点，引起科技界、教育界和工业界的广泛关注。

2.5 故障诊断方法的运用

故障诊断是检修仪器设备的关键，其任务是查出故障的部位和产生故障的根本原因。

上述故障诊断的基本方法，是前人对故障诊断的经验总结，参考文献不同，故障诊断的叫法也不同。例如本书所述方法中的测量电压法、波形观察法、测量电阻法，在有的参考文献中连同电流法统称为测试法。对于维修人员来说，不在于方法的叫法，而在于掌握各种方法的要领、注意事项和适用场合，灵活应用之，尽快查出故障部位和故障原因，并予以修复。

在诸多的参考文献中，列有信号寻迹法。它是将适当频率和幅值的单一外部信号，加到工作于同一频率的多级放大器的仪器设备输入端或多级放大器的前置级输入端，逐一观测各级放大器输入、输出波形来查找故障的方法。它与本书所介绍的信号注入法的顺向寻找无本质区别，本书不再单列。

在传统的浅知识故障诊断方法中，常用的方法有观察法、字典法、信号流程图法、测量电压法、测量电阻法、波形观察法、替代法、信号注入法、分割测试法以及逻辑分析法等，必须熟练掌握。

在故障诊断的过程中，有时只用一种方法不能解决问题。至于采用何种方法，还要具体情况具体分析。采用何种方法应根据仪器设备的工作原理及其故障现象，针对各种仪器设备的各种电路和特点，交叉而灵活地应用之。故障诊断一般遵循以下原则：先外后内，先粗后细，先易后难，先常见后稀少。

采用何种方法与维修的物质条件有关。如整机比较法，若无同类型仪器，又无维修资料，就无法采用。又如用逻辑分析法维修智能仪器设备，若无高级的逻辑分析仪，则维修较困难，但采用一定的备用件，用替代法，维修工作则变得简单方便。

可以说，没有维修不好的仪器设备，而要达到维修快捷、质量高，则是一种高境界，要靠维修工作者在实践中不断总结、积累经验方能达到。

随着科学技术的发展，维修工作会变得越来越简单，如智能仪器设备采用自诊断法，但还是离不开故障诊断的基本方法和基本维修技能。用替代法换下一块功能板，能很快修复，但换下的功能板，可能就是因为一个电阻器、电容器损坏而导致整板报废。从提高经济效益的角度出发，还应采用别的方法查出故障，予以修复。维修工作应从物有所值的原则出发，即考虑维修后设备的实用价值和经济效益，仔细、认真地进行。

思考题与练习题

2-1　选择题

1. 应用测量电阻法检测故障时，检测小功率晶体管，万用表应选择(　　)档。

A. $R \times 10$　　　B. $R \times 100$　　　C. $R \times 1k$　　　D. $R \times 10k$

2. 应用测量电阻法检测故障时，检测大功率晶体管，万用表应选择(　　)档。

A. $R \times 10$　　　B. $R \times 100$　　　C. $R \times 1k$　　　D. $R \times 10k$

3. 应用短路法检测故障时，短路用的电容器容量选择很重要，在检测高频寄生振荡时，应选(　　)的电容器。

A. $0.01 \mu F$　　　B. $10 \mu F$　　　C. $2000 \mu F$

4. 应用短路法检测故障时，检测低频自激振荡，应选(　　)的电容器。

A. $0.01 \mu F$　　　B. $10 \mu F$　　　C. $2000 \mu F$

5. 应用测量电阻法测试元器件时，测试指针式指示电表，表头线圈应选(　　)档。

A. $R \times 1k$　　　B. $R \times 10$　　　C. $R \times 1$

6. 用通电观察法检查电子设备故障时，一般用逐步降压法，需用电压表和交流电流表，交流电流表按以下公式选择量程 I_0，正确的是(　　)。

A. $I_0 \geqslant \dfrac{2P}{U}$　　　B. $I_0 \geqslant \dfrac{P}{U}$　　　C. $I_0 \geqslant \dfrac{P}{2U}$

2-2　填空题

1. 同类比对法是将被检修仪器设备与同类型完好的仪器设备进行比较，比较电路的_____、_____、_____、_____和_____的差别，找出故障的部位和原因。

2. 底事件又称_____事件，是不需要进一步发展的_____事件。

3. 人工神经网络显示出人脑的若干特征，具有初步的_____与_____能力。它也是一个具有_____能力的系统，可以发展_____，甚至超过设计者原有的知识水平。

4. Agent 是一个具有_____性、_____性、_____性和_____性的由硬件和软件构成的计算机系统，通常还具有人类的_____特性，如知识、信息、意图和愿望等。

2-3　简答题

1. 不通电观察法有何局限性？

2. 通电观察法适用于哪些场合？

3. 应用对症下手法检查故障的先决条件是什么？

4. 应用测量电压法时，应注意哪些问题？

5. 应用替代法检查故障时，有何先决条件？

6. 应用波形观察法检查故障时，应注意哪些问题？

7. 短路法对哪些故障特别有效？

8. 应用短路法时，除电容容量选择外，还需注意哪些问题？

9. 应用短路法从哪一级开始效率最高？为什么？

10. 用改变现状法检查故障时，应注意哪些问题？

11. 简述应用分割测试法的注意事项。

12. 应用信号注入法时，为什么要在信号发生器和被测电路间串接一个隔直电容？

13. 应用逻辑分析法检查故障时，应具备哪些物质条件？

14. 画出图 2-16 所示方波—三角波产生电路中，u_{o2} 无信号输出时的故障树，并作简要说明。

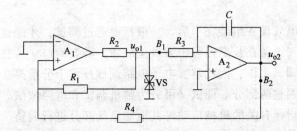

图 2-16 方波—三角波产生电路

15. 简述多传感器信息融合技术的基本原理、目标及其应用领域。

16. 故障诊断一般遵循哪些原则？

第3章 电子电路的调试与故障诊断

3.1 电子电路调试技术概述

任何一台电子、电气设备组装完毕后，一般都要通过调试，才能达到规定的技术指标要求。另外，电子、电气设备在长期运行中会发生故障，需要维修。这些技术工作的最终完成均要经过电子电路的调试工作，因此掌握电子电路调试技术十分重要。

调试包括测试和调整两部分。调试又可分为整机调试和电路调试。整机调试是对整机内可调元器件及与电气指标有关的机械传动等其他非电气部分进行调整，同时对整机电气性能进行测试，使其性能参数达到规定值。电路调试即本章所述的电子电路调试，亦包括测试与调整两个方面。测试是在安装后对电路的参数进行测量；调整是在测试的基础上，对电路参数进行修正，使之满足设计要求。

调试的方法有以下两种：第一种是采用边安装边调试的方法，也就是把复杂电路按原理框图上的功能分块进行安装和调试，在分块调试的基础上逐步扩大安装和调试的范围，最后完成整机调试。这种方法一般适用于新设计电路，以便及时发现问题并给予解决，以利于调试工艺文件的编制或修订。第二种方法是整个电路安装完毕后，一次性调试。这种方法一般适用于定型产品和需要相互配合才能运行的产品。

调试过程中，应先进行电路调试，再进行整机调试。在整机电路中包括模拟电路、数字电路和微机电路，一般不允许直接连接。因它们的输出电压和波形各异，且对输入信号的要求也各不相同。如盲目连接在一起，可能会使电路产生不应有的故障，甚至造成元器件大量损坏。因而，一般情况下要把这三部分分开，按设计指标对各部分分别予以调试，在加上信号及电平转换电路即所谓接口电路后实现整机联调。

为使调试顺利进行，设计时一般应标出关键节点的电位值、相应的波形图及其他有关数据。在工厂生产中，编制了调试说明和工艺文件，应严格按照说明和工艺要求进行调试。如果是产品试制调试和产品试验调试，则应先编制调试方案。

3.1.1 调试方案的制订

调试方案应根据国际、国家或行业颁布的标准以及待测产品的规格具体拟定，调试方案应包括以下基本内容：

1）制定调试方案的依据，即采用的标准、待测产品的规格等。

2）测试所需的各种测量仪器、工具和专用测试设备等。

3）测试方法及具体步骤。

4）调试安全操作规程。

5）测试条件与有关注意事项。

6）调试接线图和相关材料。

7）调试所需的数据资料及记录表格。

8）调试工序的安排及所需人数、工时。

9）调试责任者及交接手续。

以上所有内容是工艺指导卡工艺文件之一的内容，如非正规生产可简单一些，但其中应包括：测试仪器、设备，测试点，所测电参数名称、估计值，测试方法、步骤和需观测的响应等。

3.1.2 调试前的准备工作

1. 技术文件的准备

调试前要做好技术文件的准备工作，其中包括电路原理图、电路元器件布置图（装配图）、技术说明书、调试方案或调试工艺卡等。调试方案或调试工艺卡中应包括测试仪器，测试点的参考电位、相应的波形图及相关响应，测试方法、步骤等。

调试人员要熟悉各技术文件的内容，重点了解整机产品或电子电路的工作原理、主要技术指标及各参数的调试方法。

2. 待调电路或整机产品的准备

（1）接线检查　对于新设计的电子电路安装完毕后，不能急于通电，先要认真检查电路接线是否正确，包括错线（连线一端正确，另一端错误）、少线（安装时完全漏掉的线）和多线（连线在电路图上根本不存在）。多线一般是因接线时看错引脚，或在改接线时忘记去掉原来的旧线造成的。这种情况在实验中经常发生，尤其在面包板上进行实验时更易发生。这种故障查线时不易发现，调试中往往会造成错觉，以为问题是由元器件故障造成的，例如TTL 两个门电路的输出端无意中连在一起，引起输出电平不高不低，就会错判元器件损坏了。

接线检查通常采用以下两种方法：

一种是按照电路图检查安装的线路。把电路图上的连线按一定顺序在安装好的线路中逐一对应检查，这种方法较容易找出错线与少线。

另一种是按照实际线路来对照电原理图，把每一元器件引脚连线的去向一次查清，检查每个去处在电路图上是否存在，这种方法不但可查出错线和少线，还很容易查出多线。

不论采用何种方法，一定要在电路图上将已查过的线做出标记，同时检查元器件引脚的使用端数是否与图样相符。

查线时，最好用指针式万用表的"$R \times 1$"档或数字万用表的"·)))"档蜂鸣器档测量，而且尽可能直接测元器件引脚，这样可同时发现引脚与连线接触不良的故障。**注意："$R \times 1$"档为较大电流档，不能用两表笔同时去碰接同一小功率半导体器件的两引脚，以防过电流损坏小功率半导体器件。**

（2）直观检查　直观检查电源、地线、信号线和元器件引脚之间有无短接；连接处有无接触不良；二极管、晶体管和电解电容等引脚有无错接。

3. 调试用仪器的准备

调试前要做好调试用仪器的选用准备工作。

1）选用的仪器仪表应经过计量检定并在有效期之内。

2）量程和精度必须满足调试要求。

3）使用前应对仪器仪表进行检查，看是否调节方便、有无故障等。

4）仪器仪表必须放置整齐，较重的放下部，较小、较轻的放上部，经常用来监视整机信号的仪器仪表应放置在便于观察的位置上。

4. 调试的安全措施

调试过程必须做到安全第一，其中包括人身和仪器设备的安全。调试时要采取以下安全措施：

1）仪器、设备的金属外壳都必须接地，尤其是装有 MOS 电路的仪器必须良好接地。一般设备的外壳可通过三芯插头与交流电网的零线连接。

2）不允许带电操作。如必须要接触带电部分，必须使用带有绝缘保护的工具进行操作。

3）注意调压器的安全使用。因调压器（自耦变压器）输入端与输出端不隔离，所以在接到电网时，务必把公共端接零线，确保所接电路的地线不带电。

4）大容量滤波电容器、延时用电容器储有大量电荷，在调试或更换它们所在电路的元器件时，应先将其储存的电荷释放完毕后，再进行操作。

5. 工具和元器件的准备

调试前应做好常用工具的准备工作，常用工具有功率合适的电烙铁、尖嘴钳、偏口钳（斜口钳）、剪刀、镊子和相应规格的螺钉旋具。

在试制产品、调试电路的过程中，一般会更换元器件，应做好相关元器件的准备工作。

3.1.3 调试步骤

1. 通电观察

在电路与电源连线检查无误后，方可接通电源。电源接通后，不要急于测量数据和观察结果，首先要观察有无异常现象，包括有无打火冒烟、是否闻到异常气味、手摸元器件是否发烫、电源是否有短路现象等。如发现异常，应立即关断电源，等排除故障后方可重新通电。然后测量各路总电源电压及各元器件引脚的工作电压，以保证各元器件正常工作。

2. 电源调试

待调电子产品中大部分都有电源电路，调试时应先进行电源电路的调试，才能进行其他电路和项目的调试。电源电路的调试通常按以下两步进行。

（1）电源空载初调　电源电路调试，通常先在空载状态下进行，即切断该电源所有负载后进行初调。其目的是避免因电源未经调试就带负载，造成部分电子元器件的损坏。

调试时，接通电路板的电源，测量电源输出端有无稳定的直流电压输出，其值是否符合设计要求或通过调节取样电位器使其达到额定值。测试检测点的直流工作点和电压波形，检查工作状态是否正常，有无自激振荡。

（2）电源加负载细调　在初调正常的情况下，加上额定负载，再测量各项性能指标，看是否符合设计要求。当达到要求的最佳值时，锁定电位器等有关调整元器件，使电源电路在加载时工作在最佳工作（功能）状态。

有时为了确保负载电路的安全，在加载调试之前，先接等效负载，即在假负载的情况下对电源电路进行调试，以防匆忙接入负载时，使电路受到不应有的冲击。

3. 分块调试

分块调试是把电路按功能不同分成不同部分，把每部分看作一个模块进行调试，在分块调试进行过程中逐渐扩大范围，最后实现整机调试。

分块调试一般按信号流向进行，这样可把前面调试过的输出信号作为后一级的输入信号，为最后联调创造有利条件。

分块调试包括静态调试和动态调试。一般应先进行静态调试，后进行动态调试。静态调试是指在无外加信号的条件下测试电路各点的电位并加以调整，使之达到设计值，如模拟电路的静态工作点，数字电路的各输入端和输出端的高、低电平值和逻辑关系等。通过静态测试可及时发现已损坏和处于临界状态的元器件。静态调试的目的是保证电路在动态情况下正常工作，并达到设计指标。动态调试可以利用自身的信号检查功能块的各种动态指标是否满足设计要求，包括信号幅值、波形形状、相位关系、频率、放大倍数和逻辑时序关系等。对于信号电路一般只看动态指标。

测试完毕后，要把静态和动态测试结果与设计指标加以比较，经深入分析后对电路参数进行调整，使之达标。

4. 整机联调

在分块调试的过程中，因是逐步扩大调试范围的，实际上已完成某些局部电路间的联调工作。在联调前，先要做好各功能块之间接口电路的调试工作，再把全部电路连通，进行整机联调。

整机联调就是检测整机动态指标，把各种测量仪器及系统本身显示部分提供的信息与设计指标逐一对比，找出问题，然后进一步修改、调整电路的参数，直至完全符合设计要求为止。在有微机系统的电路中，先进行硬件和软件调试，最后通过硬件、软件联调达到目的。

调试过程中，要始终借助仪器观察，而不能凭感觉和印象。使用示波器时，最好把示波器信号输入方式置于"DC"档，它是直流耦合方式，可同时观察被测信号的交直流成分。被测信号的频率应在示波器能稳定显示的范围内，如频率太低，观察不到稳定波形时，应改变电路参数后再测量。例如观察只有几赫兹的低频信号时，通过改变电路参数，使频率提高到几百赫兹以上，就能在示波器观察到稳定信号并可记录各点的波形形状及相互间的相位关系，测量完毕后再恢复到原来参数继续测试其他指标。采取抗干扰措施是调试技术的重要内容，在电子设备试制和维修调试过程中，如有干扰存在，将影响正常工作，需采用抗干扰措施。详细内容参阅有关文献。

5. 整机性能指标测试

对整机装配调试质量进一步检查后，进行全部性能指标参数的测试，测试结果均应达到技术指标的要求。经过调试达标后，紧固调整元件。

6. 环境试验

有些电子设备在调试完成后，需要进行环境试验，以检查其在相应环境下的正常工作能力。环境试验包括温度、湿度、气压、振动和冲击等试验。环境试验应严格按技术文件的规定执行。

7. 整机通电老化

大多数电子设备在测试完成之后，均需进行整机通电老化试验，这是提前暴露电子设备的隐含缺陷，提高电子设备可靠性的有效措施。老化试验应按设备规定的条件进行。

8. 参数复调

整机通电老化后，电子设备的各项技术性能指标会有一定程度的变化，通常应进行参数复调，使出厂的设备具有最佳的技术状态。

3.1.4 调试注意事项

电子电路的调试过程中应注意如下问题：

1）调试前，应仔细阅读调试工艺文件，熟悉整机工作原理、技术条件及性能指标。

2）调试用仪器设备，一定要符合技术监督局的规定，并且要定期送检。要注意测量仪器的输入阻抗必须远大于被测电路的输入阻抗。测量仪器带宽应大于等于被测电路带宽的3倍。调试前要熟悉各种仪器的使用方法，并加以检查，避免使用不当或仪器出现故障时作出错误判断。

3）测量用仪器设备的地线应与被测电路的地线连在一起，使之建立一个公共参考点，测量结果才能正确。

4）调试过程中，发现元器件或接线有问题，需要更换修改时，应先关断电源。更换完毕，经认真检查后，才可重新通电。

5）在信号比较弱的输入端，应尽可能使用屏蔽线连接，屏蔽线的外屏蔽层要接到公共地线上。在频率较高时要设法隔离（消除）连接线分布参数的影响，例如，用示波器测量时应使用有探头的测量线，以减小分布电容的影响。

6）要正确选择测量点。用同一台测量仪器进行测量时，测量点不同，仪器内阻引起的误差大小也不同。

7）测量方法要方便可行。如在PCB中测电流，要尽可能先测电阻两端的电压，再换算成电流，因用电流表测电流很不方便。

8）调试过程中，不但要认真观察和测量，还要认真做好记录。包括记录观察的现象，记录测量的数据、波形及相位关系等。必要时在记录中附加说明，尤其是那些和设计不符的现象，更是记录的重点。依据记录的数据把实际观察到的现象和理论预计的结果加以定量比较，从中发现设计和安装上的问题，才能加以改进，以进一步完善设计方案。要通过调试，收集第一手材料，积累、丰富自己的感性认识和实践经验。

9）调试过程中，要自始至终有严谨细致的工作作风，不能存在侥幸心理。出现故障时要认真查找故障原因，仔细分析判断。实验或课程设计过程中，切忌一遇到故障或解决不了的问题就要拆掉线路重新安装，因重新安装线路仍可能存在问题，况且原理上的问题不是重新安装就能解决的。再则，重新安装而不找出原因，使自己失去一次分析问题和解决问题的锻炼机会。

3.2 分立元器件低频放大电路的调试与故障的分析、诊断

3.2.1 低频放大电路的静态调试

静态工作点的调试是指在输入信号为零，无自激振荡条件下，调整电路中各半导体器件的偏置电路，使电路工作在合适的直流工作状态，以便对有用信号进行不失真的放大。众所周知，静态工作点对放大电路的性能影响很大，必须认真进行调试。

1. 分压式射极偏置电路静态工作点的调试

下面以图 3-1 所示电路为例阐述静态工作点的测量与调整。

　　测量电路静态工作点的测量方法如下：

　　将放大器输入端（耦合电容 C_B 左端）接地。用万用表测量晶体管各极对地电压 U_{BQ}、U_{CQ}、U_{EQ}，若出现 $U_{CEQ} = (U_{CQ} - U_{EQ}) < 0.5V$，则说明晶体管已经饱和。若测得 $U_{CQ} \approx V_{CC}$，$U_{EQ} \approx 0$，则说明晶体管截止。

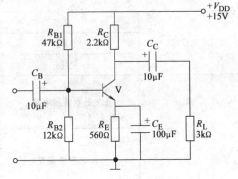

图 3-1　实验电路

　　遇到上述情况或测量值与设计的静态工作点偏离较大时，都需要调整静态工作点。调整方法是改变放大器上偏置电阻 R_{B1} 的大小，同时用万用表测量 U_{BQ}、U_{CQ}、U_{EQ} 的值。U_{CEQ}、I_{CQ} 值可由下式计算：

$$U_{CEQ} = U_{CQ} - U_{EQ} \qquad (3-1)$$

$$I_{CQ} = \frac{V_{CC} - U_{CEQ}}{R_C + R_E} \qquad (3-2)$$

　　若 U_{CEQ} 为正几伏，则说明晶体管工作于放大状态，但并不说明放大器静态工作点设置在合适位置，所以还要进行波形观察。即在输入端输入规定信号，输出端接示波器，观察输出波形。

2. 放大电路非线性失真的诊断

　　采用波形法对放大电路非线性失真进行诊断。对于 NPN 型晶体管组成的放大电路，若输出波形顶部被压缩，如图 3-2a 所示，称为截止失真，则说明工作点偏低，应增大 I_{BQ}，即把 R_{B1} 调小。若输出波形底部被削波，如图 3-2b 所示，称为饱和失真，则说明工作点偏高，应减小 I_{BQ}，即把 R_{B1} 调大。如果增大输入信号，输出波形无明显失真，或逐渐增大信号时，输出波形顶部与底部差不多同时产生畸变，则说明 Q 点设置较合适。此时移开信号源，分别测量静态工作点 U_{BQ}、U_{CQ}、U_{EQ}、U_{CEQ} 及 I_{CQ} 的值。

　　分立元器件放大电路非线性失真除饱和、截止失真外，还有一种为截顶失真，即放大管的正半周、负半周波形均被削顶，其产生原因是输入信号幅值过大，使放大管部分时间工作于饱和区和截止区，而其静态工作点可能是合适的。

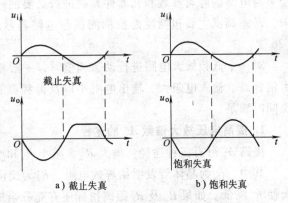

a）截止失真　　　　　b）饱和失真

图 3-2　截止失真、饱和失真波形

3. 共射放大电路非线性失真及其调整

　　共射放大电路非线性失真及其调整方法如表 3-1 所示。

表 3-1　共射放大电路非线性失真及其调整方法

失　真		截 止 失 真	饱 和 失 真
示波器波形	NPN 型管	u_o 正半周削顶	u_o 负半周削顶
	PNP 型管	u_o 负半周削顶	u_o 正半周削顶

(续)

失　真		截　止　失　真	饱　和　失　真
产生原因	Q 点	过低	过高
	R_B	偏大	偏小
	I_{BQ}	偏小	偏大
调整方法	基本共射电路	$R_B \uparrow I_B \uparrow$ $I_{BQ} = \dfrac{V_{CC} - U_{BE}}{R_B}$	$R_B \uparrow I_B \downarrow$
	分压式射极偏置电路	$U_B \uparrow R_{B1} \downarrow$ $U_B \approx \dfrac{R_{B2} V_{CC}}{R_{B1} + R_{B2}}$	$U_B \downarrow R_{B1} \uparrow$

注：R_B 为基本共射电路的基极偏置电阻。

　　共射放大电路的截止失真，一般通过减小输入电压幅度来调整。其他类型的放大电路也是如此。

3.2.2　低频放大电路的动态调试

　　动态调试是在静态调试的基础上，给放大器加上合适的输入信号，在确保输出信号不失真的情况下，用示波器、毫伏表等测试仪器，测试输出信号和电路的性能参数，并根据测试结果对电路的静态参数和元器件参数进行必要的修正，使电路的各项性能满足或超过设计要求。动态调试主要包括性能指标测试与电路参数修正两部分。性能指标测试参阅参考文献 [36]。

　　对一个低频放大电路进行动态调整时，一般希望电路稳定性好、非线性失真小、电压放大倍数高、输入电阻大、输出电阻小以及低频截止频率 f_L 越低越好。但是这些性能指标很难同时满足。

　　1. 提高电压放大倍数 A_u 的途径

　　提高 A_u 可有三种途径：增大 R'_L、减小 r_{be} 和增大 β。

　　其中，r_{be} 为晶体管发射结等效电阻，R'_L 为交流负载电阻。R'_L 增大会使 R_o 增大，r_{be} 减小会使 R_i 降低。如果 R_o 及 R_i 距离指标还有充分余地，可通过实验增大 R_C 或 I_{CQ}（即减小 r_{be}），来提高电压放大倍数，但改变了 R_C 及 I_{CQ} 会影响电路静态工作点 Q，要重新调整 Q 值。提高晶体管 β 值是提高放大器 A_u 的有效措施，且对于分压式电流负反馈偏置电路，只要在设计时满足设计条件，换管改变 β 值就不会影响放大器的静态工作点。

　　2. 降低低频截止频率 f_L

　　降低 f_L 也可有三条途径：增大 C_E、C_B、C_C，增大 r_{be}，增大 R_C。

　　增大 C_E、C_B、C_C 电路性能价格比会下降；增大 r_{be}，A_u 会下降；增大 R_C，R_o 会增加。

　　从上面分析可知，不论何种途径，提高一种性能指标，都会影响放大器的其他性能，只能根据具体的指标要求，进行综合考虑，通过实验调整、修改电路参数，尽可能地满足各项指标要求。

　　另外，加入负反馈环节是提高电路稳定性及电路性能参数的有效措施。如引入串联负反

馈可增大 R_i，引入电压负反馈可稳定输出电压和降低 R_o 等，但电路的 A_u 下降了。

对于多级分立元器件放大电路，要考虑级间相互影响问题。若耦合电容短路，则放大器工作点相互影响，会引起很大变化，致使放大信号失真。若反馈支路开路，则会引起电路不稳定，增益增大，甚至会产生自激振荡。

3.2.3　典型低频放大电路故障的分析、诊断

放大电路中的某一元器件发生故障，如虚焊、损坏或相碰短路等，都会使放大电路的工作状态发生变化，以致无法正常工作。通常我们可用电压测试法测量电路各点的对地电压或测量晶体管各极电流来分析判断具体的故障点，从而根据故障情况予以排除。下面以图 3-1 所示电路为例对各元器件发生的故障及其现象进行分析。

1. 电阻 R_{B1} 开路

当电阻 R_{B1} 开路时，流过 R_{B2} 的电流为零，导致晶体管截止。用电压测试法测基极电位为零（正常值为 2.3V），发射极电位为零（正常值为 1.7V）。由于集电极电流为零，集电极电位等于电源电压 $V_{CC}=12V$（正常值为 5.5V）。放大电路无输出信号。

2. 电阻 R_{B2} 开路

当电阻 R_{B2} 开路时，该电路组态发生了变化，已不是分压式射极偏置电路。其发射极静态工作电流和集电极发射极电压由以下公式求得：

$$I_E = \frac{V_{CC} - U_{BE}}{\dfrac{R_{B1}}{1+\beta} + R_E}$$

$$U_{CE} \approx V_{CC} - I_E(R_C + R_E)$$

电路基极电流大大增加，使晶体管处于饱和状态。用电压测试法可测得基极电位为 3.2V，发射极电位为 2.6V，$U_{CE}=0.3V$，放大电路输出的是负半周期信号损失的失真信号。

3. 电阻 R_C 开路

当电阻 R_C 开路时，集电极电流为零，发射极电流等于基极电流，发射结就相当于一个与电阻 R_{B1} 串联且与电阻 R_{B2} 并联的正向偏置二极管。因 R_E 阻值较小，发射极电位下降到很小值。用电压测试法实测电路，晶体管基极电位为 0.75V，发射极电位约为 0.05V，集电极电位为 0.1V。放大电路无输出信号。

4. 电阻 R_E 开路

当发射极电阻 R_E 开路时，发射极电流为零，因晶体管集电结反偏，集电极电流亦为零，集电极电位等于电源电压 V_{CC}。基极电位由分压电阻 R_{B2} 与 R_{B1} 决定。因为 $I_B \ll I_{RB2}$，所以基极电位在发生开路故障时，几乎不变。用万用表进行测试时，万用表跨接在发射极与地之间，有一很小的发射极电流流过，会使测量值略高于理论计算值。实测得晶体管基极电位为 2.3V，集电极电位为 12V，发射极电位为 2V。当电阻 R_E 开路时，放大电路无输出信号。

5. 电容 C_C 故障

（1）电容 C_C 开路　当电容 C_C 开路时，放大电路无输出信号。

（2）电容 C_C 短路　当电容 C_C 短路时，C_C 无隔直作用，在直流通路中 R_L 接到晶体管集电极，电路静态工作点 Q 发生变化，可能会引起饱和失真或截止失真。本例 Q 点变化不大，不会引起输出信号失真。

6. 电容 C_E 故障

（1）电容 C_E 开路　当电容 C_E 开路时，电路静态工作点不变，而电路的交流等效电路发生变化，电路性能参数发生改变。输入电阻 R_i 增大，由 $R_i = R_{B1} /\!/ R_{B2} /\!/ r_{be}$ 变为 $R_i = R_{B1} /\!/ R_{B2} /\!/ [r_{be} + (1 + \beta) R_E]$。电压放大倍数 A_u 减小，由 $A_u = -\dfrac{\beta(R_C /\!/ R_L)}{r_{be}}$ 变为 $A_u = -\dfrac{\beta(R_C /\!/ R_L)}{r_{be} + (1 + \beta) R_E}$。

（2）电容 C_E 短路　当电容 C_E 短路时，与其并联的射极偏置电阻 R_E 被短路，电路的静态工作点发生变化，晶体管处于深度饱和状态，产生很大的集电极电流，由于受集电极直流负载电阻 R_C 的限制，集电极最大电流为 V_{CC}/R_C，防止晶体管过电流损坏。此时，放大电路无信号输出。

7. 晶体管损坏

当晶体管损坏时，电路的静态工作点发生很大变化，电路无输出信号。其中有发射结短路、开路，集电结短路、开路等四种情况。实测晶体管各极电位就可发现故障所在。

1）发射结短路，基极与发射极等电位。

2）发射结开路，发射极电阻 R_E、集电极电阻 R_C 均无电流流过，发射极电位为零，基极电位为两基极偏置电阻分压值，集电极电位等于电源电压。

3）集电结开路，无集电极电流，集电极电位等于电源电压，发射结相当于一个正偏二极管，其作用与集电极电阻 R_C 开路相类似。

4）集电结短路，发现基极与集电极等电位就应怀疑这种故障发生，此时形成一条电阻 R_C 与发射结、电阻 R_E 的串联通路，这条通路的阻值比 R_{B1} 和 R_{B2} 的阻值小得多，所以电阻 R_{B1} 与 R_{B2} 的影响可忽略，那么流过电阻 R_C、R_E 的电流可由下式估算：

$$I = \frac{V_{CC} - U_{BE}}{R_C + R_E} = \frac{12 - 0.7}{2.76}\,\mathrm{mA} = 4.09\,\mathrm{mA}$$

发射极电压 $U_E = IR_E = 2.3\mathrm{V}$。

3.3　集成运算放大器组成的应用电路的调试

集成运算放大器组成的应用电路的调试可分为静态调试和动态调试。集成运放电路调试过程中应注意以下问题，否则会引起电路工作不正常或损坏元器件。

1）电极接地端子应良好接地。采用稳压电源调试时，由于一组直流电源有"＋"、"－"、"⊥"三个接线端子。当采用正电源时，若将"－"、"⊥"端子相连作为负端，则接地端子与机壳相连。如与大地接触不良，将会引入较大的交流干扰，使运放损坏。因此，可将接地端子"⊥"脱开，将"－"端子连于电路"地"端，避免元器件损坏。

2）应在切断电源情况下更换元器件。在电路带电时更换元器件，易使元器件损坏。

3）线性应用电路在加信号前应先进行调零和消振。

3.3.1　集成运算放大电路设计、调试中需注意的问题

1. 集成运算放大电路外接电阻与放大倍数的选取

（1）平衡电阻的选取　平衡电阻的选取是为了保证运放"零输入—零输出"时两输入端对地等效电阻相等。如图 3-3 和图 3-5 所示电路中 $R_P = R_f /\!/ R_1$。

（2）外接电阻的选取 一般集成运放的最大输出电流 I_{oM} 为 3 ~ 10mA，在组成放大电路时，应使运放处于负反馈状态。反馈电阻跨接在输出端和输入端之间。输出电压一般为伏级，在空载的情况下，应使运放的输出电流不超过 I_{oM}。以图 3-3 所示反相输入组态的反相比例放大器为例，i_f 应满足下式：

$$i_f = \frac{|U_o|}{R_f} \leqslant I_{oM} \tag{3-3}$$

所以 R_f 至少要取千欧以上数量级，若 R_f 和 R_1 取值太小，则会增加信号源负载。

外接电阻如图 3-3 中的 R_1、R_f、R_P 等不能取得过大，若选用兆欧级，则不合适。其原因有二：①电阻是有误差的，阻值越大，绝对误差值越大。如 2MΩ 的 E_{12} 系列电阻误差为 ±10%，其阻值在 2.2 ~ 1.8MΩ 范围内均是允许的，即使选 E_{48} 系列的电阻，阻值范围在 2.04 ~ 1.96MΩ 之内，还有 ±2% 的误差，况且电阻值会随温度和时间的变化而产生时效误差，使阻值不稳定，影响运算精度。②运放的微小失调电流会在外接高阻值电阻上引起较大的误差信号。

所以运放的外接电阻值尽可能选在几千欧至几百千欧之间。

（3）反相输入放大电路外接电阻及放大倍数的选取 由运放组成的反相输入放大电路的电压放大倍数为

$$A_{uf} = -\frac{R_f}{R_1} \tag{3-4}$$

在设计和调试反相输入放大电路时，外接电阻取值范围应在 1kΩ ~ 1MΩ 之间，最好在 100kΩ 以内。放大倍数限定在 0.1 ~ 100 之间，否则，如不采取其他措施，则将很难保证放大电路增益的稳定性。

反相比例运算电路中 $R_i = R_1$。为提高反相比例运算电路的输入阻抗，可采用图 3-4 所示的 T 形网络反相比例运算电路。

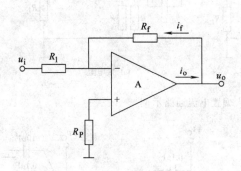

图 3-3 反相比例放大器

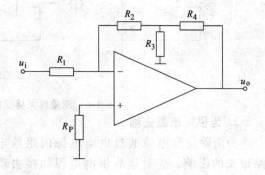

图 3-4 T 形网络反相比例运算电路

图 3-4 所示电路的电压输出、输入关系为

$$u_o = -\frac{R_2 + R_4}{R_1}\left(1 + \frac{R_2 /\!/ R_4}{R_3}\right)u_i \tag{3-5}$$

若采用图 3-3 所示电路，要求输入电阻为 100kΩ，$A_{uf} = -50$。为提高输入电阻选 $R_1 = 100kΩ$，则 $R_f = 5MΩ$，不符合要求。

（4）同相输入放大电路外接电阻及放大倍数的选取 由运放组成的同相输入放大电路的电压放大倍数为

$$A_{uf} = 1 + \frac{R_f}{R_1} \qquad (3-6)$$

同相输入放大电路如图 3-5 所示。外接电阻的选用同样应遵循本节"(2)外接电阻的选取"所述原则。其最佳反馈电阻值可由下式决定：

$$R_f = \sqrt{\frac{(A_{uf} - 1)R_{id}r_o}{2}} \qquad (3-7)$$

式中，A_{uf} 为设计任务所要求的闭环增益，R_{id} 为运放开环差模输入电阻，r_o 为开环输出电阻。

在设计、调试同相输入放大电路时，放大倍数要限定在 1~100 之间，否则，如不采取其他措施，则将很难保证放大电路增益的稳定性。

图 3-5　同相输入放大电路

2. 为输入通路提供直流通路

根据已学运放电路的知识可知，运放的两输入端不连接其他电路，因此运放本身无输入偏置电流通路，直流通路应由外电路提供，即接一偏置电阻。

测量放大器提供输入偏置电流通路示例如图 3-6 所示。它们是根据使用情况将输入端中的一个或两个端子直接或通过电阻与电源的地线构成通路。图 3-6a 为测量放大器连接热电偶提供偏置电流通路的方法，图 3-6b 为变压器耦合信号提供偏置电流通路的方法，它们把一个输入端（反相输入端）直接接电源地，另一个输入端（同相输入端）通过热电偶或变压器二次绕组接到电源地；图 3-6c 是将两个输入端通过电阻 R 接地，这种方法是运放构成交流放大器中采用的方法。

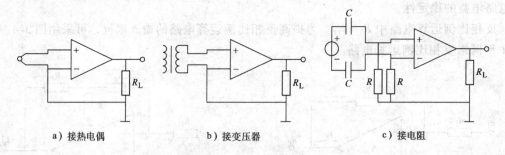

a）接热电偶　　　　　　　b）接变压器　　　　　　c）接电阻

图 3-6　测量放大器提供输入偏置电流通路示例

3. 为供电电源去耦

为消除信号电流通过供电电源内阻给电路带来的影响，应对运放供电电源加接去耦电容，这对交流放大器尤为重要。运放的性能不同，所接去耦电容容量也有所不同。对于低速运放，应在电源端接 0.1μF 瓷片电容接地；而对于高速运放，除并接 0.1μF 瓷片电容外，还应并接一容量为几十微法的电容，运放供电电源去耦电容的连接如图 3-7 所示。图 3-7b 中电容的接线方式表示电容要以最短的连线接至运放供电电源的引脚，否

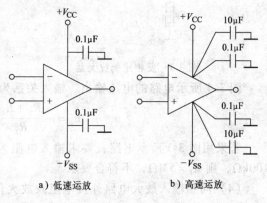

a）低速运放　　　　b）高速运放

图 3-7　运放供电电源去耦电容的连接

则易引入干扰。

3.3.2   集成运算放大电路的静态调试

在设计和制造集成运放时，除输入级的两输入端无输入偏置电流通路外，已解决了内部各晶体管的偏置问题。因此在线性应用时，只要按技术要求，提供合适的电源电压，运放内部各级工作点就是正常的。这里说的静态调试，主要是指由单电源供电时的调试和调零等内容。

1. 双电源改单电源供电电路的静态调试

运放双电源改单电源的交流放大电路如图 3-8 所示。电路偏置电压的设置原则是将 U_+、U_-、U_o 三端的直流电压调至电源电压的一半，即

$$U_o = U_- = U_+ = \frac{1}{2}V_{CC} \tag{3-8}$$

在静态调试时，用数字万用表测电路中的 U_+、U_-、U_o，如符合式(3-8)的关系，则说明静态工作点合适。如有偏差，则应检查图 3-8 中偏置电阻 R_2、R_3 的阻值是否相等。若 R_2、R_3 阻值相等且电路装接无误，则说明运放损坏。

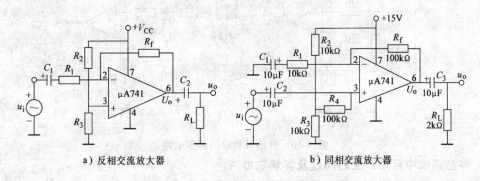

a) 反相交流放大器   b) 同相交流放大器

图 3-8   运放双电源改单电源交流放大电路

图 3-8a 为反相输入放大电路，交流电压放大倍数与式(3-4)相同，即

$$A_{uf} = -\frac{R_f}{R_1}$$

图 3-8a 的输入电阻较小，差模输入电阻 $R_{id} = R_1$。为了提高输入电阻，可采用图 3-8b 所示的自举式同相交流放大电路，该电路的输入电阻为

$$R_i = (R_4 + R_3 /\!/ R_2) /\!/ r_{ic} \tag{3-9}$$

式中，r_{ic} 为共模输入电阻。因静态时流经的电流约为零，两端的电位几乎相等，故称为自举电阻。

图 3-8b 为自举式同相输入放大电路，交流电压放大倍数与式(3-6)相同，即

$$A_{uf} = 1 + \frac{R_f}{R_1}$$

2. 调零

在集成运算放大电路静态调试中，应对运放的静态输出进行测试。电路工作正常，当输入端对地短接时，测其输出端对地电位应为零。

为了消除集成运放的失调电压和失调电流引起的输出误差，以达到零输入、零输出的要

81

求，必须进行调零。

对有外接调零端的集成运放，可通过外接调零元件进行调零。μA741 外接调零元件的调零电路如图 3-9 所示，将输入端接地，调节 RP 使输出端对地电位为零。

当集成运放没有外接调零端时，可采用外加补偿电压的方法进行调零。它的基本原理是在集成运放输入端施加一个补偿电压，以抵消失调电压和失调电流的影响，从而使输出端对地电位为零，如图 3-10 所示。

对用于弱信号工作的集成运放电路的电阻应采用金属膜电阻或线绕电位器，以减少电阻本身的温漂影响。

对用于交流信号工作的集成运放电路，电路中有耦合电容隔直，可以不进行调零。但耦合电容最好选用无极性电容器或漏电小的电解电容器。

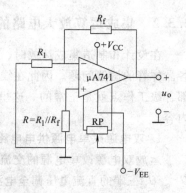

图 3-9　外接调零元件的调零电路

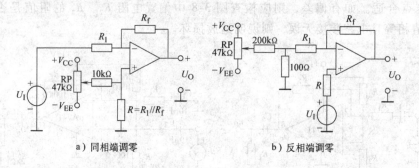

a）同相端调零　　　　　　　　　b）反相端调零

图 3-10　外加补偿电压调零电路

3. 静态调试中可能产生的问题及其解决办法

（1）不能调零及堵塞现象　集成运放不能调零是指所加调零电位器不起作用，常见的有以下几种情况。

1）集成运放处于非线性应用状态，即开环状态或组成了正反馈电路。输出电压为正电平或负电平，电压值接近正电源电压或负电源电压，这时调零电位器不起作用属正常情况。

2）如将集成运放的输出信号引回到输入端，且接成负反馈组态时，输出电压仍为某一极限值，调零电位器不起作用。原因可能是看错输入端，接线有误，接成了正反馈状态；或是负反馈支路虚焊，成开环状态；也有可能是集成运放器件内部损坏。

3）"堵塞"现象。所谓"堵塞"现象，是指运放不能正常工作或不能调零，关断电源过一段时间后再开机又可恢复正常工作或可以调零。产生"堵塞"现象的原因是运放输入信号幅度过大或混入干扰，使集成运放输入级某级晶体管饱和，它的集电结由反向偏置变为正向偏置，其集电极电压变化的相位将和基极电压变化的相位相同，因而原来引入的负反馈变成正反馈，致使输出电压升至极限值，对输入信号不再起反应，即使输入电压减至零，也不能使输出电压回到零，而必须切断电源，重新开机后方能恢复正常。严重堵塞时，可能会烧毁运放器件。因输入信号幅值过大而引起的"堵塞"现象可以采用图 3-11 所示的输入限幅保护电路加以防止。

（2）温漂严重　如果集成运放实际的输出电压温漂与运放的温漂指标属于同一数量级，

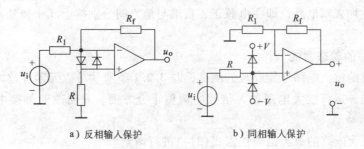

a）反相输入保护　　　　　b）同相输入保护

图 3-11　输入限幅保护电路

这属于正常现象。如实际的温漂量过大，而运放器件本身又完好的情况下，应从以下几个方面查找故障原因，予以排除。

1）接线是否牢靠，是否有虚焊，运放器件是否自激或受强电磁干扰。

2）输入回路的保护二极管（早期的玻璃壳二极管）是否受到光的照射。

3）运放器件是否靠近发热元器件。

4）调零电位器滑动臂的接触是否良好，以及它的温度系数和运放的要求是否一致。

3.3.3　集成运算放大电路的动态调试

1. 自激振荡消除

由于集成运放增益很高，易产生自激振荡（Self Excited Oscillation），故消除自激振荡是动态调试的重要内容。在测试线性应用电路性能参数之前，要保证电路无自激振荡。

运放实质上是高电压增益的多级直接耦合放大器。在线性应用时，外电路大多采用深度负反馈电路。由于内部晶体管极间电容和分布电容的存在，信号传输过程中会产生附加相移。因此在没有输入电压的情况下，而有一定频率、一定幅度的输出电压，这种现象称为自激振荡。消除自激振荡的方法是外加电抗元件或 RC 移相网络进行相位补偿（Phase Compensating）。高频自激振荡波形如图 3-12 所示。

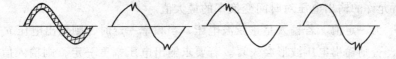

图 3-12　高频自激振荡波形

一般需进行相位补偿的运放在其产品说明书中注明了补偿端和补偿元件参考数值，按说明接入相位补偿元件或移相网络即可消除。但有一些需要进行实际调试，如 F004，其调试电路如图 3-13 所示。

首先将输入端接地，用示波器可观察输出端的高频振荡波形。当在 5 端（补偿端）接上补偿元件后，自激振荡幅度将下降。将电容 C 由小到大调节，直到自激振荡消失，此时示波器上只显示一条亮线。测量此时的电容值，并换上等值固定电容器，调试任务完成。

接入 RC 网络后，若仍达不到理想消振效果，则可再在

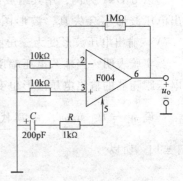

图 3-13　补偿电容调试电路

83

电源供电电路中加去耦电路，即在电源正、负端与地之间分别接上几十微法和 $0.01 \sim 0.1 \mu F$ 的瓷介电容。

2. 放大电路的动态调试

由运放组成的放大电路性能参数的测试，与 3.2.1 节所述分立元器件放大电路性能参数的测试方法相同。运算放大电路放大倍数的调整十分方便，只要改变外接电阻阻值，就能完成。

反相输入放大电路的放大倍数依据式(3-4)进行调整。

同相输入放大电路的放大倍数依据式(3-6)进行调整。

差动输入组态放大电路的调整，也十分方便，调整的公式恕不赘述，请参阅参考文献[35]。

在运算放大电路的设计、调试过程中，要注意运放增益带宽积 $G \cdot BW$、单位增益带宽 $f_T(BW_G)$ 及转换速率 S_R 对电路的影响。

$G \cdot BW$ 定义为

$$G \cdot BW = A_{od}f_H \tag{3-10}$$

式中，A_{od} 为开环差模电压放大倍数；f_H 为上限截止频率，即 $-3dB$ 带宽。

$f_T(BW_G)$ 定义为 A_{od} 下降到 0dB，即 $A_{od} = 1$ 时的信号频率。

一个运放的 $G \cdot BW$ 是个常数，当加入负反馈后，通频带可以展宽，但放大倍数降低。

$$G \cdot BW = f_T = A_{od}f_H = A_{uf}BW_f \tag{3-11}$$

$\mu A741$ 的 $f_H = 7Hz$，$A_{od} = 2 \times 10^5$，它的 $f_T = 1.4MHz$，若加入负反馈后，电压增益为 40dB，则频带宽度可达 7kHz。所以在选用运放时，要注意 $G \cdot BW$ 参数，其工作频率应选在通频带范围内，否则频率升高，放大倍数会下降，达不到设计要求。

转换速率 S_R 是表征运放输出电压幅度与频率关系的参数，其定义为

$$S_R = \left| \frac{du_o}{dt} \right|_{mosc} \tag{3-12}$$

它表示运放所允许的输出电压对时间变换率的最大值。

运放的 S_R 为一定值。若输入是正弦波电压，当频率一定时，则输出电压 u_o 的幅度就要受 S_R 的限制，否则输出电压波形会失真。若要求输出电压幅度一定，则输入信号频率受 S_R 的限制，否则输出电压波形也会失真。

以 $\mu A741$ 为例，用其组成电压跟随器，当输入信号频率为 100kHz，幅度为 1V 时，输出电压波形不会失真，波形图如图 3-14a 所示。输入信号频率不变，输入电压幅度增至 1.7V，输出电压波形变为三角波，如图 3-14b 所示。

实验表明，当输入电压幅度 $U_{IP} = 1V$，改变输入信号频率 $f = 170kHz$ 时，$\mu A741$ 组成的电压跟随器的输出电压波形也变成三角波，波形图如图 3-14c 所示。

设 $u_o = U_{om}\sin\omega t$，将其代入式(3-12)，$\frac{du_o}{dt} = \omega U_{om}\cos\omega t$。$\left| \frac{du_o}{dt} \right|$ 为最大时，$\cos\omega t = |\pm 1|$，所以

$$S_R = \omega U_{om} = 2\pi f U_{om}$$

若要求 U_{om} 一定，则最高工作频率为

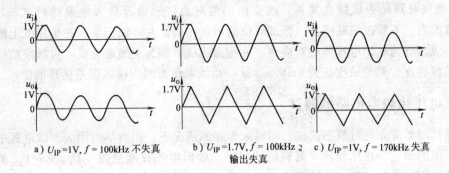

a) $U_{\mathrm{IP}}=1\mathrm{V}$, $f=100\mathrm{kHz}$ 不失真　　b) $U_{\mathrm{IP}}=1.7\mathrm{V}$, $f=100\mathrm{kHz}$, 输出失真　　c) $U_{\mathrm{IP}}=1\mathrm{V}$, $f=170\mathrm{kHz}$ 失真

图 3-14　由 μA741 组成电压跟随器的波形图

$$f_{\max} \leqslant \frac{S_{\mathrm{R}}}{2\pi U_{\mathrm{om}}} \tag{3-13}$$

若要求工作频率一定，则最大输出电压幅度为

$$U_{\mathrm{om}} \leqslant \frac{S_{\mathrm{R}}}{2\pi f_{\max}} \tag{3-14}$$

3. 动态调试实例——力传感器放大器的调试

对于由运放组成的测量放大器用作精密测量电路时，为消除失调电压的影响，常用一只运放组成失调电压补偿电路。下面以力传感器桥式放大器为例介绍测量放大器电路的调试方法。

力传感器桥式放大器电路如图 3-15 所示。图中的 SFG—15N1A 为 Honeywell 公司生产的硅压阻式力传感器，它利用微细加工工艺技术在一小块硅片上加工成硅膜片，在膜片上用离子注入工艺作了四个电阻并连接成电桥。当力作用在硅膜片上时，膜片产生变形，电桥中两个桥臂电阻的阻值增大，另外两个桥臂电阻的阻值减小，电桥失去平衡，输出与作用力成正比的电压信号

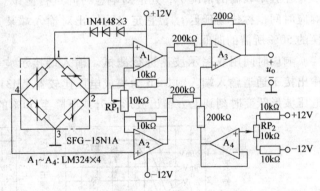

图 3-15　力传感器桥式放大器

（$U_{2\text{-}4}$）。力传感器由 12V 电源经三个二极管降压后（约 10V）供电。$A_1 \sim A_3$ 组成测量放大器，其差分输入端直接与力传感器 2 脚、4 脚连接。A_4 的输出用于补偿整个电路的失调电压。当作用力为 0 ~ 1500g 时，输出电压为 0 ~ 1500mV（灵敏度为 1mV/g）。

在电路调试过程中，先进行静态调试。断开力传感器 2、4 脚，并将 A_1、A_2 同相输入端接地，接通电源，输出电压应为零。若不为零，则调节 RP_2 使输出电压为零。

接上力传感器后，在受力为零的情况下，输出电压亦应为零。若不为零，调节 RP_2 使输出电压为零。作用力与输出电压应成线性关系。可用以下方法进行放大电路的动态调试，对力传感器及其放大电路进行标定：

1）取 1500g 砝码，加到力传感器测试梁上，调节 RP_1，使输出电压为 1500mV。

2）测试电路是否成线性关系。改变砝码值对力传感器及放大电路进行试验。在 0 ～ 1500gf 范围内，不断改变砝码值，测试对应输出电压值，并详细记录。在坐标纸上绘出横坐标为力，纵坐标为输出电压值的对应点，并连点成线，即为灵敏度曲线。灵敏度曲线反映力传感器的线性度，其灵敏度应为 1mV/g。这一曲线可作为测力仪器误差估算的依据。

3.3.4 电压比较器电路的调试

电压比较器应先进行静态调试，即输入为零的情况下，用数字万用表测试电源电压值和输出电压值的幅值。在比较器未翻转的情况下，输出电压仅能测得 $+U_{OM}$ 或 $-U_{OM}$ 值，测出输入端的电压即为阈值电压。为测得另一输出电压值，可在输入端加一数值可调的输入电压，调至某一电压时比较器应翻转，测出此时的输出电压，即为另一输出电压值。对于迟滞比较器，测出此时反馈端的电压或输入电压即为另一阈值电压，因翻转时运放的同相、反相输入端的电压相等。然后比较所测值与设计值是否相等。若相差甚大，则说明电路中阻值有误，应焊开电阻器的一引脚进行阻值测试。若迟滞比较器输入为零、输出为零或电压值很小，则说明迟滞比较器中运放处于负反馈组态，可能是反馈元件在输入端的同相输入端与反相输入端错接所致。

进行比较器动态调试时，将双踪示波器 X、Y 通道的输入分别接比较器输入、输出端，比较器输入端接入输入信号，观测输出波形，波形应符合设计要求，并从示波器读取阈值电压与输出电压幅值，看其是否与设计值相符。

在频率较高的情况下，还应对响应时间进行测试。响应时间是表征比较器速率的参数。响应时间也称传输延迟 t_{PP}，它定义为输出对输入端某一预定电压阶跃的响应，完成输出转换的 50% 所需的时间。

响应时间用双踪示波器进行测试。输入端接示波器 X 通道输入端，且接入阶跃信号；输出接 Y 通道输入端。图 3-16 为集成电压比较器 LM311 测得的典型响应时间，从下方输入电压波形跃变时刻到上方输出波形上升或下降至 50% 的时刻所经过的时间即为响应时间。

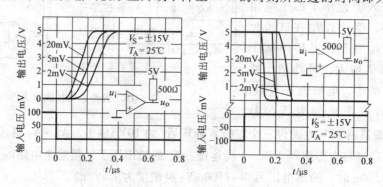

图 3-16　LM311 比较器的典型响应时间

3.4　波形产生、转换电路的调试及故障诊断

在设计安装好波形产生、转换电路后必须进行调试。电路调试一般按以下步骤进行：①检查电路焊接、安装是否正确、可靠，有无短路及虚焊现象，再接通电源进行调试。②调

整分立元器件振荡电路中放大元件的工作点，使之处于放大状态，并满足振幅起振条件。③仔细检查反馈回路，使之满足正反馈条件，从而满足相位起振条件。④测试性能指标，检查其是否满足设计要求。

3.4.1　振荡电路不起振故障的诊断与调试

振荡电路接通电源后，有时不起振或者要在外接信号强烈触发下才能起振（比如手握螺钉旋具去碰触振荡管的基极或用 $0.01 \sim 0.1\mu F$

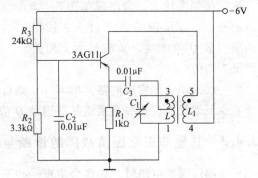

电容的一端接电源，另一端去碰触振荡管的基极），在波形振荡器中有时只在某一频段振荡，而在另一频段不振荡等。所有这些现象一般均是由于没有满足振幅起振或相位起振这两个根本条件所引起的。究竟原因何在，则要根据电路的具体情况来分析。

如果电路根本不振荡，就要检查相位起振条件是否满足。图 3-17 所示为收音机中采用的变压器反馈式本机振荡电路，该电路如不振荡，则应检查反馈线圈 L_1 是否因端头接反而形成负

图 3-17　收音机本机振荡电路

反馈。对于三端式振荡电路或集成运算放大器构成的振荡电路，就要根据相位起振条件分析方法进行判断。

在满足相位起振条件的情况下，要在振幅起振条件所包含的各因素中找原因。根据振幅起振条件来分析，导致电路不振荡的原因大致如下：①静态工作点选得太低，或电源电压过低，振荡管放大倍数过小。②负载太重，振荡管与回路之间耦合过紧，使回路品质因数 Q 值太低。③反馈系数 F 不当。反馈系数是振荡电路的一个重要因素，F 太小，自然不易满足振幅起振条件，但 F 太大会使品质因数 Q 值大大降低，这不但会导致振荡波形变坏，甚至无法满足起振条件。所以 F 值应该选择适当，不能太小，也不能太大。例如在图 3-17 所示的电路中，若原来接在振荡线圈 2 端的 C_3 错接在线圈 3 端，就使晶体管输入阻抗直接与高阻抗振荡回路并联，而该电路为共基极振荡电路，它的输入阻抗是极低的，这将大大降低振荡回路品质因数 Q 的值，使振荡减弱，波形变坏，甚至停振。

有时在某一频段内高频端起振，而低频端不起振，这多半产生在用调整回路电容来改变振荡频率的电路中。低端由于电容 C 增大而使 L/C 下降，以致谐振阻抗降低所引起。反之，有时出现低端振荡而高端不振荡。这种现象的出现，可能有以下几种原因：①选用的晶体管特征频率 f_T 不够高，或晶体管由于某种原因，使 f_T 降低。②管子的电流放大系数 β 太小，低端已处于起振的临界边缘状态。③在高频工作时，晶体管的输入电容 $C_{b'e}$ 的作用使反馈减弱，或由于 $C_{b'e}$ 的负反馈作用显著等。找到原因后分别加以调整，予以解决。

3.4.2　振荡波形不良故障的诊断与调试

正弦波振荡电路的输出波形应近似为理想正弦波，才能满足设计要求。但是，由于电路设计不当或调整不当会出现波形失真，甚至出现平顶波、脉冲波等严重失真的波形，或者在正弦波上叠加其他波形。后一种可能是由寄生振荡产生的。其他失真现象可能由以下原因所

致：①如静态工作点选得太高，当NPN型晶体管基极输入信号，在波形正半周内的某一时刻，振荡管工作进入饱和区，这时回路电压呈现如图3-18a所示波形。②若集电极或基极与振荡回路耦合过紧，则回路滤波不好，二次谐波幅度较大，会出现如图3-18b所示波形。③反馈系数 F 过大，回路品质因数 Q 值太高，负载过大，回路严重失谐等。

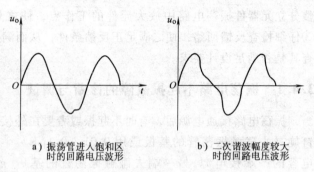

a）振荡管进入饱和区 时的回路电压波形　　b）二次谐波幅度较大 时的回路电压波形

图 3-18　几种非正弦（失真）的回路电压波形

一般来说，如发现回路波形不好，则首先应检查静态工作点是否合适；其次考虑是否适当减少反馈量，设法提高回路品质因数 Q 值等。

3.4.3　其他非正常振荡故障的诊断与调试

在调试振荡电路时，往往会出现一些不正常的振荡现象，造成波形产生电路的输出严重失真，常见的有以下几种，应设法予以消除。

1. 反馈寄生振荡

反馈寄生振荡回路的电压波形如图 3-19 所示。该波形说明在某一工作频率的振荡波形上，叠加着一些不规则的波形。有时波形虽好，但用频谱分析仪检查，仍发现有其他频率分量存在。

反馈寄生振荡是由于放大器输出与输入之间的各种寄生反馈引起的。寄生反馈又可分为外部反馈和内部反馈两种。外部反馈主要是通过多级放大器的公共电源内阻、馈线或元器件的寄生耦合以及输入端和输出端的空间电磁场的耦合引起的。内部反馈主要是由晶体管的极间电容产生的。其中，极间电容 $C_{b'e}$ 是产生反馈的主要原因。

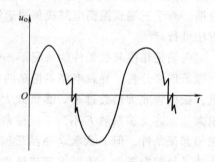

图 3-19　反馈寄生振荡回路的电压波形

判断因反馈引起的寄生振荡的方法如下：当调节调谐电容（或调谐电感）时，集电极电流 I_c 不受调谐影响或有突然跳跃，说明电路中有寄生振荡存在；可用示波器观察有无图 3-19 所示波形；也可用扫频仪在宽频带范围内观察信号的频谱分布，或用电压表所测得的读数大得不正常，都可以肯定电路产生了寄生振荡。

为防止寄生振荡，首先应在实际电路结构工艺方面予以注意。比如，合理安排元器件，尽量减小各种元器件之间的寄生耦合；集电极直流电源应有良好的去耦滤波电路；高频接线应尽量粗、短，不使其平行，远离作为"地"的底板，以减小电感对"地"的分布电容；接地和必要的屏蔽要良好等。

为消除和防止低频寄生振荡，应尽可能减少输入和输出电路中扼流圈的电感量，降低它们的品质因数 Q 值，个别情况下，基极电路中的扼流圈可以用电阻代替。

为了防止和消除高频自激振荡，可在发射极和基极回路中接几欧姆的串联电阻，或在发射极和基极之间接几皮法的小电容。

2. 间歇振荡

有时振荡器的某些元件数值选择不当，如串接在振荡管发射极的 R_e、C_e 选得过大，或基极的 R_b、C_b 选得过大，或振荡回路品质因数 Q 值太低，往往出现时振时停的所谓"间歇振荡"现象。这种现象出现时，一般表现为集电极电流减小，回路电压较高，而用频率计测不出确定的频率，但用示波器可以看到图 3-20 所示的波形，表明振荡是间歇性的。

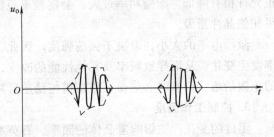

串接在振荡电路振荡管发射极上的电阻 R_e 上的直流压降是由发射极偏置电流 I_e 自己建立的，且随 I_e 的变化而变化，故称为自偏压。经分析，产生间歇振荡的根本原因是振荡管自偏压变化跟不上振幅变化。

间歇振荡的消除可以通过减小 R_eC_e 和 R_bC_b 的时间常数或提高振荡回路的品质因数 Q 值来解决。R_eC_e 和 R_bC_b 的选取可用下式来估算：

$$RC < \frac{Q}{\pi f} \qquad (3-15)$$

图 3-20　间歇振荡波形

式中，Q 为振荡回路的品质因数；f 为振荡频率。

3.4.4　石英振荡器的调整

石英振荡器具有振荡频率稳定性高、易于起振等优点，但若安装调试不当，不但其优点不能发挥，而且严重时会使电路不能正常工作，甚至将石英谐振器振毁。在安装调试中要注意以下问题。

1. 选用合适的负载电容

石英谐振器接入振荡回路，一般总有电容与它串联或并联。所谓负载电容就是从石英谐振器插脚两端向振荡电路看进去的全部有效电容。负载电容用来补偿生产中石英晶体的频率误差和晶体老化，以达到标称频率。由于这些电容决定振荡器与石英谐振器的振荡频率，所以制造、测试和使用石英谐振器时，都是在其所规定的负载电容量情况下进行的。它是一项重要的测量和使用条件。因此，振荡电路中必须接入满足石英谐振器产品目录中所规定的负载电容值的电容器，这样才能保证振荡电路工作在石英谐振器标称频率上。负载电容的第二个作用是在满足频率精度范围内，通过调整负载电容对振荡器的工作频率进行微调。研究证明，负载电容变化引起振荡频率的变化率为

$$\frac{df}{dC_L} = \frac{f_s C_q}{2\left(1 + \dfrac{C_q}{C_0 + C_q}\right)^{\frac{1}{2}}(C_0 + C_L)^2} \qquad (3-16)$$

式中，f_s 为石英晶体的串联谐振频率。

上式说明，频率对负载电容 C_L 的变化率与 $(C_0 + C_L)^2$ 成反比（C_0 为石英谐振器等效电路中的静态电容）。当 C_L 较小时，变化率就大；反之，变化率就小。也就是说，C_L 太大，频率可调性变差，但微调性较好；C_L 太小时，频率微调困难，但可调范围较宽。负载电容一般用半可调电容，用于微调振荡电路频率。选用半可调电容时，其中值应等于负载电容

值，且有调整裕量，一般选几至几十皮法的可调电容。

2. 要有合适的激励功率

石英谐振器在振荡电路中，被振荡电压所激励，因而在谐振器回路必然要通过激励电流，谐振器要消耗一定的功率，这就是激励功率。有时也用石英晶体回路中通过的电流来表示。它是测试条件也是使用条件。使用过程中，原则上应保持产品目录中所规定的额定值，也允许稍有降低。激励功率过大，会使频率稳定性、老化特性和寄生频率特性等变差，甚至可能使晶片振毁。

激励电平的大小，取决于振荡强度。因此，任何引起振幅不稳定的因素都可能使激励功率发生变化，从而导致频率及其他性能的改变，所以高稳定度石英晶体振荡器必须采取特殊的稳幅措施，调整时必须保证稳幅措施稳定可靠。

3. 控制工作温度

温度的变化严重影响着晶体的频率。石英晶体的频率温度特性随晶体切形不同而不同。精密石英谐振器由于采用 AT 切形，故其零频率温度系数在 60℃ 附近。所以，为了提高频率稳定度，应尽可能使其工作温度保持在零频率温度系数的附近。当频率稳定度高于 10^{-6} 时，必须采取恒温措施。调整时要注意恒温电路是否稳定可靠，温度是否达到设计值。

3.4.5 RC 正弦波振荡器的调整

图 3-21 所示电路为二极管外稳幅的 RC 文氏电桥振荡电路。图中，R_1、C_1 和 R_2、C_2 组成选频网络，使运算放大器处于正反馈组态，满足相位起振条件，且决定电路的振荡频率。VD_1、VD_2 为外稳幅二极管，不论在输出信号的正半周还是负半周，总有一个正偏导通。

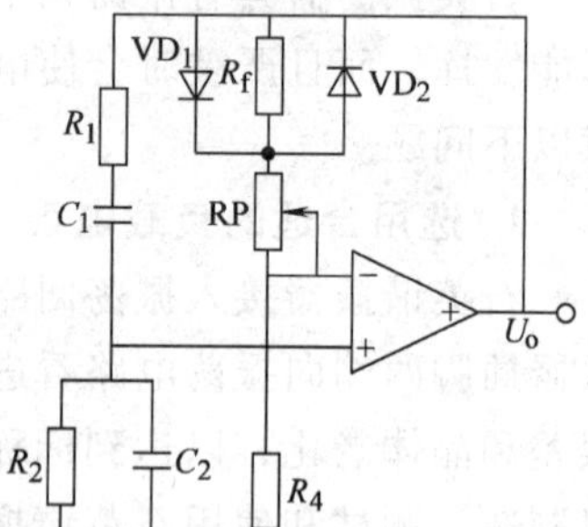

一般情况下，为调整方便，取 $R_1 = R_2 = R$，$C_1 = C_2 = C$（实践中一般采用双联电位器和双联电容器来实现），则振荡频率 f_0 由下式决定：

$$f_0 = \frac{1}{2\pi RC} \tag{3-17}$$

R_f、RP 和 R_4 使运算放大器构成电压串联负反馈电路，该电路的闭环增益 A_{uf} 由下式决定：

$$A_{uf} = 1 + \frac{R_F}{R_4} \tag{3-18}$$

图 3-21 二极管外稳幅的 RC 文氏电桥振荡电路

式中，$R_F = r_d /\!/ R_f + R_P$，r_d 为稳幅二极管导通时的等效电阻，R_P 为电位器取用电阻。调节 RP 可使振荡电路满足振幅起振条件，当 $A_{uf} = (1 + R_F/R_4) > 3$，即 $R_F > 2R_4$ 时就能顺利起振。

安装电路时，应注意所选用的运算放大器各端子的功能和二极管的极性，检查接线无错误后，方可进行通电调整。

为了使 RC 选频网络的特性不受集成运算放大器输入、输出电阻的影响，在选择 R 时，应满足以下条件：

$$r_o \ll R \ll r_i \tag{3-19}$$

式中，r_i 是集成运算放大器的同相端输入电阻；r_o 是集成运算放大器的输出电阻。稳幅二极管的选择应注意两点：①应保证两个稳幅二极管的特性参数必须匹配。②应采用硅管，可以提高电路的温度稳定性，并可通过实验调整来确定。

集成运算放大器的选择最主要的依据是其增益带宽积要满足

$$A_{od} \cdot BW > 3f_0 \tag{3-20}$$

否则电路不能振荡。

调整电路时，首先应反复调整 RP 的值使电路起振，且波形失真最小。如果电路不起振，则说明集成运算放大器选择不恰当，或不满足振荡电路的起振条件，此时应该适当加大 R_p。如果波形失真严重，则应该减小 R_p 或 R_f。

振荡频率的测量可采用频率计进行，若不满足设计要求，则可以适当改变选频网络 R 和 C 的值，使振荡频率满足设计要求。

3.4.6 方波—三角波发生器的调整

图 3-22 所示的方波—三角波产生电路中，过零比较器 A_1 的输出 u_{o1} 作为积分器 A_2 的输入信号，积分器 A_2 的输出 u_{o2} 作为过零比较器 A_1 的输入信号，即存在级间反馈通路，所以这两级电路要同时安装。如果接线正确，那么就可通电进行调整。

1. 不振荡的调整

由图 3-22 可见，如果过零比较器 A_1 或者积分器 A_2 不工作，都将导致 u_{o1} 与 u_{o2} 无输出波形。此时应断开闭环反馈回路中的某一点进行调试（如 B_1 点或 B_2 点）。假设断开 B_1 点，并在 R_3 断开端输入一幅值适当的方波，用示波器测量 u_{o2} 端输出是否为正常三角波，如果无三角波输出或输出的波形异

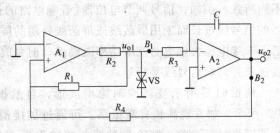

图 3-22 方波—三角波产生电路

常，那么可以肯定是积分器 A_2 工作异常，否则则是过零比较器 A_1 工作异常。确定异常部位后，可对具体电路的工作情况进行细查，比如焊接故障、元器件参数不当、元器件损坏以及运算放大器故障等。

2. 波形产生电路中波形频率和波形质量的调整

电路振荡后，可用示波器来观测输出波形的质量并进行调整。本电路产生的方波和三角波频率相等，频率由下式决定：

$$f_0 = \frac{R_1}{4R_3 R_4 C} \tag{3-21}$$

三角波幅值 U_{OP} 由 R_1、R_4 和 U_z 决定，即

$$U_{OP} = \frac{R_4}{R_1} U_z \tag{3-22}$$

调整电路时，一般先调节 R_1，使三角波幅值满足要求，再调节 R_3 或 C，以调节频率值。如果输出方波和三角波的幅值不能达到设计要求，那么可通过调整反馈电阻 R_1 的值或改变双向稳压二极管 VS 的稳压值 U_z 进行调整；如果振荡频率不符合设计要求，那么可通过调整电阻 R_3 的值或积分电容 C 的值来进行调整，使之达到设计要求。为方便频率的调整，可用一固定电阻和一可变电阻串联后来代替 R_1 和 R_3，调整完成后测量等效电阻值，用标称电

阻替换。

3.5 功放电路的调试

3.5.1 功放电路调试概述

功放电路调试亦分为静态调试和动态调试，其中动态调试中包括性能参数测试。调试过程中应遵循先静态、后动态的原则。因功放电路为大信号电路，且与前置放大级、功率激励级相连，在实验组装中极易造成干扰，形成自激振荡，不消除自激振荡，动态调试就无法进行。为此，先对消振和性能参数测试进行介绍，再介绍 OCL、OTL 和集成功放电路的调试方法。

1. 消振

消除自激振荡是功放电路调试的重要内容，尤其是多级放大电路组成的音响电路。由于在多级放大电路中，各级集成运算放大器的开环增益很大，接成深度负反馈电路后，由于线路中分布电容、分布电感的存在，易形成正反馈，产生自激振荡。自激振荡多因设计、装接不当所致。例如，信号调节电位器(音响电路的音量、音调调节电位器)外壳未接地；接电位器的信号线过长而未用屏蔽线或屏蔽线外层的屏蔽网未接地；电源供给线在给功放电路供电后，未接电源去耦电路就给功率激励级、前置放大级等小信号电路供电；功放级电源线、地线过长并与弱信号线平行等。

调试时要用示波器检测输出波形，自激振荡波形如图3-23所示。如发现高频自激振荡，可通过加接消振电容或 RC补偿网络加以消除。消除自激振荡的过程是一个试验调整的过程。

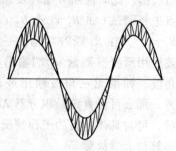

图 3-23　自激振荡波形

在分立元器件功放电路中，可采用以下办法加以试验：

1）可在激励级、功放级和晶体管的集电极与基极间并接负反馈电容加以试验。例如，在图 3-24 所示电路中的 V_2、V_3的集电极和基极间，在图 3-25 所示电路中的 V_1、V_3 的集电极和基极间并接一个 51pF 或 120pF 瓷介电容。

2）在电源上加接高频滤波电容。例如，图 3-25b 所示电路中，可在运放 μA741 的+12V、−12V 电源供给端 7 脚、4 脚各对地接 0.01 ~ 0.1μF 瓷介电容，加以试验。

集成功放电路中，应按要求加接消振电容或阻容补偿网络。下面结合具体电路加以说明。

例如，图 3-26a 所示 LA4102 应用电路中的 C_5、C_6、C_7；图 3-26b 所示 LM386 应用电路中的 R_1、C_3；图 3-26c 所示 TDA2030 应用电路中的 C_3、C_5、R_4、C_7 等。若已加接消振电容和阻容补偿网络仍然产生高频自激振荡，则一般为电容失效、容量偏差太大或装接不良所致。

低频自激振荡是因输出信号通过电源线、地线产生正反馈所致，可用以下方法进行观测。若发生以下情况，则说明产生低频自激振荡：①通过测 I_{cc} 进行观察，即将电流表串接在电路与电源间，电流表有规则左右摆动。②用示波器观测输出波形，波形上下抖动。

低频自激振荡一般可通过加接 RC 去耦电路加以消除。将一个几十欧电阻串接在功放电源供给线和激励放大级供给线之间，各级电源供给端与地间并接一个 $100 \sim 470\mu\text{F}$ 电解电容。因印制导线和各级电路均有电阻，也可在各级电源供给端与地间并接一个 $100 \sim 470\mu\text{F}$ 电解电容加以消除。

2. 电路主要性能参数（技术指标）**的测试**

（1）额定功率的测试　在测试额定功率时，在输出端接额定负载电阻 R_L，以代替扬声器等负载。用信号发生器输出额定频率（一般选 $f = 1\text{kHz}$）和在功放电路的输入端加 20mV 输入电压，用双踪示波器观测 u_i 与 u_o 波形，把失真度测试仪接在 R_L 两端监测 u_o 的波形失真情况。逐渐加大 u_i，直到输出幅度最大，且失真度测试仪显示的失真在允许范围内，测出此时对应的电压值，用 $P_{om} = U_{om}^2/(2R_L)$ 计算最大输出功率。

在输入额定电压的情况下，观测 u_i、u_o 波形并用失真度测试仪检测非线性失真系数。测得在额定输入电压情况下的输出电压 U_o，用 $P_o = \dfrac{U_o^2}{R}$ 计算额定功率。

（2）整机效率的测试　在功放电路与直流电源间串接一直流电流表，测出输出额定功率 P_o 时的电流 I_{CC}。同时用电压表测出电源供电电压 V_{CC}，计算电源消耗功率 $P_V = V_{CC}I_{CC}$，则效率为 $\eta = P_o/P_V \times 100\%$，或直接代入下式计算：

$$\eta = \frac{U_o^2}{V_{CC}I_{CC}R_L} \times 100\% \tag{3-23}$$

（3）输入阻抗的测试　输入阻抗的测试方法与放大器输入阻抗的测试方法相同。

（4）输入灵敏度的测试　使功放电路输出额定功率时所需的输入电压（有效值）称为输入灵敏度 U_s。输入灵敏度这一指标常用于音响放大器中。测试方法是把信号发生器加至放大器输入端，使输入电压从零逐渐增大，使 U_o 达到额定功率值时对应的输入电压值即为输入灵敏度。

（5）频率响应的测试　测试方法与电压放大器相同。

（6）非线性失真系数的测试　常用非线性失真系数（THD）衡量非线性失真，又称其为失真度，有的文献用 γ 表示。THD 定义为

$$\text{THD} = \frac{\sqrt{U_2^2 + U_3^2 + \cdots + U_n^2}}{U_1} \times 100\% \tag{3-24}$$

式中，U_1 为基波分量电压有效值；U_2、U_3、$\cdots$、U_n 分别为二次、三次、$\cdots$、n 次谐波分量电压有效值。

因在工程中实际测量被测信号的电压有效值较困难，而测被测信号的电压平均值较容易，常用测试非线性失真大小的仪器——失真度测试仪进行测量，测出的非线性失真系数为 $\text{THD}_0(\gamma_0)$；则

$$\text{THD}_0 = \frac{\sqrt{U_2^2 + U_3^2 + \cdots + U_n^2}}{\sqrt{U_1^2 + U_2^2 + \cdots + U_n^2}} \times 100\% \tag{3-25}$$

即 THD_0 为被测信号中各次谐波电压有效值与被测信号电压有效值之比的百分数。

$$\text{THD} = \frac{\text{THD}_0}{\sqrt{1 + \text{THD}_0^2}} \tag{3-26}$$

当 $THD_0 < 30\%$ 时，$THD = THD_0$；当 $THD_0 > 30\%$ 时，则应按式(5-26)计算 THD_0。

失真度测试仪是依据抑制基波测量法制成的，其中设有中心频率可调的带阻滤波器，用来滤除被测信号的基波分量，设有电压表以失真度刻度直接指示非线性失真系数的测试结果。用失真度测试仪测量非线性失真系数时应注意以下问题：

1) 调试过程中应最大限度地滤除基波成分，因此要反复调节带阻滤波器电路中的调谐、微调和相位旋钮。

2) 测量电路的非线性失真系数时，应在被测电路的通频带范围内选择多个测试频率点进行多次测试。除了上、下截止频率外，还应在中间频率段选几个测试点逐一进行非线性失真系数的测量，最后取其中最大的一个作为被测电路的非线性失真系数。

3) 在测试用信号源输出非线性失真系数不能忽略不计的情况下，被测电路的实际非线性失真系数，近似等于电路输出信号非线性失真系数减去输入信号非线性失真系数。

4) 调试过程中一般应用示波器监视信号，这样既可发现引起非线性失真的谐波成分，又可发现干扰。

3. 调试注意事项

在调试过程中应注意以下问题：

1) 为防止功放电路对其他电路或前级电路产生影响，功放电路的电源线要单独连接，接线不要交叉，且尽可能地短。

2) 测试 P_{om} 时，最大输出电压 U_{om} 测量后应迅速减小输入电压 u_i，以免因测量时间过长而损坏功放级，因此时输入电压是不变的，而正常工作时，u_i 一般是交变的。

3) 调试过程中，在功放电源回路中应串接一块电流表，一方面用来观察是否发生低频自激振荡，另一方面用来测 I_{CC}，可发现静态电流 I_{CC0} 是否过大。如过大应关断电源，检查产生原因，防止过电流损坏功放级。判断静态电流是否过大，可通过查阅手册中 I_{CC0} 值，与实测值加以比较。如 TDA2030A 的 $I_{CC0} < 40mA$，LA4102 在 $V_{CC} = 9V$ 时 I_{CC0} 为 $15mA$。动态电流有效值可用公式 $I_{CC} = P_o / V_{CC}$ 计算后，与实测值进行比较。

3.5.2　分立元器件 OTL 电路的调试

1. 典型电路简介

分立元器件 OTL 实用电路如图 3-24 所示。图中，R_{P1}、R_1、R_2、R_{E1} 和 V_1 组成分压式射极偏置电路，为功放管激励。R_{C1} 为 V_1 集电极负载电阻。V_2、V_4 组成 NPN 型复合管，V_3、V_5 组成 PNP 型复合管。R_7、R_8 为电流串联负反馈电阻。R_4、R_6 为复合管穿透电流分流电阻，用以减小复合管总穿透电流，提高复合管的热(温度)稳定性。

因 VD_1、VD_2 动态电阻很小，可变电阻 R_{P2} 串入的阻值也不大，但信号从 V_2 射极输出，其电压增益约为 1，而信号从 V_3 集电极输出，一般大于 1，使输入 V_4、V_5 的信号幅度不相等。为使上、下两部分增益一致，在 V_3 发射极与 K 之间加接电阻 R_5，并取 $R_5 = R_6 // R_{i5}$（R_{i5} 为 V_5 的输入电阻），使 V_3 的电压也近似为 1。为使上、下两部分直流平衡，V_2 集电极亦串接 R_3，$R_3 = R_5$。R_3、R_5 为平衡电阻。为使上、下两部分平衡，可在 R_{P2} 两端并接 $47\mu F$ 电解电容。

图 3-24 中，C_2 为自举电容。若不接 C_2，输入信号越强，V_2、V_4 导通越充分，U_K 上升越多，U_{BE2}、U_{BE4} 减小，输出电流随之减小，限制输出功率提高。加入 C_2 后，因充放电时间

常数大，U_{C2} 可视为基本不变，当 V_2、V_4 导通时，使 U_K 上升，G 点电位随之上升，$U_G = U_K + U_{C2}$ 可高于 V_{CC}，使 U_{BE2}、U_{BE4} 升高，保证 V_2、V_4 输出大电流，提高输出功率。R_9 为隔离电阻，防止输出信号经 C_2 对地短路。

2. 中点电位调试

接通电源，把万用表置于直流电压档，接在图 3-24 所示电路的输出端 K 与地之间，调节 R_{P1}，使 K 点电位为电源电压的一半，即 $U_K = V_{CC}/2$。

3. 交越失真的消除

在 OTL 电路输入端输入 $1\,\text{kHz}$、$100\,\text{mV}$ 正弦波信号，电路输出端接示波器观测输出波形，改变 R_{P2}，改变准互补对称功放（复合）管的偏置，边调边观测输出波形，使交越失真刚好消除即可。

需要指出的是，因激励级 V_1 与输出级 V_2、V_4 及 V_3、V_5 采用直接耦合方式，静态工作点相互牵制，在调节 R_{P1} 时将改变前置放大管 V_1 的集电极静态电流 I_{C1}

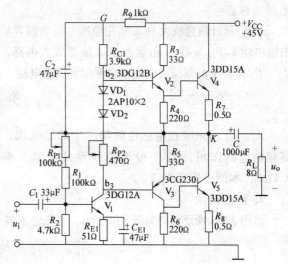

图 3-24　分立元器件 OTL 实用电路

的大小，从而影响 V_2、V_3 两管基极的偏置电压，因而有可能重新产生交越失真。调节 R_{P2} 虽能消除交越失真。但又会影响 K 点电位。因此，要反复调节 R_{P1}、R_{P2} 才能达到调试要求，使 $U_K = V_{CC}/2$，同时输出波形刚好消除交越失真。

注意：调试过程中如将 VD_1、VD_2、R_{P2} 支路断开，会使功放管因静态电流过大而损坏。

一般在调试结束后，R_{P1}、R_{P2} 可用固定电阻替代，以免电位器滑动臂触点接触不良引起工作点不正常，甚至使功放管因静态电流过大而损坏。

4. 电路主要性能参数测试

电路主要性能参数测试按 3.5.1 节所述方法进行。

3.5.3　分立元器件 OCL 电路的调试

1. 典型电路简介

（1）晶体管前置放大 OCL 电路　晶体管前置放大 OCL 电路如图 3-25a 所示。在要求输出功率较大的情况下，要选一对互补的且参数相同的大功率管较困难，可采用图示的复合管作为大功率管。V_1、V_3 可选小功率管，V_2、V_4 选大功率管。V_1 与 V_3、V_2 与 V_4 的参数要各自相同或复合管的等效 β 值相等。

图 3-25a 中 R_1、R_2、R_P、VD_1、VD_2 组成功放复合管的静态偏置电路，VD_1、VD_2 正偏导通。静态时复合管处于微导通状态，使输出级工作于甲乙类状态，以克服交越失真。R_7、R_8 组成电流串联负反馈电路，以提高电路的稳定性，减小非线性失真。该电阻一般为 0.5Ω 至几欧，选得过大，会降低电路效率。

R_4、R_6 为复合管穿透电流分流电阻，用以减小复合管的总穿透电流。其值太大会降低输出功率，使效率降低，太小则影响复合管的稳定性。

R_3、R_5 为平衡电阻。因 V_1 为 NPN 型管，V_3 为 PNP 型管，其导电形式不同，信号输出接法亦不同。V_1 射极输出组态，$A_u \approx 1$；V_3 集电极输出组，$A_u > 1$，且输入阻抗也不相等，致使加至 V_1、V_3 基极的信号不对称。加入两个相等的电阻 $R_3 = R_5$，使输出信号正半周、负半周对称。

（2）运放前置放大 OCL 实用电路　运放前置放大 OCL 实用电路如图 3-25b 所示。本电路要求输出功率 $P_{om} \geqslant 4W$，由运放组成前置放大电路，功放部分的原理与图 3-25a 相同。R_{P1}、R_{12}、R_{13}、C_2 使整个电路构成电压串联深度负反馈电路，该电路的电压增益可由下式估算：

$$A_{uf} = 1 + \frac{R_{P1} + R_{12}}{R_{13}} \tag{3-27}$$

R_9、C_3 用来吸收电感性负载产生的过电压，避免击穿功放管，同时它具有改善扬声器高频响应的作用，R_9 一般取几欧至几十欧，本例中取 30Ω。C_3 一般取零点零几微法至 $0.1\mu F$，本例中取 $0.1\mu F$。

2. 静态调试

以图 3-25a 所示电路为例予以介绍。首先输入耦合电容 C_1 左端接地，然后接通电源（±12V），

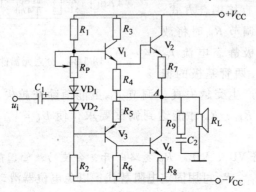

a）晶体管前置放大 OCL 电路

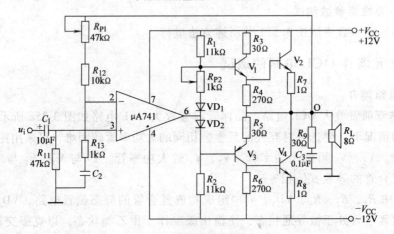

b）运放前置放大 OCL 实用电路

图 3-25　分立元器件 OCL 实用电路

用万用表测 R_1 或 R_2 的电压约为 11V。用万用表测输出端静态电压 U_0，改变 R_P，使 $U_0 \approx 0$。

3. 动态调试

以图 3-25b 所示电路为例予以介绍。用低频信号发生器或函数信号发生器输出 100mV、1kHz 正弦信号接输入端，用示波器观测输出波形，改变 R_{P2}，使输出波形交越失真最小。调节 R_{P1}，改变放大电路增益，使输出电压的峰值不小于 11V，使之满足输出功率 $P_{om} \geqslant 4W$ 的要求。

电路主要性能参数测试按 3.5.1 节所述方法进行。

3.5.4　集成功放电路的调试

集成功放电路调试亦分为静态调试和动态调试。

1. 电路简介

（1）LA4102 组成的实用电路　图 3-26a 为 LA4102 组成的实用电路。

C_2、C_4 为滤波电容，滤除纹波，一般取几十微法至几百微法。本例中，C_2 取 100μF，C_4 取 200μF。

C_5 起相位补偿作用，用以消除高频自激振荡。一般取几十皮法至几百皮法。发现高频自激振荡时，可改变 C_5 的电容值加以消除。

C_6 为反馈电容，用以消除自激振荡。一般取几百皮法。本例中取 560pF。

C_9 为电源去耦滤波电容，用以消除低频自激振荡，一般取几百微法。其容量大，效果好，但价格较高。本例中取 470μF。

C_8 为自举电容，用以保证 LA4100~4102 集成功放内部 NPN 型功率输出复合管 V_{12}、V_{14} 的导通电流不随输出电压升高而减小，提高最大不失真输出功率。一般取几十微法至几百微法，本例中取 220μF。

C_{10} 为 OTL 电路输出电容，它既是输出信号的耦合电容，又起替代负电源的作用。两端充电电压 $U_{C_{10}} = V_{CC}/2$，一般取耐压 $U_n > V_{CC}/2$ 的几百微法电容。LA4102 的主要技术指标参数如表 3-2 所示。

表 3-2　LA4102 的主要技术指标参数

参数名称	符号	单位	数值	测试条件	参数名称	符号	单位	数值	测试条件
电源电压	V_{CC}	V	6~13	—					$V_{CC} = 9V$
静态电流	I_{CC0}	mA	15	$V_{CC} = 9V$	输出功率	P_o	W	2.1	$R_L = 4\Omega$ THD = 1%
输入阻抗	R_i	kΩ	20	$f = 1kHz$					$f = 1kHZ$

（2）LM386 组成的实用电路　图 3-26b 所示为 LM386 组成的实用电路。

LM386 有两个信号输入端，2 脚为反相输入端，3 脚为同相输入端，每个输入端的输入阻抗均为 50 kΩ，而且输入端对地的直流电位接近于零，即使输入端对地短路，输出端直流电平也不会产生大的偏离。图 3-26b 中，信号从 3 脚同相输入端输入，从 5 脚经耦合电容 C_4 输出。7 脚所接电容 C_2 为去耦滤波电容，取几十微法，本例中取 20μF。R_{P2} 与 C_1 组成增益调整电路。C_4 为 OTL 电路输出电容，取几百微法，本例中取 220μF，耐压值 $U_n > V_{CC}/2$。

R_1、C_3 组成阻容吸收网络，用来吸收电感性负载产生的过电压，避免击穿芯片内的功放管；同时具有改善扬声器高频响应，消除自激振荡的功效。R_1 一般取几欧至几十欧，本

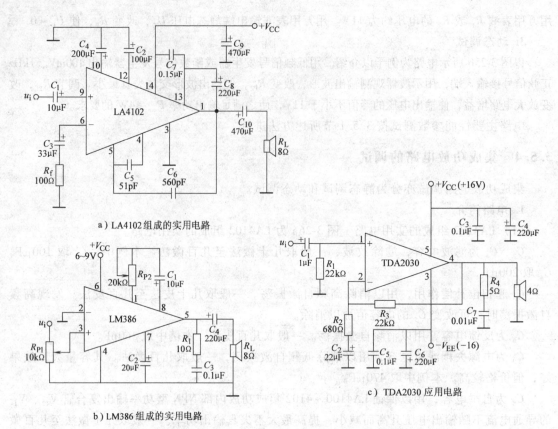

a）LA4102 组成的实用电路

b）LM386 组成的实用电路

c）TDA2030 应用电路

图 3-26　集成功放电路图

例中取 10Ω。C_3 一般取零点零几微法至 $0.1\mu F$，本例中取 $0.1\mu F$。

（3）TDA2030 组成的应用电路　图 3-26c 是由 TDA2030 组成的双电源应用电路。

C_3、C_5 为高频去耦滤波电容，滤除电源高频干扰，一般取值 $0.01 \sim 0.1\mu F$，本例中取 $0.1\mu F$。C_4、C_6 为低频去耦滤波电容，滤除电源低频干扰，取 $220\mu F$。R_4、C_7 组成阻容吸收网络，用以避免电感性负载产生的过电压击穿芯片内的功率管，同时具有改善扬声器高频响应，消除自激振荡的功效。R_1 为芯片输入级偏置电阻，为输入端提供直流通路，取几十千欧，本例中取 $22k\Omega$。TDA2030A 的主要技术指标参数如表 3-3 所示。

表 3-3　TDA2030A 的主要技术指标参数表

参　数	符号及单位	数　值	测试条件	参　数	符号及单位	数　值	测试条件
电源电压	V_{CC}/V	$\pm(6 \sim 18)$	—	输入阻抗	$R_i/k\Omega$	140	$A_u = 30dB$ $R_L = 4\Omega$ $P_O = 14W$
静态电流	I_{CC}/mA	$I_{CC0} < 40$	—				
输出峰值电流	I_{OM}/A	3.5					
输出功率	P_O/W	14	$V_{CC} = 14V$ $R_L = 4\Omega$ $THD < 0.5\%$ $f = 1kHz$	$-3dB$ 功率带宽	BW/Hz	$10 \sim$ 1.4×10^5	$P_O = 14W$, $R_L = 4\Omega$
				谐波失真	$THD(\%)$	< 0.5	$P_O = 0.1 \sim 14W$, $R_L = 4\Omega$

2. 静态调试

静态调试时，将输入电容输入端对地短接，用电流表测 I_{CC0}，看是否符合手册中规定的 I_{CC0} 值。用电压表测集成功放输出端的对地电压。若电路接成 OCL 电路，则 $U_0 = 0$；若接成 OTL 电路，则 $U_0 = \frac{1}{2} V_{CC}$。为判断集成功放工作是否正常，可测各引脚的对地电压，并与正常工作时的典型值比对。

3. 动态调试

集成功放电路的输入灵敏度可通过调整外接负反馈电阻加以调整。在规定输入电压的情况下，在功放电路输入端加入 1kHz 规定电压值正弦信号，通过调整外接负反馈电阻使之达到额定输出功率。

集成功放电路的电压放大倍数与芯片内部电路、引脚功能、电路组态及其外接元器件电阻阻值有关。各种芯片的电压放大倍数估算公式不尽相同，可通过查阅元器件手册等参考文献获得。

图 3-26a 所示电路中，R_f 与芯片内部的负反馈电阻 R_{11} 组成电压串联负反馈电路，电压放大倍数由下式估算：

$$A_{uf} = 1 + \frac{R_{11}}{R_f} \tag{3-28}$$

式中，R_{11} 是一定值电阻，阻值为 20kΩ。所以，只要调整 R_f 阻值即可改变电压放大倍数，从而使功放电路达到额定功率。

图 3-26b 所示电路中，A_{uf} 由下式估算：

$$A_{uf} = \frac{2R_5}{R_3 + R_{P2} /\!/ R_4} \tag{3-29}$$

式中，R_3、R_4、R_5 均为芯片内的电阻，$R_3 = 150\,\Omega$，$R_4 = 1.35\text{k}\Omega$，$R_5 = 15\text{k}\Omega$。

图 3-26c 所示电路中，由外接电阻决定电压放大倍数，A_{uf} 由下式估算，调整 R_2、R_3 阻值，即可调整电压放大倍数。

$$A_{uf} = 1 + \frac{R_3}{R_2} \tag{3-30}$$

3.6　电源电路的调试与故障诊断

3.6.1　电源电路主要性能参数的测试

各类电源设备如电源转换器、移动通信电源和通信电源等都有一个标准和规范，对其中各项性能参数测试用的仪器设备名称、等级、测试电路和测试方法等都做了明确的规定，必须照章执行。本节所述电源电路性能参数测试是指电子设备内所用各类电源电路的测试，为常用性能参数的测试，它是电源电路调试的重要内容之一。

1. 最大输出电流与输出电压测试

最大输出电流是指稳压电源正常工作情况下能输出的最大电流，用 I_{OM} 表示。输出电压是指稳压电源中稳压器的输出电压。测试电路如图 3-27 所示。

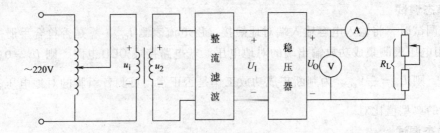

图 3-27　电源电路性能参数测试电路

测试方法：调整负载电阻，使 $R_L = U_0/I_0$，交流输入电压 U_i 调节到 220V，测出 U_0，即为输出电压值。再调节 R_L，使 R_L 值逐渐减小，直到 U_0 值下降 5%，此时负载 R_L 中的电流即为 I_{OM}。

测试时应注意以下两点：

1）为提高测试精度，减小误差，应用直流数字电压表测量。

2）在测 I_{OM} 时，记下 I_{OM} 后应迅速增大 R_L 以减小稳压器功耗。

2. 稳压系数 S_γ 测试

稳压系数是表征稳压电源在电网电压变化时，输出电压稳定能力的参数，即输出电流不变时，输出电压相对变化量与输入电压相对变化量之比。即

$$S_\gamma = \left. \frac{\dfrac{\Delta U_0}{U_0}}{\dfrac{\Delta U_i}{U_i}} \right|_{\Delta I = 0} \times 100\% \qquad (3\text{-}31)$$

由于工程中常把电网电压波动 ±10% 作为测试条件，因此将该条件下输出电压的相对变化量作为衡量指标。

测试电路同图 3-27，测试方法如下：

先调节 R_L，达到满负载后保持不变，然后调节自耦变压器，使交流输入电压 U_{i1} = 242V，测试此时对应输出电压 U_{01}；再调节自耦变压器使 U_{i2} = 198V，测试此时的输出电压 U_{02}，然后再测出 U_i = 220V 时对应的输出电压 U_0，用稳压系数公式计算：

$$S_\gamma = \frac{\dfrac{\Delta U_0}{U_0}}{\dfrac{\Delta U_i}{U_i}} \times 100\% = \frac{220}{242 - 198} \times \frac{U_{01} - U_{02}}{U_0} \times 100\% \qquad (3\text{-}32)$$

为提高测量精度，输出电压需用直流数字电压表测量。

3. 纹波电压的测量

稳压后输出的直流电压中，仍含有交流成分。纹波电压是指叠加在输出电压上的交流分量。纹波电压为非正弦量，常用峰—峰值来表示 $\Delta U_{OP\text{-}P}$，一般为毫伏级。可用示波器进行测量，其方法是将示波器 Y 轴输入耦合开关置于 "AC" 档，选择适当 Y 轴灵敏度旋钮的档位，便可观察到清晰的脉动波形，从波形图中读出峰—峰值。

4. 效率测试

效率为总输出功率 P_0 与输入有效功率 P_I 之比。

$$\eta = \frac{P_O}{P_I} = \frac{\sum U_{Oj} I_{Oj}}{P_I} \times 100\% \tag{3-33}$$

式中，j 为输出的路数。测试时负载电流应调至额定值。

对于 DC/DC 类电源：

$$\eta = \frac{\sum U_{Oj} I_{Oj}}{U_I I_I} \times 100\% \tag{3-34}$$

3.6.2　整流滤波电路的调试及常见故障分析

在整流滤波电路的调试中需熟记各类整流滤波电路的输出电压与变压器二次侧电压有效值 U_2 的关系，以便分析、排除故障。各类整流滤波电路的输出电压平均值 $U_{O(AV)}$ 与 U_2 的关系如表 3-4 所示。

表 3-4　各类整流滤波电路的输出电压与 U_2 的关系表

整流滤波电路名称	U_O 与 U_2 的关系	整流滤波电路名称	U_O 与 U_2 的关系
半波整流	$U_{O(AV)} = 0.45 U_2$	半波整流电容滤波	$U_{O(AV)} = U_2$
全波整流	$U_{O(AV)} = 0.9 U_2$	全波整流电容滤波	$U_{O(AV)} = 1.2 U_2$
桥式整流	$U_{O(AV)} = 0.9 U_2$	桥式整流电容滤波	$U_{O(AV)} = 1.2 U_2$
桥式整流（π 形滤波）	$U_{O(AV)} = 1.2 U_2 \dfrac{R_L}{R + R_L}$		

对所有整流滤波电路，若负载 R_L 开路，则 $U_O \approx \sqrt{2} U_2$。在整流滤波电路调试过程中常见的故障分析，通过图 3-28 所示桥式整流电容滤波电路加以说明。

图中，变压器二次侧电压为 10V。若测得输出电压分别为 4.5V、9V、10V、14V，试分析电路工作是否正常，若不正常，分析故障原因。

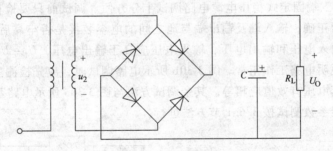

图 3-28　桥式整流电容滤波电路

本电路工作正常时，$U_{O(AV)} = 1.2 U_2 = 12V$。若测得上述数据，则说明电路有故障。

1）测得输出电压为 4.5V，这一电压符合半波整流电路的输入输出关系，说明桥式整流电容滤波电路变成半波整流电路。估计故障原因：①桥式整流二极管其中有一个开路，可能其中一个二极管虚焊或断开。②滤波电容开路。

2）测得输出电压为 9V，说明电路变成桥式整流电路，滤波电容断开。

3）测得输出电压为 10V，说明电路变成半波整流电容滤波电路，桥式整流二极管中有一个开路。

4）测得输出电压为 14V $\approx \sqrt{2} U_2$，说明负载电阻开路。

101

3.6.3 并联稳压电路的调试

硅稳压管组成的并联稳压电路如图 3-29 所示。调试过程中，先测 U_2、U_1 和 U_0 值。图 3-29 所示电路中 U_1 为桥式整流电容滤波电路的输出电压，电路工作正常的情况下，$U_1 = 1.2U_2$，$U_0 = U_Z$。电路主要性能参数测试参照图 3-27 及 3.6.1 节进行，恕不赘述。若在调试过程中测得 $U_0 = 0.7V$，则是因为稳压管极性接错，使之正偏导通所致。若测得 U_0 约等于或小于 $0.45U_2$，估计是桥式整流电容滤波电路变为半波整流且滤波电容断开不起滤波作用，致使稳压管不能反向击穿，输出电压由负载电阻与限流电阻分压而得：

$$U_0 = \frac{R_L}{R_L + R}U_1 < 0.45U_2$$

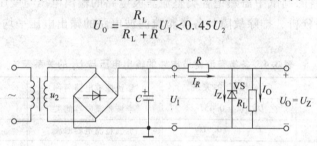

图 3-29　硅稳压管组成的并联稳压电路

3.6.4 三端线性集成稳压电源的调试

1. 三端固定式稳压电源的调试

三端固定式稳压电源电路如图 3-30 所示，图 3-30a 为输出正电压电路，图 3-30b 为双电源供电电路。二极管为保护二极管，防止集成稳压器输入端（如 A 点）断开时，与原输出电压极性相反的电压，通过负载电阻加至集成稳压器输出端而使其损坏。

图 3-30a 所示三端固定式稳压电源电路调试十分方便。调试前只要检查输入端、输出端和接地端连接是否正确，输入端及输出端与地之间的电容装接是否牢靠后，即可进行调试。先用电压表测试输入电压和输出电压，输入电压应高于输出电压，$U_1 - U_0 > 2V$。输出电压若为标称值，则说明电路工作正常。图 3-30b 所示电路调试时，应先检测变压器两个二次绕组的二次电压，其电压有效值应相等。其余调试方法与图 3-30a 所示电路基本相同。

电路主要性能参数测试按 3.6.1 节方法进行。

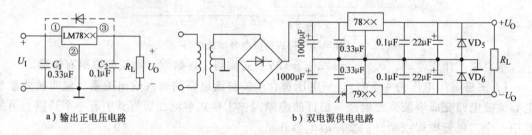

a）输出正电压电路　　　　　　　　　　b）双电源供电电路

图 3-30　三端固定式稳压电源电路

三端固定式电流扩展电路调试线路如图 3-31 所示。电流表 A_1 用于监测 I_{C1}，A_2 用于监测 I_2。若 $R_1 = 0.5\Omega$，则调节 R_L 由大变小，当 $I_2 = 1.4A$ 时，晶体管 V 应导通扩流，并测出扩流时 R_1 两端电压 U_1。当 $I_2 \geq 1.4A$ 时 V 尚不能扩流，应增大 R_1 阻值，以保证集成稳压器不致过电流损坏。

R_1 与晶体管 V 的 β_1 值有关。在调换 V 时应更换 R_1。R_1 由下式估算：

$$R_1 = \frac{U_{BE1}}{I_2 - \dfrac{I_{C1}}{\beta_1}} \qquad (3\text{-}35)$$

2. 三端可调式集成稳压电源的调试

三端可调式集成稳压电源电路如图 3-32 所示。调试时分别测出 U_I、U_{REF}、U_O。图示电路中 $U_I = 40V$，CW317 输出端和 ADJ 端之间的电压 $U_{REF} \approx 1.2V$。测 U_O 时调节 R_2，U_O 应在 1.2 ~ 37V 间变化，说明电路工作正常。

电路主要性能参数测试按 3.6.1 节方法进行。

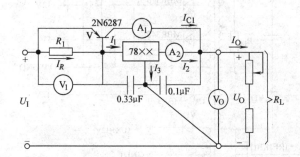

图 3-31　三端固定式电流扩展电路调试线路　　图 3-32　三端可调式集成稳压电源电路

3.6.5　开关电源的调试及故障诊断

开关电源调试过程中需进行电源基本性能参数的调试，这些参数为电压稳定度、负载稳定度、纹波电压和效率等。测试方法与 3.6.1 节所述相同。

除测试上述基本参数外，还需进行以下一些性能参数的测试和调整。下面结合实际电路予以介绍。

1. 典型 PWM 开关电源实用电路

由 UC3845 组成的 PWM 开关电源电路如图 3-33 所示，这是一个有多种电压输出的微机系统供电电路。

图 3-33a 所示为整流滤波电路。C_{21}、C_{22}、C_{23}、C_{24}、L_1 组成电源滤波器。VS 为瞬态电压抑制二极管，当其受到瞬态高压脉冲浪涌电压冲击时，能以 10^{-12}s 数量级的响应速度由高阻关断状态跃变为低阻导通状态，将电压钳位在预定值，达到限幅保护目的。本例 VS 为双极型瞬态电压抑制二极管，限幅电压值为 $\pm 400V$。

如图 3-33b 所示开关电源主电路由场效应晶体管 IRF1830 作为功率开关管，VD_{11}、R_{14}、C_5 组成阻容吸收保护电路，防止在功率开关管关断时脉冲变压器产生的瞬时高压击穿场效应晶体管。

（1）PWM 控制器　PWM 控制器选用 UC3845 芯片。UC3842 ~ 3845 系列是工业中常用的控制芯片，它为电流控制型 IC，UC3844 ~ 45 能把占空比 δ 限制在 50% 以内，本例中选用 UC3845A。

UC3845 系列包括 3842/3/4/5 四种，UC3842A 系列同样有 2A、3A、4A、5A 四种，其内

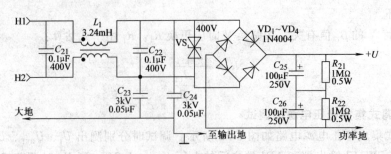

a）整流滤波电路

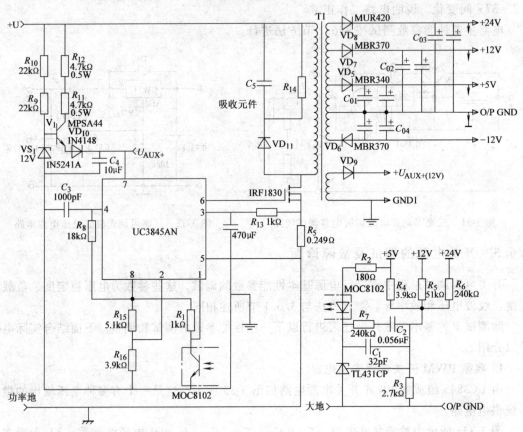

b）开关电源电路

图 3-33 由 UC3845 组成的 PWM 开关电源电路

电路框图完全相同，是 UC3842 系列的增强版。UC3842/3/4/5 内部结构框图如图 3-34 所示。

UC3842/3/4/5 主要性能指标如下：

①最高电源电压：36V。②驱动输出峰值电流：1A。③最高工作频率：500kHz。④基准源电压：5V。⑤误差放大器开环增益：90dB，单位增益带宽：1MHz，输入失调电流：0.1μA。⑥电流放大器放大倍数为 3 倍，最大输入差分电压为 1V。

UC3842A、3844A 的欠电压封锁的导通门限电压（启动电压）为 16V，欠电压封锁的关断门限电压为 10V，滞后电压为 10V；UC3843A、3845A 的欠电压封锁的导通门限电压为

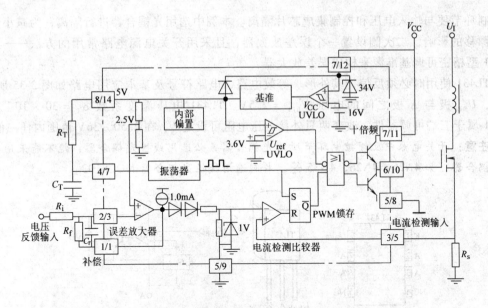

图 3-34　UC3842/3/4/5 内部结构框图

8.5V，欠电压封锁的关断门限电压为 7.9V，滞后电压为 0.6V。UC3842A/43A 的最大占空比为 100%，44A/45A 的最大占空比为 50%，另外，UC3842A/3A/4A/5A 的启动电流由 UC3842 系列的 1mA 降至 0.5mA。

UC3842 系列与 UC3842A 系列引脚排列相同。图 3-34 中斜线左侧为 DIL-8 封装，斜线右侧为 SOIC-14 封装，对于 DIL-8 封装：①脚（COMP）为误差放大器补偿脚。②脚（U_{FB}）为误差放大器反相输入端，取样反馈电压接至该脚。③脚（I_{SENSE}）为电流取样比较器同相输入端。④脚（R_T/C_T）外接电阻 R_T、电容 C_T 决定振荡器频率。⑤脚（GND）为接地脚。⑥脚（OUT PUT）为输出脚，该脚输出低电平为 1.5V，输出电流（平均值）为 200mA，输出高电平为 13.5V，输出电流（平均值）为 200mA，输出峰值电流为 ±1A。⑦脚（V_{CC}）为电源脚。⑧脚（V_{REF}）为基准电压输出端，输出 +5V 电压，电流可达 5mA，可给外电路供电。采用 SOIC-14 封装形式，第⑨脚（PWR GND）为功率地，为电路中大电流地线接地点，以提高抗干扰能力。

UC3842 系列的振荡频率由④脚外接 R_T、C_T 决定：

$$f_{S(kHz)} = \frac{1.72}{R_{T(k\Omega)} C_{T(\mu F)}} \tag{3-36}$$

注意：UC3842/42A 和 UC3843/43A 的输出频率等于振荡器的频率。而 UC3844/44A 和 UC3845/45A 因振荡器信号经二分频器分频后输出，所以输出频率为振荡器频率的一半，即采用 UC3844/44A 和 UC3845/45A 时，振荡频率为工作频率的两倍，故在同样的工作频率下，R_T 或 C_T 只需 42/43 系列的一半。

本例中，取 $C_3 = 1000pF = 0.001\mu F$，开关频率为 50kHz，采用 3845A 其振荡频率应为 100kHz，可求得

$$R_8 = \frac{1.72}{100kHz \times 0.001\mu F} = 17.2k\Omega$$

取标称值 18kΩ。

（2）电压反馈控制环节　为提高抗干扰能力和满足电磁兼容（EMI）技术指标，电压反

馈控制环节要与输入电压和控制集成芯片隔离。本例中选用光耦合器进行隔离，为减小光耦合器漂移的影响，二次侧设置一个误差放大器，且采用开关电源电路常用的方法——采用 TL431 型精密可调基准源来构成误差放大器。

TL431 使用时必须反偏，其外形、等效电路、电路符号及基本应用电路如图 3-35 所示。其中，U_{REF} 极与 A 极之间的电压 $U_{REF} = 2.5V$。TL431 电压温度系数 $\alpha_T = 30 \times 10^{-6}/℃$。TL431 属于三端可调器件，改变两只外接分压电阻可设定 U_{KA} 在 2.50 ~ 36V 范围内任一值。

注意： 开关电源中反馈控制环节所用光耦合器务必选用线性光耦合器，绝不能采用非线性光耦合器，如 4N25、4N26、4N35 等，本例选用线性光耦合器 MOC8102。

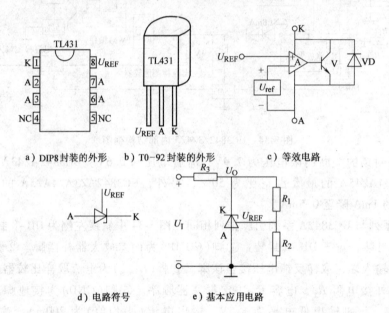

a）DIP8 封装的外形　　b）TO-92 封装的外形　　c）等效电路

d）电路符号　　　　　e）基本应用电路

图 3-35　TL431 的外形、等效电路、电路符号及基本应用电路

$$U_O = U_{KA} = \left(1 + \frac{R_1}{R_2}\right) 2.5V \qquad (3\text{-}37)$$

图 3-35e 中 R_3 为限流电阻，按以下原则选取：当 U_I 为最小值时，必须保证 $1mA \leqslant I_{KA} < 100mA$，使 TL431 能正常工作。

由 TL431 与光耦合器构成的电压反馈、取样电路如图 3-36 所示。

因 UC3845 内部有一误差放大器，采用外接误差放大器时，要把内部误差放大器旁路掉，且光耦合器要能驱动原来由内部误差放大器所驱动的电路。由于内部误差放大器有一 1.0mA 的电流源，为使电路工作，TL431 要从光耦合器上取得 1.0mA 的电流。所有控制电流均叠加在这一电流上。外加误差放大器后，应使原芯片内的误差放大器不起放大作用。本电路采用外接固定直流电压加到误差放大器反相输入端的方法加以解决。从图 3-34 可知，内部误差放大器同相输入端电压为固定的 2.5V，为使误差放大器输出端有一固定静态电流输出，反相输入端电压应略低于 2.5V。取 $R_{16} = 3.9k\Omega$，$R_{15} = 5.1k\Omega$，则

$$U_{R16} = \frac{3.9}{3.9 + 5.1} \times 5V \approx 2.17V$$

符合要求。

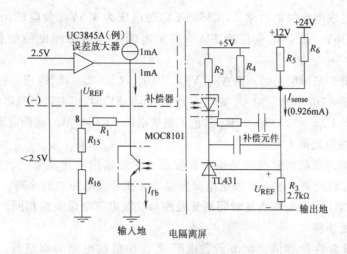

图 3-36 电压反馈、取样电路

（3）电压取样电路　电压取样电路如图 3-36 所示。

电压取样电路要检测每个正极性电压输出的变动情况，要合理设计每一个输出端取得反馈量的比例，以满足应用要求。本例中 +5V 是给微处理器和 HCMOS 逻辑电路供电的，其误差要严格控制在 0.25V 以内。+12V 是给运放和接口 RS232 驱动供电的，对电源波动相对而言不敏感。+24V 输出只要误差在 ±2V 以内均无大碍。因而，各部分检测电流占反馈量比例分配如下：+5V 占 70%；+12V 占 20%；+24V 占 10%。这样就可求得各检测电阻。

+5V 检测电阻 R_4：

$$R_4 = \frac{5V - 2.5V}{0.7 \times 0.926mA} = 3857\Omega$$

取标称值 3.9kΩ。

+12V 检测电阻 R_5：

$$R_5 = \frac{12V - 2.5V}{0.2 \times 0.926mA} = 51296\Omega$$

取标称值 51kΩ。

+24V 检测电阻 R_6：

$$R_6 = \frac{24V - 2.5V}{0.1 \times 0.926mA} = 232.18k\Omega$$

取标称值 240kΩ。

（4）电流检测（过电流保护）电路　UC3842 系列芯片为电流控制型 PWM 芯片，通过接在 MOSFET 源极的电阻 R_s 检测变压器一次侧电流大小。电流取样比较器反相输入端电压钳位于 1V，当 $U_{RS} = 1V$ 即电流比较器同相输入端电压为 1V 时，电流取样比较器翻转，使芯片输出处于关闭状态，实现过电流保护。为预防电路过于频繁关闭，正常工作时取 $U_{SE(max)} = 0.7V$，通过电路参数估算，已知峰值电流 $I_{LP} = 2.81A$，则

$$R_s = \frac{U_{SE(max)}}{I_{LP}} = \frac{0.7V}{2.81A} = 0.249\Omega$$

在测试阶段，如发现在最小输入电压下，电源无法提供满载功率，就需要减小 R_s 电阻值。

（5）启动和集成电路供电电路　UC3845A 启动电压为 8.5V，欠电压锁定电压为 7.9V，最大供电电压为 36V，取供电电压为 12V。开关电源工作后由辅助绕组整流电容滤波后供电。

启动电路在图 3-33b 左上侧，由 V_1、VS_1、VD_{10}、C_4、$R_9 \sim R_{12}$ 构成。在电路刚启动时，V_1 处于放大状态，VD_{10} 导通，对 C_4 充电，当 $U_{C4} = 8.5V$ 时，UC3845A 启动，开关电源工作，向外供电。当 $U_{AUX} = 12V$ 时，VD_{10} 截止，集成电路 UC3845A 由辅助电源电路供电。

2. 瞬态负载恢复时间 t_r 测试

（1）定义　瞬态负载恢复时间是指负载阶跃变化使输出电压从第一次离开稳压区到最后进入稳压区的时间间隔，这一参数是电源负载效应在开关电源中的体现。

（2）测量线路　瞬态负载恢复时间测量线路与纹波电压测量线路相同，如图 3-37 所示。

（3）测量方法步骤

将输入电压设置在标称值，调节负载电阻 R_L，使负载电流为额定值。然后反复断开、闭合开关 S，用示波器观测并记录输出电压的恢复时间（响应时间），求得的最大值即为瞬态负载恢复时间。

开关 S 不断断开、闭合，相当于电源负载电流不断在空载和额定值之间变化。可测得负载电流 I_o 和输出电压 U_o，电源暂态波形如图 3-38 所示，图中 t_r 即为瞬态负载恢复时间，电压变化幅度即为过冲幅度。

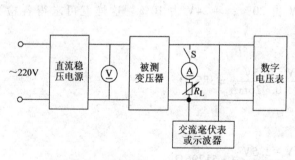

图 3-37　纹波电压测量线路

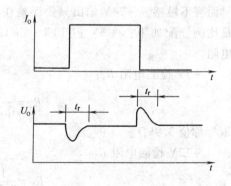

图 3-38　电源暂态波形

3. 起动冲击电流和软起动时间测试

（1）定义　起动冲击电流是电源接通时交流电输入电流的最大瞬时值。软起动时间是指电源起动到输出电流达到标称值的时间。

（2）测量线路　250V 左右电源系统起动冲击电流测量线路如图 3-39 所示。

图中，M 为测量用示波器；U_n 为测量电压；I_n 为测量电流，I_e 为起动冲击电流；VD 为硅整流二极管，要求其反向峰值电压 $U_R > 600V$，$I_F > 5I_e$；R 为线绕电阻，阻值 $R < 1/I_n$（约 0.1Ω），额定功率 $P_R > I_n^2 R$；R_M 为取样电阻，调整 R_M 阻值使 I_e 在 R_M 上产生的压降可用示波器 M 观测到；S 为按键开关，其额定电压大于 250V，额定电流需大于电源额定电

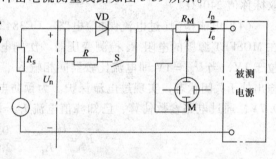

图 3-39　250V 左右电源系统起动冲击电流测量线路

流；R_s 为交流电源内阻。

（3）测试方法步骤　按图接好测量线路，并接至交流电网，闭合开关 S，使测量装置工作。然后将开关 S 短时打开，在第二周期后，起动冲击电流达到最大值，在示波器上观测该电流峰值。

为避免电源装置的变压器因受冲击电流过热，试验时间不能过长，试验持续时间在 1s 左右。为使测试值真实，试验至少重复 3 次，并记录最大瞬时电流作为测试数据。

必需指出，供电电源内阻 R_s 会影响测试结果，为保证测试准确，R_s 应符合下列条件：

$$R_s < 0.005\frac{U_n}{I_n} \tag{3-38}$$

进行软起动时间测试时，应在被测电源负载上串接电流表，用秒表计时，从电源起动到被测电源直流输出电流达到标称值所需时间，即为软起动时间。

软起动时间由外接软起动电容值决定。在图 3-33 所示电路中，改变 C_4 的大小即可改变软起动时间的大小。

4. 保护电路测试

就是对电源过电压、过电流等保护响应是否正确的测试。试验时，模拟过电压、过电流等故障的产生和恢复，检查保护电路是否按规定动作。有动作时间要求的用秒表或示波器记录动作时间。接有声光报警电路的，检查报警电路声光接点信号是否符合规定。恢复正常后，报警信号是否消失；有恢复工作要求的，保护电路是否按规定恢复正常工作。

5. PWM 控制电路性能参数测试

（1）振荡频率测试　振荡频率测试应在规定环境温度下进行。振荡频率测试线路如图 3-40 所示，图示芯片为 PWM 控制芯片。

1）振荡频率测量。定时元件 R_T、C_T 按规定的最大值（或最小值）接入。电源端施加规定电压，用接在振荡器输出端的频率计测出输出脉冲频率 f_{min}（或 f_{max}）。

图 3-33 所示电路调试过程中，将 UC3845AN 的 6 脚接频率计，测输出脉冲频率为 f_1，看是否达到设计值 50kHz。

2）频率精度测试。频率精度 $\Delta f/f_0$ 按下式计算：

$$\frac{\Delta f}{f_0} = \frac{|f_0 - f_1|}{f_0} \times 100\% \tag{3-39}$$

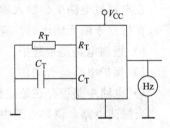

图 3-40　振荡频率测试线路

式中，f_0 是根据 R_T、C_T 的数值代入 f_s 的理论计算公式计算出来的值或元器件手册给出的标准曲线中查出的对应频率值；f_1 是实际测得值。为提高频率精度，R_T、C_T 应选精度 1% 以内的元件，R_T 应选 E_{96} 或 E_{192} 系列电阻。图 3-33 中 R_8 可选 E_{96} 系列的 17.4kΩ 电阻或 E_{192} 系列的 17.4kΩ 电阻。若测得 f_1 比 f_0 大，可将 R_8 增大；若测得 f_1 比 f_0 小，可将 R_8 减小。

（2）频率的电压稳定度测试　在 PWM 芯片电源端施加电源电压规定范围内的最低电压和最高电压，用频率计测得对应的输出脉冲频率 f_2 和 f_3，$|f_2 - f_3|/f_1$ 即为频率的电压稳定度。

（3）频率的温度稳定度测试　在规定最低工作环境温度时测得频率为 f_4，最高工作环境

温度时测得频率为 f_5，测得 25℃时频率为 f_{25}，$|f_5 - f_4| / f_{25}$ 即为频率的温度稳定值。

6. 占空比测量

用示波器测 PWM 控制芯片输出端脉冲波形，求得占空比。

7. 控制芯片调制功能检测

确认控制芯片调制功能是否正常可通过将可调基准源加至检测取样端，观测调制波形的方法进行。下面以图 3-33 为例加以说明。

在图 3-33 电路中，将检测电阻 R_4、R_5、R_6 与 +5V、+12V、+24V 电源输出端断开。在 +5V 处加 0 ~ +5V 可调基准电压源。将开关管源极电阻 R_s（0.249Ω）短接，在 UC3854AN 6 脚接一示波器监测输出波形。接通电源，调节可调基准电压源，直到 0V，使反馈电压最小，此时输出调制脉冲宽度将调到最宽，企图使电压升高。马上将可调基准电压源逐渐调高，直到 5V。观测输出波形，调制脉冲宽度应逐渐变窄，说明电路调制功能正常。

8. 开关电源常见故障诊断

（1）电源无输出　发现开关电源无输出时，首先应检查熔丝是否熔断。若熔丝熔断，则估计由下列原因造成：

1）输入整流电路某一个二极管接反或断路击穿。

2）功率开关管损坏。

3）高压滤波电解电容被击穿。

整流之后的高压滤波电容的容量一般为 220μF 左右，瞬时充电电流高达几十安培。虽降压起动电路中限流电阻可使充电电流（浪涌电流）减小，但不能安全避免整流二极管过电流。在过电流情况下，质量差的二极管可能被击穿，导致熔丝熔断。

在计算机和电视机所用开关电源中，一般用市电直接整流、滤波，其输出电压高达 300V，加上电感性负载的反电动势作用，功率开关管承受很高电压，易被击穿。必须指出，若功率开关管被击穿，则可能还有其他原因所致，需进一步查明原因，方能更换开关管和其他有关元器件。

在电视机电路中，输入端热敏电阻损坏也会导致熔丝熔断。

在熔丝未断无输出时，应做以下检查：

1）振荡电路是否起振，调制功能是否正常。

2）保护电路是否动作。

3）电路中是否存在短路或开路现象。

当振荡电路、调制电路中元器件损坏或存在短路、开路故障时，主电路停止工作导致电源无输出。在没有反馈信号情况下检查控制电路芯片，可人工设置信号，其方法与上述检查调制功能是否正常的方法相同。若观测不到上述波形，则应从控制芯片或反馈回路找原因。若脉宽调制功能正常，但接通主电路后仍无输出，则从以下几方面找原因，排除故障：①变压器是否开路。②开关管是否虚焊或损坏。③隔离电容器是否失效等。

保护电路动作也会使电源无输出，出现这种情况时，一定要查明故障原因，予以排除，切忌草率断开保护电路，以免损坏功率开关管和整流桥堆等。电源输出过电压、过电流和短路是使保护电路动作的基本原因。但保护电路元器件损坏或性能变差也会产生误动作，应认真检查予以排除。

多路输出电源只有某一路无输出，一般问题就出在该路，如该路整流二极管电路长期工作于大电流、大功耗情况下损坏。

刚接通交流市电时的浪涌电流也有可能使熔丝熔断。此外，浪涌电流还可能使虚焊焊点因放电电蚀而脱落，造成限流电阻等有关元件开路，导致电源无输出。

（2）负载能力差　在轻负载的情况下，开关电源工作正常，而负载加重后则无法正常工作，说明开关负载能力差。出现这类故障的主要原因是电源的工作点未选择好、某些元器件的性能差或性能下降所致。例如：检测放大电路处于非线性工作状态；滤波电容器漏电太大；振荡放大环节的增益偏低等。应根据不同情况给予调整。

（3）输出电压不准、不稳和纹波大　输出电压不准、不稳，常由取样放大电路中基准源电路和取样电路故障造成。例如图 3-33 所示电路中的 TL431 即为 2.5V 基准源，R_4、R_5、R_6 与 R_3 构成取样电路，TL431 与光耦构成放大电路。查此部分电路工作是否正常，调节是否灵敏。

如果只有一路电压偏高或偏低，而其他各路输出电压均正常，应检查该路取样电路。

输出纹波电压明显增大，通常是高压直流滤波电容失效、直流输出端整流二极管或滤波电容特性变差所致。

3.7 数字电路的调试及故障诊断示例

数字电路的调试，主要是监测电路能否满足设计要求的逻辑功能以及电路能否正常工作，通过适当的调整，最后达到设计要求。数字电路的调试也应遵循一般电子电路"先静态、后动态"的原则。多单元数字电路调试顺序也是先调单元电路或子系统，然后再扩大将几个单元电路进行联调，最后进行整机联调。

通常在数字电路安装之前，应对所选的数字集成电路元器件进行逻辑功能测试，以避免因元器件功能不正常而增加调试的困难。检测元器件功能的方法多种多样，常用的方法有：①仪器测试法，即应用数字集成电路测试仪进行测试。②替代法，将被测元器件替代正常工作数字电路中的相同元器件，以检测被测元器件功能是否正常。③功能实验检查法，用实验电路进行逻辑功能测试。

3.7.1 集成门电路的测试

集成门电路测试分为静态测试和动态测试。静态测试一般采用模拟开关输入模拟高、低电平，用发光二极管显示状态或用万用表、逻辑笔测试门电路输出的高、低电平，观察其是否满足门电路的真值表。动态测试时将各输入端接入规定的脉冲信号，用双踪示波器直接观察输入、输出波形，并画出这些脉冲信号时序关系图，看输入、输出是否符合规定的逻辑关系。

1. CMOS 门电路的测试

以 CC4012 为例进行分析，CC4012 是双四输入与非门。两个四输入端的与非门制造在同一器件内，其引脚排列及内电路如图 3-41 所示。

14 脚接电源 $+V_{DD}$，7 脚接地。2、3、4、5 脚为一个与非门的 4 个输入端，1 脚为输出端；9、10、11、12 脚为另一个与非门的 4 个输入端，13 脚为输出端。

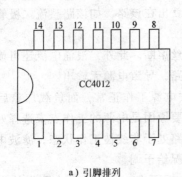

a) 引脚排列

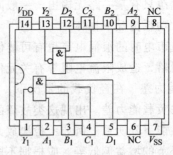

b) 内电路框图

图 3-41　CC4012 引脚排列及内电路

两个与非门分别进行测试。测试时，测试电路应正确连接，以免损坏元器件或引起逻辑关系混乱，使测试结果不正确。CMOS 与门和与非门的多余输入端不允许悬空，应接电源 $+V_{DD}$，CMOS 或门和或非门的多余输入端也不允许悬空，应接地。电源电压不能接反，输出端不允许直接接 $+V_{DD}$ 或地，除 OC 门、三态门外，不允许输出端并联使用，OC 门线与时应按要求配好上拉电阻。测试时应先加电源电压 $+V_{DD}$，后加输入信号。关机时应先切断输入信号，后断开电源电压 $+V_{DD}$。若用测试仪器测试，则所有测试仪器外壳必须良好接地。若需焊接时，则应切断电源电压 $+V_{DD}$，电烙铁外壳必须良好接地，必要时拔下电烙铁，利用余热进行焊接。

测试时将四个模拟开关接四个输入端，按不同的组合模拟输入"0"、"1"电平。门电路的输出端接发光二极管的阴极，发光二极管的阳极通过限流电阻接电源 $+V_{DD}$。输出为 1 时发光二极管不亮，输出为 0 时发光二极管亮。若测试结果与逻辑功能相符，则说明被测门电路功能正常。

2. TTL 门电路测试

测试方法与 CMOS 门电路基本相同，测试时，应注意 TTL 门电路的电源电压 $+V_{CC}$ 不能高于 $+5.5V$，电源电压不能接反，输出端不允许直接接 $+V_{CC}$ 或地，除 OC 门、三态门外，不允许输出端并联使用，否则会损坏元器件或引起逻辑关系混乱。与门、与非门的多余输入端允许悬空，但在使用时容易受到干扰，一般采用串接 $1 \sim 10k\Omega$ 电阻后再接 $+V_{CC}$ 或直接接 $+V_{CC}$ 来获得高电平输入。或门和或非门的多余输入端只能接地。

实际使用中，TTL 器件工作状态的高速切换，将产生电流跳变，其幅度约为 $4 \sim 5mA$，该电流在公共走线上的压降会引起噪声干扰，所以要尽量缩短地线。可在电源输入端与地之间并接一个 $100\mu F$ 电解电容作低频滤波，并接一个 $0.01 \sim 0.1\mu F$ 瓷介电容作高频滤波。

3. 集电极开路门电路（OC 门）与三态门（TSL 门）工作状态的测试

（1）OC 门的测试　OC 门测试前，应先接好上拉电阻 R_C，R_C 的选择可参考有关书籍。测试方法与上述的 CC4012 与非门相同。

（2）三态门（TSL 门）的测试　三态门除正常数据输入外，还有一个控制端 EN，亦称为使能端。若控制端为高电平有效的三态门，则当控制端为高电平时，三态门的逻辑功能与普通三态门无异；当控制端为低电平时，三态门输出端呈高阻抗。若控制端为低电平有效的三态门，即当控制端为低电平时，三态门的逻辑功能与普通三态门无异；当控制端为高电平时，三态门输出端呈高阻抗。

测试方法与 CC4012 与非门基本相同，输入端与使能端分别接模拟开关，输出端接发光二极管。当使能端为有效电平时，测输入与输出的逻辑关系；当使能端为无效电平时，测输出端是否呈高阻抗。

3.7.2　组合逻辑电路的测试

组合逻辑电路的功能由真值表可以完全表示出来，测试工作就是验证电路的功能是否符合真值表所表示的功能。

1. 组合逻辑电路的静态测试

组合逻辑电路的静态测试可按图 3-42 连线。

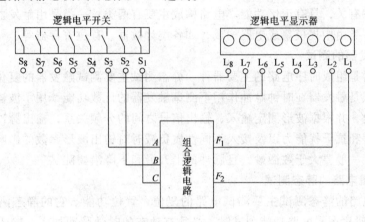

图 3-42　组合逻辑电路静态测试连线图

1）将电路的输入端分别接到逻辑电平开关，注意按照真值表中输入信号的高低位顺序排列。

2）将电路的输入端和输出端分别接到"0—1"电平显示器，分别显示电路的输入状态和输出状态。注意输入信号的显示也按真值表中高、低位的排列顺序，不要颠倒。

3）根据真值表，用逻辑电平开关给出所有状态组合，观察输出端电平显示是否满足所规定的逻辑功能。

对于数码显示译码器，可在上述测试电路基础上加接数字显示器进行测试。在数码显示译码器输入端输入规定信号，显示器上应按真值表显示规定数码。

2. 组合逻辑电路的动态测试

组合逻辑电路的动态测试是根据要求，在输入端分别输入合适信号，用脉冲示波器测试电路的输出响应。输入信号可由脉冲信号发生器或脉冲序列发生器产生。测试时，用脉冲示波器观察输出信号是否跟得上输入信号的变化，输出波形是否稳定并且是否符合输入逻辑关系。

3. 译码显示电路的测试

译码显示电路首先测试数码管各段工作是否正常。如共阴极 LED 显示器，可将阴极接地，再将各段通过 $1k\Omega$ 电阻接电源正极 $+V_{CC}$，各笔段 LED 应发光。再在译码器的数据输入端依次输入 0000～1001 数码，则显示器对应显示出 0～9 字符。

译码显示电路常见故障分析判断如下：

1）数码显示器上某段总是"亮"而不灭，可能是译码器的输出信号幅度不正常或译码器工作不正常。

2）数码显示器上某段总是"灭"而不亮，可能是数码管或译码器连接不正确或接触不良。

3）数码显示器字符模糊，且不随信号变化而变化，可能是译码器的电源电压偏低、电路连线不正确或接触不良。

3.7.3 时序逻辑电路的测试

时序逻辑电路的特点是任意时刻的输出不仅取决于该时刻输入逻辑变量的状态，而且还和电路原来状态有关，具有记忆功能。电路构成主要有两类：一类是由触发器或触发器和门电路组成；另一类由中规模集成电路构成，如各类计数器、移位寄存器等。

1. 集成触发器的测试

集成触发器是组成时序电路的主要器件。静态测试主要测试触发器的复位、置位和翻转功能。动态测试是触发器在时钟脉冲作用下测试触发器的计数功能，用示波器观测电路各处波形的变化情况，并根据波形测定输入、输出信号之间的分频关系，输出脉冲上升和下降时间，触发灵敏度和抗干扰能力以及接入不同性质负载时对输出波形参数的影响。测试时输入触发脉冲的宽度一般要大于数微妙，且脉冲的上升沿和下降沿要陡。

2. 时序逻辑电路的静态测试

时序逻辑电路的静态测试主要测试电路的复位、置位功能。它的静态测试应称为"半动态测试"，因时序逻辑电路功能测试时，必须有动态的时钟脉冲加入，输入信号既有电平信号又有脉冲信号，所以称为"半动态测试"，时序逻辑电路的静态测试连线图如图 3-43 所示。测试步骤如下：

1）把输入端分别接到逻辑电平开关，输入信号由逻辑电平开关提供；把时钟脉冲输入端 CP 接到手动单次脉冲输出端，时钟脉冲由能消除脉冲的手动单次脉冲发生器提供。

2）把输入端、时钟脉冲 CP 端与输出端分别连接到逻辑电平显示器，连接时注意输出信号高、低位的排列顺序。

3）测试时，依次按动逻辑电平开关和手动单次脉冲按钮，从显示器上观察输入、输出状态的变化和转换情况。若全部转换情况都符合状态转换表（图）的规定，则该电路的逻辑

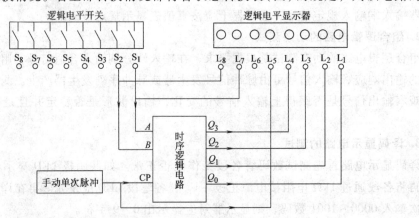

图 3-43 时序逻辑电路的静态测试连线图

功能符合要求。

3. 时序逻辑电路的动态测试

时序逻辑电路的动态测试是指在时钟脉冲的作用下，测试各输出端的状态是否满足功能表（图）的要求，用示波器观察各输入、输出端的波形，并记录分析这些波形与时钟脉冲之间的关系。在调试过程中，应首先用数字频率计和示波器观察时基信号的波形和频率，调整可调元器件，使之达到设计要求。

动态测试通常用示波器进行观察。若所有输入端都接适当的脉冲信号，则称为"全动态测试"。而一般情况下，多数属于半动态测试，全动态与半动态测试的区别在于时钟脉冲改为由连续的时钟脉冲信号源提供，输出由示波器进行观测。时序逻辑电路的动态测试连线图如图 3-44 所示。

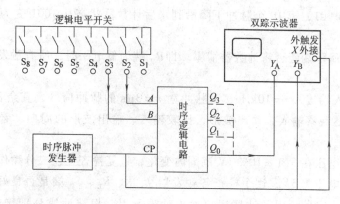

图 3-44　时序逻辑电路的动态测试连线图

测试步骤如下：

1）时序脉冲发生器接时序逻辑电路的 CP 端，同时连接到双踪示波器的 Y_B 通道和外触发输入端，使示波器的触发信号为时钟脉冲信号。这样在示波器屏幕上观察到的两个信号波形都具有同一触发源——时钟脉冲 CP，使两个波形在时间关系上相对应。另一种方法是：时钟脉冲信号仅接 Y_B 通道输入端，而把"内触发 拉 Y_B"开关拉出，使示波器的触发信号以内触发方式取自于 Y_B 通道的信号。

2）将输出端依次接到 Y_A，分别观察各输出端信号与时钟脉冲 CP 所对应的波形。由于 Y_B 通道内触发源取自 CP，故依次记录下的输出波形可保证与 CP 的波形在时间上完全对应。

3）对记录下来的波形进行分析，判断被测电路功能正确否，状态转换能否跟上时钟频率变化。

全动态测试一般则需要用多踪示波器进行观测，把输入端、输出端和 CP 接在同一示波器上。如用双踪示波器观测时，则需注意整个测试过程应以时钟脉冲 CP 作为触发源，使观测的波形具有准确的时间关系，才能得到正确地分析判断。

应用逻辑分析仪进行动态测试最为方便准确，它可对波形进行存储，并具有多种数制显示数据等功能。它是复杂数字电路分析、监测、调试及故障寻找十分有用的智能仪器，但它的价格较昂贵。

4. 时序逻辑电路测试实例

目前，时序逻辑电路大多由中规模集成电路构成，但早期的仪器设备是由触发器构成的。维修时，会遇到这类电路的调试问题。现以常见的由 JK 触发器构成的二-十进制计数器为例阐述，电路如图 3-45 所示。

二-十进制计数器是用二进制计数单元构成的十进制计数器。图中由 4 个 JK 触发器构成 8421BCD 码二-十进制计数器。触发器 FF$_3$ 的计数脉冲来自 Q_0，它的两个 J 输入端非别接到 Q_2 和 Q_1。在 FF$_3$ 触发器置 0 后，欲翻转为"1"状态，必须要到第 8 个脉冲下降沿到来后，FF$_3$ 的输出 Q_4 才能由"0"变为"1"。当第 9 个脉冲下降沿到来后，计数器的计数

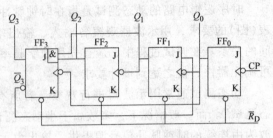

图 3-45　二-十进制计数器

状态从 1000 变为 1001，第 10 个脉冲下降沿到来后计数器状态从 1001 变为 0000。测试步骤如下：

1）首先检查清零端能否将计数器清零。即 $\overline{R}_D$ 端为低电平时，所有触发器输出均应为低电平。

2）在 CP 输入端接入 $f = 10\text{kHz}$，正脉冲宽 $\tau = 3\mu s$ 的脉冲信号，其余各输入端悬空（均为"1"），用示波器观察输入、输出波形，比较输入、输出波形的周期，看触发器有无二分频作用。

3）调节电源电压在 $5(1 \pm 10\%)\text{V}$ 范围内变化，重复检查上述二分频作用是否正常。

4）恢复电源电压为 5V，逐个检查各触发器 J、K、$\overline{R}_D$、$\overline{S}_D$ 端是否良好。方法如下：在 CP 输入端仍加脉冲信号，用示波器观察输出波形，用一根接地线分别接到 J、K、$\overline{R}_D$、$\overline{S}_D$ 端，Q 端若无输出波形，则说明该输入端良好；反之，若输出仍有波形，则说明该输入端有问题，失去控制作用。

5）将电路清零，在 CP 输入端加入计数脉冲，用示波器观察，若 CP、Q_0、Q_1、Q_2、Q_3 波形如图 3-46 所示，则说明该计数器工作正常。

3.7.4　数字集成电路的区分和质量性能粗测

1. CMOS 电路与高速 CMOS 电路的区分

CMOS 电路的电源电压为 3～18V，高速 CMOS 电路又称为 QCMOS 电路，其电源电压适用范围为 2～6V。这可为这两类数字电路的区分提供依据。我们给待测电路加上 2～2.5V 电源电压，若集成电路能正常工作，则说明是 QCMOS 电路；否则，待测集成电路是 CMOS 电路。

2. TTL 电路质量性能粗测

在用万用表粗测 TTL 集成电路之前，应知道待测 TTL 集成电路的型号，查技术参数手册或产品样本，找出该集成电路的接地引脚，最好能查出它的内部电路图。TTL 电路质量性能粗测按以下步骤进行。

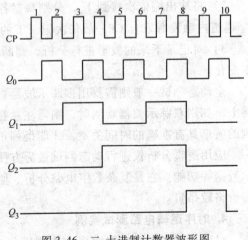

图 3-46　二-十进制计数器波形图

1）把万用表的量程开关拨至 $R \times 1k$ 档，黑表笔接待测集成电路的接地端，红表笔依次测试各输入端和输出端对地的直流电阻值。正常情况下各引脚对地电阻应为 $3 \sim 10k\Omega$，若某一引脚对地电阻值小于 $1k\Omega$ 或大于 $12k\Omega$，则该集成电路已损坏。

2）把万用表红表接待测集成电路的接地端，黑表笔依次测试各输入端和输出端对地的直流电阻值。正常情况下各引脚对地电阻应大于 $40k\Omega$，而损坏的集成电路各引脚对地电阻值则低于 $1k\Omega$。

3）一个好 TTL 集成电路的电源正、负极引脚的对地正、反向直流电阻值均小于其他引脚对地电阻值，最大不超过 $10k\Omega$。若测得此值为零或无穷大，则说明此集成电路电源引脚已损坏，该集成芯片应报废。据此，可检测出 TTL 集成电路芯片的电源引脚和接地引脚。

3.7.5　故障诊断示例——脉冲展宽延迟电路的故障分析与诊断

数字电路的故障诊断最常用的方法为替代法、电压测试法和逻辑分析法，数字电路的实用电路很多，举不胜举。本节以脉冲展宽延迟电路和可编程时序产生电路为例介绍故障分析与诊断。

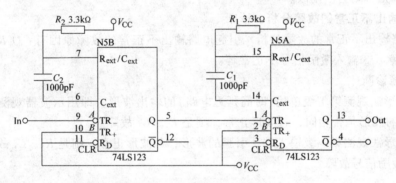

图 3-47　脉冲展宽延迟电路

1. 电路原理

脉冲展宽延迟电路广泛应用于各种场合。用带清除端的双重触发单稳态触发器 74LS123 组成的脉冲展宽延迟电路如图 3-47 所示。前级单稳态触发器用来决定延迟时间，方波的宽度由后级单稳态触发器决定。74LS123 的输出脉冲宽度由下式决定

$$t_w = 0.47RC \qquad (3-40)$$

式中，R 为外接电阻器电阻值、C 电容器电容值。

只要适当改变外接的电阻、电容值就可改变延迟时间和脉冲宽度。本电路工作波形图如图 3-48 所示，N_{5-5} 和 N_{5-13} 表示集成芯片 5 的第 5 引脚和第 13 引脚。74LS123 的功能表如表3-5 所示。

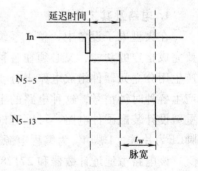

图 3-48　电路工作波形图

2. 电路无信号输出故障分析、诊断

（1）电路无信号输出故障分析　74LS123 的 13 引脚无信号输出故障的产生，可能有以下几种原因：①无电源。②电路物理故障。③74LS123 集成芯片损坏故障。④74LS123 的 3 脚、11 脚与地桥接，V_{CC} 与地短接。⑤无激励信号或相关线路断开。

表 3-5　74LS123 的功能表

输　入			输　出		输　入			输　出	
CLR	A	B	Q	$\overline{Q}$	CLR	A	B	Q	$\overline{Q}$
L	×	×	L	H	H	L	↑	⎍	⎍
×	H	×	L	H	H	↓	H	⎍	⎍
×	×	L	L	H	↑	L	H	⎍	⎍

（2）故障诊断

1）用电压测试法检查电源是否正常，TTL 电路的电源电压应为 +5V。

2）用波形法观测第 1 级单稳(时间延迟电路)的输出波形，即用示波器观测 5 脚的波形与图 3-48 所示的波形是否相同，若波形正常，则说明第一级电路正常，是芯片内第 2 级单稳电路损坏而产生故障。

3）用波形法观测第 1 级输入端 9 引脚的波形，若波形正常，则说明第 1 级单稳电路有故障，波形不正常则为激励故障。

3. 电路输出不正常的故障分析、诊断

（1）电路输出不正常的故障分析　引起电路输出不正常的故障原因有：①R_1、C_1 故障。②R_2、C_2 故障。③输入激励信号不正常等。

（2）故障诊断

1）用波形法观测第 1 级单稳(时间延迟电路)的输出波形，即用示波器观测 5 脚波形与图 3-48 所示的波形是否相同，若波形正常，则是 R_1、C_1 故障。

2）用波形法观测第 1 级输入端 9 引脚的波形，若波形正常，则是 R_2、C_2 故障，不正常则是输入的激励信号故障。

3.7.6　故障诊断示例——可编程时序产生电路的故障分析与诊断

1. 电路及其工作原理

在大型电子设备中，整个系统常需由一个触发电路实现各分系统的同步，而各分系统既要完成指定的功能，又必须在各种时钟信号的作用下实现复杂的时序。为克服各种时钟信号产生用分立元器件组成电路十分复杂的缺点，常用可编程只读存储器 EPROM 构成的电路来产生各种时钟信号，这种电路的主要优点是：只需改变存储器的内容即可改变时序，而不需重新设计装配硬件电路。可编程时序产生电路如图 3-49 所示，图中 22 脚$\overline{OE}$为读允许，20 脚$\overline{CE}$为片选，1 脚 V_{PP} 为编程电源，27 脚$\overline{PGM}$为编程脉冲。

该电路由地址计数器和 27128 型 EPROM 组成。地址计数器由 3 片 4 位二进制同步计数器 74LS161 级联组成，低地址芯片的进位端为 1 时，使其上一级芯片的使能端使能，为 0 时不使能。之所以采用这种设计思路，是为防止来自各方面可能的干扰。时钟信号 CLK 通过地址计数器计数，产生 12 位地址。74LS161 的$\overline{CR}$端为清零端，由 CLR 信号控制，当 CLR 为 0 时计数器清零后重新计数。只读存储器 27128 的容量为 $16K \times 8$，当在不同的地址单元存储指定的内容后，只需递增存储器的地址，其数据输出端即可输出 8 位时序信号。

2. 输出 CP0～CP7 信号全无的故障分析、诊断

（1）故障分析　输出 CP0～CP7 信号全无的故障产生，可能有以下几种原因：

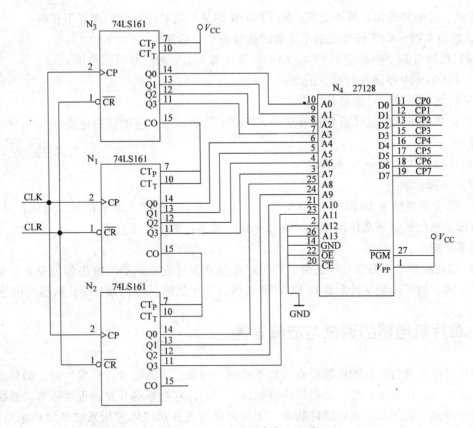

图 3-49 可编程时序产生电路

1）电源及其连接线故障。

2）EPROM 故障失效或 EPROM 中无存储内容。

3）计数器芯片 N_3 故障，导致地址计数器的低 4 位输出不正确，CO 进位也不正确，N_1 不能正常计数，N_2 也不能正常计数。

4）CLK 无信号或 CLR 为低电平。

（2）故障诊断

1）用电压测试法检查各芯片电源是否正常，若不正常，则电源电路有故障。

2）采用波形法，用示波器观测 EPROM 的输入端 7、8、9、10 的地址信号，若有输入信号，则是 EPROM 故障失效或 EPROM 中无存储内容。

3）用示波器观测 N_3 的 2 脚有无时钟信号，若无，则输入时钟 CLK 信号故障。

4）用示波器观测 N_3 的 1 脚的清零信号 CLR 是否正常，若不正常，则清零信号 CLR 故障；若正常，则 N_3 有故障。

3. 输出 CP0～CP7 信号中某一路不正常的故障分析、诊断

（1）故障分析 输出 CP0～CP7 信号中某一路不正常的故障产生，可能有以下几种原因：

1）EPROM 的某一路对应存储的内容不正确。

2）EPROM 某一路输出连线断开。

（2）故障诊断 把示波器接至 EPROM 对应的输出引脚检测输出信号，若有信号，则是连线有故障。切断电路电源，用测量电阻法检查某一路引脚的焊盘是否虚焊或所对应连线的故障部位。若引脚输出信号不正常，则 EPROM 的某一路对应存储的内容不正确。

4. 输出 CP0～CP7 信号全部不正常的故障分析、诊断

（1）故障分析　引起输出 CP0～CP7 信号全部不正常的故障原因如下：

1）EPROM 中存储的内容不正确。

2）计数器形成的地址信号不正确。

3）计数器形成的地址信号没有送到 EPROM 的输入端，可能印制电路板印制导线开路或桥接。

4）计数器 N_1、N_2、N_3 故障。

（2）故障诊断

1）把示波器接至 EPROM 的输入端，观测 A0～A13 的输入地址信号。若该信号正常，则其波形从低位地址到高位地址依次有二分频的关系；如信号不正常，则是 EPROM 中存储的内容不正确。

2）如观测到某一路信号不正常，则用示波器观测对应计数器的输出信号是否正常，如果信号正常，则可能是从计数器到 EPROM 的线路发生故障，否则为对应计数器发生故障。

3.8　单片机电路的调试与故障诊断

单片机通常是构成智能仪器或嵌入式系统的一部分，当系统设计完成之后，如何使它能够进入正常的工作状况，这就是调试应该解决的问题，它是系统开发的重要环节。系统调试包括硬件调试、软件调试及软硬件联调。硬件调试的任务是排除应用系统的硬件电路故障，包括设计性错误和工艺性故障，通常借助电气仪表进行故障检查。软件调试是利用开发工具进行在线仿真调试，在软件调试的过程中也可以发现硬件故障。

3.8.1　单片机电路调试仪器简介

和普通的模拟电路和数字电路一样，单片机系统的调试也要使用与之相适应的仪器。如用于静态测试的万用表、逻辑笔、逻辑脉冲发生器和逻辑电路测试仪等；还有用于动态测试的示波器和逻辑分析仪等。现将单片机电路的调试仪器简介如下。

1. 单片机开发系统

单片机开发系统是单片机调试的主要设备。单片机开发的目的就是研制出一台目标机，使其在硬件和软件上达到设计要求。而软硬件设计不可能一次成功，需要通过调试来发现错误并加以改正。单片机自身没有自我开发能力，它的调试离不开开发系统，只有借助开发系统才能对目标机的硬件电路和应用软件进行诊断、调试和修改。因此开发系统的性能直接影响调试工作的效率。开发系统一般都具有以下几个功能：

1）目标机硬件电路的诊断和检查。

2）目标机源程序的编辑和修改。

3）用户程序的调试、排错，中间寄存器查询、运行等。

4）将调试好的应用程序固化到程序存储器中（如 EPROM、EEPROM、FLASH 等）。

5）为用户提供足够的仿真 RAM 空间作为用户的程序存储器和数据存储器。

6）调试界面可以单步、断点、全速断点和连续运行用户的程序。

7）软件开发环境齐全，用户除了可以使用汇编语言外，还可以用高级语言（PL/M、C 语言等），由开发系统编译连接生成目标文件、可执行文件；同时配有交叉汇编软件，一般还应具有丰富的子程序库供用户调用。

单片机开发系统具有仿真功能，又称仿真器。在联机调试用户样机时，对样机来说它的 CPU 虽已换成仿真器，但实际工作状态与使用真实的并无差别，不占用用户系统的任何资源和存储器空间，使用户系统联机仿真器和脱离仿真器独立运行时的运行环境一致、资源使用一致，这就是所谓的"仿真"。其中的仿真存储器和源程序存储器均具有掉电保护功能，使机内的用户目标程序或源程序不因掉电而丢失，保持用户研制、调试的连续性。

2. 万用表

万用表是硬件电路调试过程中最常用的工具，主要用来测量阻值、测试点电压和两点间的通断等。

3. 逻辑笔

有的开发系统自带，它是数字电路调试过程中不可缺少的工具。

4. 函数信号发生器

函数信号发生器能产生各种幅值的波形及频率可变的模拟、数字信号，如正弦波、三角波、方波及脉冲等，一般用来作为模拟或数字电路的信号源。

5. 逻辑分析仪

逻辑分析仪是专门用来调试各种型号 CPU 总线的仪器。一般示波器观察动态波形是很有帮助的，但其只能观察周期重复的信号，而且重复的周期太大也不易观察到。单片机在工作时，总线信号无规律，也不重复，因此示波器无法显示。而观察并分析总线信号的波形或状态，对于系统调试来说十分重要。用逻辑分析仪组成调试单片机系统的测量示意图如图 3-50 所示。

使用时，将逻辑分析仪的小夹子夹在要捕获信号的芯片引脚上，每个夹子接一引脚，一

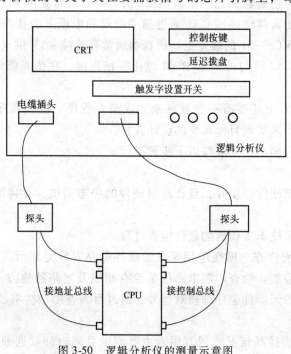

图 3-50　逻辑分析仪的测量示意图

电子设备维修技术

般是 32 ~ 128 个。触发字开关可根据我们的要求设置触发字，例如可设置某一地址触发，也可将其他信号设置成触发字。

6. 示波器

示波器是一种综合性的信号特性测试仪和比较仪，它能同时测量出信号的幅值、周期、频率、相位及多个信号的相位差，还能测试调试信号的参数，判断信号的非线性失真等。现在的数字示波器还具有波形存储的功能，对瞬态信号的测量有不可替代的作用。

3.8.2 单片机系统的调试

要使系统能正常工作，开发者无法做到一次或几次软硬件的设计就能达到满意的结果。通常的步骤是先用在线仿真器（开发系统）进行仿真，确信程序和硬件完全无误后，再将程序固化到 EPROM 中运行。在线仿真器的使用框图如图 3-51 所示。

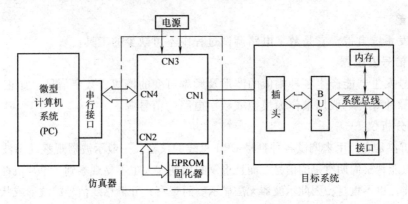

图 3-51　在线仿真器的使用框图

由图中可以看出，仿真器依托一个微型机（例如国内最常见的 PC）系统，通过 PC 的串行口与仿真器相连，仿真器经接口 CN1 通过扁平电缆和电缆上的插头与目标系统相连，电缆上的插头刚好插到 MCS—51 的插座上。仿真器通常要外接 +5V 供电电源和 12.5 ~ 25V 的可调编程电压。接口 CN2 可与外部 EPROM 固化板相连接。在仿真器的控制下，对 EPROM 进行编程。

除上述硬件外，PC 上还要有一套软件来完成编辑程序、汇编程序和调试监控程序等，在这些软件的支持下，来实现目标系统的设计开发。

用在线仿真器进行调试，一般按以下步骤进行。

1. 静态调试

首先要将目标系统硬件焊接好，且经过对硬件的静态调试，并将静态调试的问题解决，故障加以排除。

静态调试是用户系统未工作前的硬件检查过程。

（1）进行初步表面检查　即在应用系统的硬件电路安装完毕后，应对焊接后的印制电路板及所有连线仔细检查。检查印制电路板是否有断线及短路的地方，金属化孔是否连通。对印制电路板上焊接的元器件应仔细核对型号，通过目测查出一些明显的安装及连接错误并及时排除。

（2）用万用表检查接线情况　用万用表主要测试目测时怀疑通断的情况，尤其是要测

122

量电源与地之间是否短路。

（3）电源检查　开启电源，检查所有芯片插座上的电源电压是否正确，尤其是 CPU 插座上不应有大于 5V 的电压，以免与仿真器相连时损坏仿真器。

（4）插上芯片，通电观察　断电后，插入集成芯片通电观察集成器件有无过热、冒烟或电流过大烧熔丝等情况发生。若有异常情况发生，则应立即切断电源查找、排除故障。在通电观察过程中，为避免大面积损坏元器件，应分批逐步插入，每次插入器件均应断电操作。

（5）时钟信号、脉冲信号检查　用示波器检查时钟信号及其他脉冲信号是否正常。

如符合要求，静态调试完毕，则可进行下一步调试。

2. 分步调试目标系统硬件

将仿真机的插头插到目标系统的插座上，同时将外围的 RAM 等接口芯片也插到目标系统上，对端口逐个进行调试。

分步调试目标系统硬件是在应用系统工作的情况下，发现和排除应用系统硬件逻辑性错误的一种检查方法。在静态调试中对应用系统样机的一些明显硬件故障进行了排除，而各部件内部存在的故障和部件之间连接的逻辑错误只有靠动态调试才能发现。首先，把应用系统按逻辑功能分成若干块，进行分块调试，编制相应模块的测试程序，在开发系统上运行测试程序，借助示波器检测被调电路是否按预期的工作状态运行，这样来依次排除各功能模块的故障。当所有模块均调试无误后，将各模块逐步加入系统中，进行关系上的协调，经过这样一个调试过程，大部分硬件故障可以排除，剩下的硬件逻辑性错误在软件调试中解决。

3. 软件的开发调试

在仿真器的支持下，将经过初步调试的用户程序加载到主模块中，并与用户的目标系统相连接，进行仿真调试。几乎所有的开发工具软件都为用户调试程序提供了以下几个基本方法。

1）单步。一次只执行一条指令，在每步执行后，返回监控调试程序。

2）运行。可以从程序任何一条地址处启动，然后全速运行。

3）断点运行。用户可以在程序任何位置设置断点，当程序执行到断点时，控制返回到监控调试程序。

4）检查和修改存储器单元的内容。

5）检查和修改寄存器的内容。

程序调试可以按模块逐个进行调试，也可以按子程序逐个调试，从中可以发现程序中的死循环错误、机器码错误及转移地址错误，发现待测系统中软件算法错误及硬件设计错误。同时不断修改、调整应用系统的硬件和软件，直到正确为止。

4. 固化程序

在仿真器的控制和支持下，如果用户程序运行是成功的，则可将用户程序固化到 EPROM 或 EEPROM 中。

5. 脱机运行

将仿真器的插头从目标系统中拔出，插上 CPU 和已经固化好程序的 EPROM 或 EEPROM，则用户系统就能完全脱离仿真器运行，形成独立的系统。

需要特别注意的是，硬件和软件在实验室经调试完后，对用户系统要进行现场实验运行，检查软硬件是否按预期的要求工作，各项技术指标是否达到设计要求。一般而言，系统经过软硬件调试之后均可以正常工作。但在某些情况下，由于应用系统运行的环境较为复杂，尤其在干扰较严重的场合下，在系统进行实际运行之前无法预料，只能通过现场运行来发现问题，以找出相应的解决办法。

3.8.3 常见故障的诊断及排除

在单片机系统安装调试过程中经常出现以下故障。

1. 线路错误

硬件的线路错误往往是电路设计加工过程中造成的。这类错误包括逻辑出错、开路、短路和多线粘连等。其中短路故障是最常见且较难检查的故障，其原因是印制电路板布线密度高，铜箔腐蚀时留有金属残丝，引起印制导线或焊盘间的短接。开路则多因印制电路板制作过程中，孔金属化工艺中金属化孔镀铜不好或插接件接触不良所致。逻辑出错多为逻辑设计或印制电路板布线疏忽所致。

2. 设计错误或缺陷形成的故障

设计错误引起的故障种类繁多，且无规律性，现仅举两例加以说明。

（1）引脚处理不当引起故障　有时会因引脚处理不当而引起故障。例如，国内不少文献认为 MC146818 的 16 脚为 NC（空脚），设计者在应用于 51 系列单片机系统时当空脚来用，将 16 脚悬空。结果在调试时出现不能对芯片内寄存器正确读/写的故障。而实际上 16 脚是为了适应 Motorola 公司 MC6800 微处理器总线结构和 Intel 公司的 8085 微处理器总线结构而设计的，用来选择总线的类型。当其与 Motorola 微处理器接口时，16 脚应接高电平；当其与 Intel 微处理器接口时，接低电平。在应用于 51 系列单片机系统时不按此要求，将其悬空，而 CMOS 电路具有引脚悬空相当于该引脚接高电平的特性，致使微处理器对芯片内寄存器读/写时序的不匹配，就造成不能对片内寄存器正确读/写的故障。

（2）复位时间不协调引起故障　在可编程键盘显示器接口电路芯片 8279 使用过程中，微处理器 8031 与 8279 同用一个复位信号，发现系统复位后，微处理器和 8279 均出现了初始化键盘工作不正常的故障。经分析研究发现故障的原因是主微处理器 8031 与 8279 复位周期长短不一所致。因 8031 复位周期较短，而 8279 之类的外围芯片复位周期较长。若微处理器复位后不等待其他芯片复位完成，就立即对其进行各种初始化，必将导致外围芯片初始化失败，从而使外围芯片无法正常工作。可采用以下方法排除故障：

1）把 CPU 复位与外围芯片复位分开，并有意识地将单片机的复位周期加大，以保证外围芯片先完成复位。

2）仍采用共同的复位电路，对这些外围芯片初始化前调用软件延时子程序延时，以等待外围芯片完成复位，具体延时时间可通过实验取得，经验表明，8279、8155 等芯片一般取 15ms 就能满足要求。

3. 元器件失效

元器件失效原因有两个方面：①元器件本身损坏或性能差，技术参数不合格。②装接错误造成元器件损坏，如电解电容、二极管、晶体管极性装接错误，集成器件安装方向颠倒等。

此外，电源电压超出正常值、极性错接和电源线短路等很容易损坏元器件。为保证调试顺利进行应做好以下两点：①装配前应对元器件进行测试，确保质量。②装接时仔细查对图样，谨防错装。

4. 可靠性差

造成样机不稳定即可靠性差的因素如下：

1）焊接质量差、开关或插接件接触不良造成时断时接、时好时坏的现象。

2）滤波电路不完善，造成系统抗干扰能力差。解决方法是加接抗干扰电路，如并接高、低频滤波电容器等。

3）器件负载超过额定值，引起逻辑电平值的不稳定。

4）电源质量差、电网干扰大，例如电源变压器一、二次绕组间的屏蔽层未接地、地线电阻大等，导致电源系统性能下降。

5. 软件错误

软件错误往往是因程序框图或编码错误而造成的。对于计算程序和各功能模块要经过反复测试后，才能验证其正确性。有的程序，如输入、输出程序要在样机调试阶段才能发现其故障所在。

有的软件错误较隐蔽，易被忽视，如忘记"进进位"。有的故障查找往往很费时，例如程序转移地址有错、中断程序有错误等。

此外，判断故障是因软件还是硬件所致，是一件困难的事。这就要求研制调试人员具有丰富的硬件知识和熟练的软件编程技术，才能正确诊断故障所在，分析故障原因，迅速排除。除查阅参考文献外，更重要的是不断实践，在实践中总结积累经验，以达到熟练的境界。

6. 单片机系统故障自诊断

单片机系统故障自诊断就是利用软件程序对自身硬件电路进行检查，以及时发现系统中的故障，根据故障程度采取校正、切换、重组或报警等技术措施，或直接显示故障部位、原因等。其详情参阅本书 2.3.2 节。

思考题与练习题

3-1　调试包括_____和_____两部分，又可分为_____和电路调试。

3-2　调试方法有哪两种？它们分别适用于什么场合？

3-3　简述电子电路调试的注意事项。

3-4　集成运放双电源改为单电源的原则（改变方法）是什么？

3-5　集成运放堵塞现象是怎么产生的？怎样消除？

3-6　集成运放调试时发现温漂现象严重，应怎样消除或减弱？

3-7　用集成运放组成滞回电压比较器电路，若输入电压为零，输出电压的绝对值为零或很小电压值，则电路工作是否正常？若不正常，试分析故障原因。

3-8　振荡电路反馈寄生振荡可用哪些方法来检查？

3-9　为防止振荡电路产生反馈寄生振荡，在线路结构工艺方面应采取哪些措施？

3-10　简述石英晶体振荡器负载电容 C_L 的两个功能。当 C_L 选得过大时，会产生什么现象？

3-11　对图 3-21 所示二极管外稳幅的 RC 文氏电桥振荡电路，要使电路起振，对外接电

阻 R_f、R_4 和电位器 RP 的阻值有什么要求？

3-12 在三端可调试集成稳压电源安装调试过程中应注意哪些问题？

3-13 图 3-33 所示电路中，计算选择以下元件参数。

（1）若将开关电源振荡频率改为 150kHz，则 C_3 应选多大？

（2）取样电路 R_3 若选 3.9kΩ，则 R_4 应选多大？

3-14 简述图 3-33 所示电路中 VD_{11}、C_5、R_{14} 对功率场效应晶体管 IRF1830 的保护原理。

3-15 简述译码显示电路常见的故障现象及产生原因。

3-16 计数器加入单脉冲信号时，测试输出电平完全正确，但加入连续脉冲使电路动态运行时观测波形不正常，遇到这类故障应如何处理？

3-17 简述单片机静态调试步骤。

3-18 单片机动态调试常用哪两种调试方法？

3-19 简述采用仿真器进行联机调试智能仪器设备的调试步骤。

第4章 电子电路抗干扰技术及调试

4.1 抗干扰技术概述

4.1.1 噪声与抗干扰技术的定义

1. 噪声

电子信号分为有用信号和无用信号。噪声是指有用信号以外的电子信号的总称，不管它对电路产生影响与否。例如，直流电源中的纹波电压和放大电路中的自激振荡等。

噪声系数 N_F 是用来衡量放大器内部噪声特性的一个重要参数，N_F 定义为放大器输入端信噪比与输出端信噪比的比值。

$$N_F = \frac{输入端信噪比}{输出端信噪比} = \frac{\dfrac{P_{si}}{P_{ni}}}{\dfrac{P_{so}}{P_{no}}} = \frac{P_{no}}{A_p P_{ni}} \tag{4-1}$$

式中，A_p 为功率放大倍数。用分贝（dB）表示为

$$N_F = 10\lg \frac{\dfrac{P_{si}}{P_{ni}}}{\dfrac{P_{so}}{P_{no}}} \tag{4-2}$$

2. 干扰

干扰是指由外部噪声和无用电磁波在接收中造成的扰乱效应。也可定义为在接收一些所需信号时，非所需能量造成的扰乱效应，包括其他信号的影响、杂散发射和人为噪声等，自然噪声一般不计算在内。

3. 抗干扰技术

电子电路抗干扰技术是目前国外所称 EMC 的一个主要组成部分。EMC 是 Electro Magnetic Compatibility 的缩写，译成电磁兼容性。世界各国对 EMC 技术十分重视，特别是将电子电路抗干扰作为一个重要课题研究，并成立了国际性组织，以便各国交流研究成果和制订统一的技术规范和标准。

所谓电磁兼容性，是指干扰可在不损害信息的前提下与有用信号共存。干扰是噪声在电路中的某种效应。抗干扰就是结合电路的特点使干扰减少到最小。

电子电路一方面受外界干扰，另一方面它又会对外界产生干扰。所以电子信号对某电路是有用信号，而对其他电路可能成为噪声。

抗干扰技术的内涵：①噪声很难消除。②采取必要措施使干扰减小到最低限度。所以，抗干扰设计等于电磁兼容性设计。电子电路抗干扰技术也可以说是一种实验技术，一种

工艺技术。从事电子技术的技术人员都有共同体会：有好的电子线路不一定能组装出达到预期效果的装置或设备，常常要在排除干扰的调试上花大量的时间和精力。这是理论（理想条件）与工程实际有一定距离的缘故。抗干扰技术实质上是解决干扰问题的一种工艺措施与技巧。

4.1.2 噪声的种类及其特点

由于分类角度的不同，噪声的分类在各种文献中并不一样。这里从几个角度来对电子系统的噪声进行分类，并阐述一些关于噪声的基本特点。

1. 从噪声表现的状态来分类

从噪声表现的状态可以把噪声分为规则噪声、连续的不规则噪声、间歇噪声和瞬时噪声。

规则噪声的典型例子如电源纹波，它是在直流电压上叠加的 50Hz 电网频率或 2 倍电网频率的脉动波形，是连续的和规则的。连续的不规则噪声如直流电机在运转时产生的噪声、开关式元器件工作时产生的噪声等，它们的振幅、频率及波形都是不规则的，但是连续发生的。间歇噪声或瞬时噪声大多是外来的噪声，如电网中大功率设备的突然起动在电路中造成的瞬时浪涌脉冲等。

2. 从造成噪声的机理来分类

从造成噪声的机理来看，可分成内部噪声和外部噪声两大类。

（1）内部噪声 内部噪声可分为下列几种。

1）热噪声。如电阻等由于热能作用时电子骚动所产生的噪声，它几乎覆盖整个频谱。这种噪声总是存在的，但温度越低噪声越小。

2）颤噪噪声（传声器效应噪声）。当设备中的电路和元器件受到机械振动时，电路参数发生变化，如同传声器一样，在电路内产生噪声电压，这种噪声称颤噪噪声或传声器效应噪声。

3）散粒噪声。如电子管阴极所发射的电子，每个都是彼此独立的，在各个短暂的瞬间，它们都是不连续的不规则的，这种不规则性引起的电特性变化，就成为一种频谱范围很宽的噪声。

4）闪变噪声。电子管阴极物质的电子释放条件因时间不同而不同，从而引起电特性的变化，形成闪变效应的噪声。

5）交流声。由于直流电源的整流滤波性能不好，或因布线等使电路耦合了变压器等的泄漏磁通，产生和电网频率相同或倍频的交流成分。这种噪声往往会在音响设备上发出令人讨厌的低频哼声，这种噪声称作交流声。

6）热电动势噪声。异种金属相接触，它们之间有温度差时，会产生电动势，而成为一种热电动势噪声。

7）接触噪声。材料接触处接触不良使该处电导率起伏变化而引起的噪声。这种噪声常见于假焊、导线连接不牢靠以及开关接点接触不良等。

8）尖峰或振铃噪声。电路中电流的突变，在电感负载上引起的尖峰反冲电压波或衰减振荡波而引起的噪声。

9）自激振荡。自激振荡也是一种典型的内部噪声。它是由在具有放大功能的电路中，电路输出的一部分通过耦合以正反馈方式加到输入端而产生的。

10）反射噪声。前后级电路不匹配，使长线传输的信号在接点处引起反射，产生相移，这就成为一种叠加在信号上的噪声。

11）分配噪声。晶体管发射极区注入到基极区的少数载流子中，一部分经过基极区到达集电极形成集电极电流，一部分在基极区中复合。由于载流子复合时，其数量时多时少，故导致集电极电流也随着起伏而引起所谓的分配噪声。

12）$1/f$ 噪声或闪烁噪声。晶体管、场效应晶体管等器件在低频端产生的一种噪声，其噪声功率与频率成反比增大，故称 $1/f$ 噪声。对这种噪声产生的机理，目前尚有不同见解，但已经知道它与半导体材料制作时清洁处理有关。

13）天线热噪声。天线本身的热噪声是非常小的。但是，天线周围的介质微粒处于热运动状态，这种热运动产生扰动的电磁波辐射被天线接收，然后又由天线辐射出去。当接收与辐射的噪声功率相等时，天线和周围的介质处于热平衡状态，这样天线中就有了这种天线热噪声。

14）电化电动势噪声。这是电路中金属在腐蚀时产生的一种电池效应，这种电池效应形成的噪声称电化电动势噪声。

（2）外部噪声　外部噪声可以分成人为噪声和自然噪声两种。下列的前 6 种属于人为噪声，后 3 种属于自然噪声。

1）火花放电噪声。如汽车的汽缸点火、继电器触点的开断、火花式高频设备的工作及电钻的换向器式电机转动时都会产生火花放电，火花放电会形成一系列含有很高频率成分的强烈噪声。

2）电晕放电噪声。如臭氧发生器和高压输电线等都会产生一种电晕放电，这种放电具有间歇性质，并产生脉冲电流，从而成为一种噪声干扰的原因；而且电晕放电过程还产生一种高频振荡，也会对电路产生干扰。电晕放电噪声主要对载波电话、低频航空无线电通信以及调幅广播等产生干扰。

3）辉光放电噪声。当两个接点间的气体被电离时，在两个接点间就会产生一种再生的、能自己维持的辉光放电。辉光放电经常在继电器触点、开关接点处发生，这种放电除了能引起高频辐射外，还在配电线上引起电压、电流的冲击。

4）脉冲式噪声。数字电路中的脉冲信号、晶体振荡产生的时钟频率脉冲等，通过各种方式对其他电路产生干扰。

5）开关式噪声。在开关电路中，如晶体管、晶闸管开关在工作时所产生的尖峰脉冲噪声，特别是在断开电感负载时产生的开关式噪声特别强烈。

6）电波噪声。高频电路、无线电广播和通信设备所辐射出的电磁波是对电路影响的一种电波噪声。

7）大气噪声。有时也称为天电噪声。自然界的雷电现象是一种常见的大气噪声。地球上平均每秒钟发生 100 次左右的雷击闪电，每次都产生强烈的电磁场，并以电磁波形式传播到很远。即使距雷电几千公里以外，在看不见雷电现象的情况下，干扰也可能会很严重。除此之外，对设备、电网输电线的直线雷击或雷电感应，会对电路产生幅度很高的浪涌电压而形成更厉害的干扰。另外，大气电离或空间电位变动以及其他气象现象所产生的噪声也属于大气噪声。

8）太阳系噪声。这是指太阳及太阳系行星所辐射的无线电噪声。其中太阳的影响最大，太阳的无线电噪声随着太阳的活动，特别是太阳耀斑的发生而显著增加，干扰频率从10MHz到几十吉赫兹。太阳耀斑会导致地球表面的磁暴，使航天器发生失效和异常现象，还可能造成通信和遥测中断。太阳耀斑的大量出现还会影响到电离层，从而干扰短波的传播。

9）宇宙噪声。主要指太阳系外其他星系所辐射的无线电噪声。通常银河系的辐射较强，其影响主要在米波及更长波段内（波长为 1.5m、1.85m、3m、15m）。

3. 根据噪声频率来分类

根据噪声频率，一般将噪声分为低频噪声和高频噪声两种。噪声大致的分类、噪声源及噪声的性质特点如表 4-1 所示。

表 4-1 噪声类别、噪声源及噪声的性质和特点

名　称	噪声类别	噪声源	噪声性质和特点
低频噪声	直流、低频（50Hz 以下）	热电动势、电化电动势，低频直流漂移，大地电流的作用等	很难与信号分开
	市电频率（50Hz）	电源线，电源装置等	呈周期性，与市电频率有关，对小信号模拟电路影响较大
高频噪声	脉冲性或宽频带噪声（50Hz～100MHz）	开关电容性、电感性负载等及其他原因导致电路中电压和电流突变	幅度大小及重复频率都是随机的，往往因幅度大和频率较高很容易对其他线路产生感应
	高频无线电波（1MHz 以上）	高频电路的辐射，无线电广播及通信设备的发射	对电路产生电磁波感应噪声，或使非线性元器件产生低频成分的噪声

4. 根据噪声对电路作用的形态来分类

噪声对电路作用的形态有两种，一种是串模，一种是共模。串模噪声常称为正态噪声、常态噪声、串态噪声或平衡噪声等；共模噪声也常称为共态噪声、同相噪声、对地噪声或不平衡噪声等。串模噪声对电路的作用形态可由图 4-1 来说明。对于信号电压 U_S 来讲，加上了一个与它串联的噪声 U_n，线路上的接点热电动势或接触电动势噪声就是一个典型的串模噪声例子。图 4-1c 是串模噪声叠加于直流信号电压 U_S 之上的波形。串模干扰电压是指在仪器或电路输入端，叠加在有用信号之上的那部分不需要的输入电压。

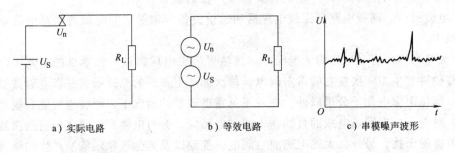

a）实际电路　　　　　　　b）等效电路　　　　　　　c）串模噪声波形

图 4-1 串模噪声

串模干扰的抑制能力用串模抑制比 SMRR(dB)来表征。

$$SMRR = 20 \lg \frac{U_{\text{dm}}}{U_{\text{nmi}}} \tag{4-3}$$

式中，U_{dm} 为串模干扰电压；U_{nmi} 为输入端由串模干扰引起的等效差模电压。

共模噪声对于电路的作用形态可由图 4-2 来说明。在以大地电位为基准的回路中，两根线 A 与 B 上均对地有一个噪声电压 U_{n}。在这个电路中，U_{n} 的产生是由于两个回路间存在着一个公共阻抗 Z，回路 1 的电流变化，通过公共阻抗的耦合作用，给回路 2 造成了影响。当 U_{S} 是直流信号、U_{n} 是交流信号时，线 A 与 B 上的波形如图 4-2c 所示。共模噪声可视为在线 A 和线 B 上传输的电位相等、相位相同的噪声信号。共模干扰电压是指仪器或电路的两个输入端和地之间的电压。图 4-1b 中线 A、线 B 之间的电压 U_{AB} 可视为在线 A、B 间有 180° 相位差的共模干扰信号。

共模干扰的抑制能力用共模抑制比 CMRR(dB)来表征。

$$CMRR = 20 \lg \frac{U_{\text{cm}}}{U_{\text{cmi}}} \tag{4-4}$$

式中，U_{cm} 为共模干扰电压；U_{cmi} 为输入端由共模干扰引起的等效电压。

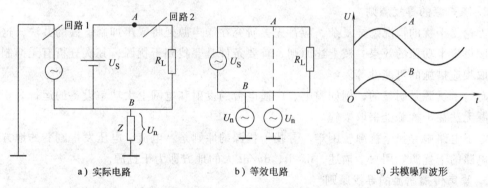

a）实际电路   b）等效电路   c）共模噪声波形

图 4-2 共模噪声

共模噪声往往可以转换成串模噪声。当然，要在一定条件下才会转化，这个条件就是线路的阻抗不平衡。一般来说，共模噪声要转化成串模噪声才会对电路起影响。若一电路完全平衡，则说明它有完全不使共模噪声转化成串模噪声的能力。然而，完全平衡是很难做到的，总存在程度不同的不平衡，因而也总存在串模噪声的影响。

对于共模噪声的研究很重要，不只是因为以这种形态出现的噪声十分普遍，而主要是由于它最终会转成串模噪声来影响电路，并且又难以被人觉察。抑制共模噪声的措施又往往比抑制串模噪声更困难。

5. 根据噪声不同的传播途径来分类

从噪声传播途径的角度来分类，大致可分为导线传导的耦合噪声、经公共阻抗的耦合噪声和电磁场的耦合噪声。其中，电磁场的耦合根据离辐射源的距离远近，可分为近场的感应、远场的感应和远场的辐射。近场感应噪声又可分为电容性耦合噪声和电感性耦合噪声两种。电容性耦合噪声主要是由电力线通过相互间电容耦合来传播的；电感性耦合噪声主要是由磁力线通过相互间的电感来传播的；而远场的辐射则是以电磁波方式传播的。

131

4.1.3 抗干扰三要素

1. 三要素

描述一个电路所受干扰的程度若用 N 表示，则 N 可用下式来定义：

$$N = \frac{GC}{I} \tag{4-5}$$

式中，G 为噪声发生源的强度；C 为噪声源通过某种途径传到受干扰处的耦合因数；I 为受干扰电路的抗干扰性能。

G、C、I 即为抗干扰三要素。由式(4-5)可见，要使 N 小，则：①G 要小，即把客观存在的干扰源强度在发生处抑制得很小。②C 减小，将噪声在传播途径上给予最大程度的衰减。③I 增大，在受干扰处采取抗干扰措施，使电路的抗干扰能力提高，或在受扰处将噪声抑制下去。

在工程实际中，应根据不同的条件，采取不同的措施。有的仅能在一方面采取措施，有的在三方面均能采取措施。理论分析及工程实践证明，在噪声源处抑制噪声是抗干扰最有效的措施。

2. 噪声源的寻找原则

无论受干扰的情况怎样复杂，应首先去研究在噪声源处将噪声抑制下去的办法，这样往往可取得事半功倍的效果。按上述原则，首要条件是要找到干扰源，其次分析有无抑制噪声和采取相应措施的可能性等。

有的干扰源是明显的，例如雷电、广播电台的发射和电网上大功率设备的运行等。这种干扰源无法在干扰源处采取措施。

电子电路中寻找干扰源较困难。寻找干扰源的原则是：电流、电压发生剧变的地方就是电子电路的干扰源。用数学描述，di/dt、du/dt 大的地方即为干扰源。

3. 噪声传播途径的寻找原则

电流变化大或大电流工作的场合，通常是产生电感性耦合噪声的主要根源。

电压变化大或高电压工作的场合，通常是产生电容性耦合噪声的主要根源。

公共阻抗耦合的噪声也是由于变化剧烈的电流在公共阻抗上所产生的压降造成的。

对于剧烈变化的电流来讲，其电感成分所造成的影响十分严重。如果电流不变化，即使它们的绝对值很大，也不会引发电感性或电容性耦合的噪声，对公共阻抗也只是加上了一个稳定的压降。

4.1.4 电磁干扰的测量和常用干扰测量仪器简介

1. 电磁干扰测量

为科学地评价电子设备的电磁兼容性，有效地抑制电磁干扰，应对各种干扰源的发送量、干扰传递特性和电子设备的干扰敏感度进行定量测定。当电子设备运行中出现干扰故障时，为了能迅速找出原因和选择有效措施予以排除，也需对电子设备所受到的电磁干扰进行定量测定。电磁干扰测量技术是电磁兼容、抗干扰技术的重要组成部分。

电子设备干扰测量可分为干扰量测量(也称干扰发送量测量)和敏感度测量。干扰量测量和敏感度测量按不同频率范围进行，电磁干扰测量的项目如图 4-3 所示。

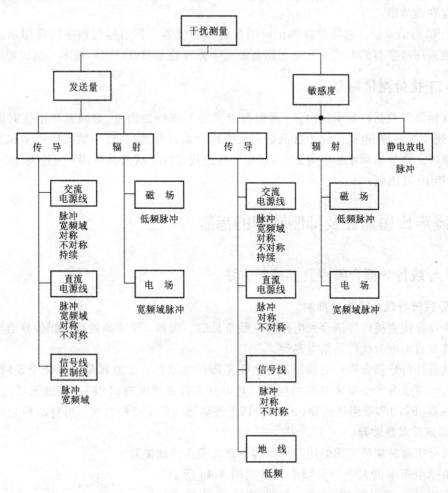

图 4-3　电磁干扰测量项目

2. 常用干扰测量仪器

常用的干扰测量仪器有以下几种。

（1）干扰量测量仪　这是国际电工委员会所属国际无线电干扰特别委员会（CISPR）推荐使用的无线电干扰测量仪，目前已广泛用于电子控制设备的干扰测量。这种干扰量测量仪是一种选频测量仪，实际上它是带高频选择放大的超外差接收机，它的作用是将输入信号中预先设定的频率分量，从一定的通频带选择出来予以显示和记录。连续改变设定频率便能得到该信号的频谱。

（2）频谱分析仪　频谱分析仪是采用滤波或傅里叶变换的方法，分析信号中所含的各种频率分量的幅值、功率、能量或相位的关系，以及它们随时间变化的电子测量仪器。用它来测量噪声的各频率分量的频率及幅值。

（3）记忆示波器　它能存储信号，又能显示信号。记忆示波器的核心是存储示波器。它能存储和再现输入信号，可供多次阅读或经电子线路对存储时间进行控制，把变化的波形和图形显示出来。它是用来测量脉冲干扰和瞬变过程的重要手段。它的最大优点是记录速度快，目前已达到 500cm/ns，能记录纳秒级脉冲。测量频率很低的脉冲干扰时，它有足够的记录速度和通频带。

（4）瞬态记录仪　它是捕捉和记录瞬变过程的仪器，其结构与数字或存储示波器很相似。它能采用数字存储方式，充分利用各种数字处理技术和微处理器技术，制成智能仪表。

4.1.5　干扰量测量简介

干扰量测量包括传导干扰测量（含电源干扰的频率特性测量、电网脉冲干扰时间特性测量、信号线干扰测量、电源持续干扰测量和电源耦合系数测量）、传导敏感度测量和测量结果统计处理等。详情参阅张松春等编著的《电子控制设备抗干扰及其应用》一书（机械工业出版社 1989 年 10 月出版）。

4.2　噪声传播途径及抑制噪声的措施

4.2.1　导线传导耦合噪声及其抑制方法

1. 导线传导耦合噪声的抑制

噪声经导线直接传导耦合到电路中是最常见的。例如，噪声通过信号线传导给电路；噪声经交流或直流电源线传导给电路等。

导线直接传导耦合噪声的抑制方法主要是串接滤波器。滤波器是一种让给定频带通过，而对其他频率成分产生很大衰减的电路。它可分为低通滤波器（LPF）、高通滤波器（HPF）、带通滤波器（BPF）和带阻滤波器（BEF）。四类滤波器的频率特性曲线，可查阅相关资料。

2. 常用简单滤波器

下面介绍两种简单实用的用于抑制传导耦合噪声的滤波器。

如果噪声频率恒大于信号频率，常用图 4-4a 所示的 LC 滤波器，它虽结构简单，但滤除噪声的效果较好。

除此以外，利用具有去耦滤波作用的 RC 积分电路也可有效地滤去传导噪声。RC 去耦滤波电路如图 4-4b 所示。该电路用作电子电路直流电源的去耦电路，能防止因内阻过大引起的低频自激振荡，同时又可滤除噪声源通过供电线传导给电子电路的噪声。

3. 用铁氧体磁珠滤波器抑制高频噪声

铁氧体磁珠滤波器是目前应用发展很快的抗干扰器件，它具有价格低廉、使用方便和滤除高频噪声效果显著的优点，因而得到广泛应用。它只要把大电流导线穿过磁心即可。

当导线中流过的电流穿过铁氧体时，铁氧体对低频电流几乎没有什么阻抗，而对较高频率电流却会产生较高的衰减作用，高频电流在其中以热量形式散发，其等效电路为 L 与 R 相串联，两元件值

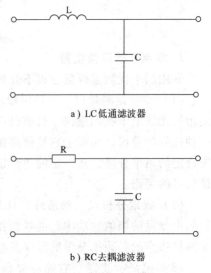

a) LC低通滤波器

b) RC去耦滤波器

图 4-4　简单滤波器

与磁珠长度成正比。

磁珠种类很多，其技术指标中很重要的是阻抗频率曲线。有的铁氧体磁珠上有多个孔洞，用导线穿过磁珠孔洞可增加元件的阻抗，其值为穿过磁珠次数的平方。在实际应用中，高频时通过多穿孔洞来增加抑制噪声能力不可能达到预期值，因为增加导线圈数反过来会耦合到周围的交变电场，而用多串联几个磁珠的方法效果会好一些。

磁珠不仅用于直流输出的噪声抑制，还可在交流功率电源线穿过它时，将高频噪声滤除。它不仅用于电源电器中滤除高频噪声，也可用在数字电路中。数字电路中，脉冲信号含有频率很高的高次谐波，它是高频辐射的主要根源。超小型磁珠可方便地让集成电路、晶体管等器件引线穿过。实验证明，经过磁珠后的方波脉冲变得更正规，原来叠加在上面的高频振荡波形噪声均被滤除。

使用中应注意磁珠的散热问题，因导线中高频电流被磁珠吸收后变成热量散发。曾做过这样的试验，在穿过磁珠的导线上通过峰值为 7A 的脉冲噪声电流，其波形为锯齿波，周期 $T=10\mu s$，占空比 $q=50\%$，通过 1min 后，磁珠温度迅速由 20℃ 升至 120℃。

最近又出现一种称为非晶型磁珠产品，它与铁氧体材料相比，不易磁饱和，而且磁导率也大。它可用于开关电源中保护续流二极管及抑制反向电流，使用时将其代替保护二极管的电感，串联在二极管上即可。它与一般电感不同的是，它具有所谓磁性缓冲器的功能，即在正常时，它的阻抗为零，而在过渡电流产生时，有很大的阻抗，以抑制浪涌的产生。

4.2.2　公共阻抗耦合噪声及其抑制方法

公共阻抗耦合是指噪声回路与受干扰回路之间存在公共阻抗，噪声电流通过这个公共阻抗产生噪声电压，传导给受干扰回路。

1. 干扰成因

（1）公共阻抗耦合噪声　为说明公共阻抗耦合噪声，用图 4-5 所示等效电路来说明。回路 1、回路 2 有一公共阻抗 R_3，回路 2 作为噪声源回路，噪声电流为 I_2，在 R_3 上产生噪声电压 $I_2 R_3$，从而影响回路 1。

当 $R_2=36\Omega$ 时，$R=R_1 R_2/(R_1+R_2)+R_3=21\Omega$，$I=4A$，$I_1=2A$。

当 $R_2=12\Omega$ 时，$I_1=1.75A$，这说明回路 2 负载变化会对回路 1 产生很大影响，即回路 2 噪声源对回路 1 产生干扰。

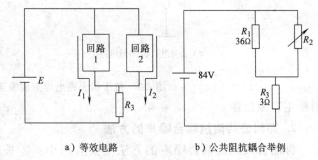

a）等效电路　　　　b）公共阻抗耦合举例

图 4-5　公共阻抗耦合等效电路

（2）串联方式接地形成公共阻抗耦合噪声　串联方式接地形成公共阻抗耦合电路如图 4-6 所示。阻抗 Z_1 为回路 1、2、3 的公共阻抗，阻抗 Z_2 为回路 2、3 的公共阻抗，这样，任何一个回路的地线上有电流流过，都会影响其他回路而成为噪声源。也就是说，各个回路的接地点 A、B、C 都不是真正的零电位。

（3）抗干扰旁路电容形成噪声　抗干扰旁路电容形成噪声的等效电路如图 4-7 所示。旁路电容本应起抗干扰的作用，但由于公共阻抗的存在，产生意想不到的前后级耦合，故使电

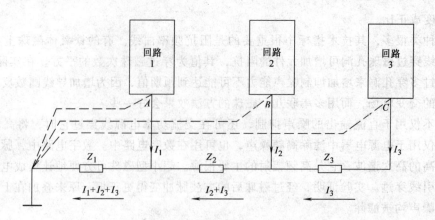

图 4-6 串联方式接地形成公共阻抗耦合电路

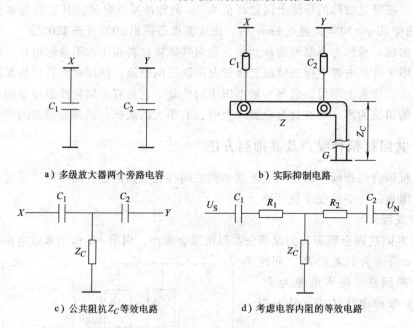

a) 多级放大器两个旁路电容   b) 实际抑制电路

c) 公共阻抗 Z_C 等效电路   d) 考虑电容内阻的等效电路

图 4-7 抗干扰旁路电容形成噪声的等效电路

路产生自激振荡。

2. 抑制公共阻抗耦合噪声的方法

抑制公共阻抗耦合噪声的方法主要有两个：①采取一点接地。②尽可能降低公共阻抗中的电感成分。

（1）一点接地方法 一点接地法就是把各回路的接地线集中于一点接地。

1）串联方式接地改为一点接地，如图 4-6 中虚线所示。多块印制电路板组成电子设备的板与板间一点接地方式示意图如图 4-8 所示。如果在 GND 与 G_1 间、G_1 与 G_2 间、G_2 与 G_3 间各用一导线连接起来，就成了串联接地方式，形成公共阻抗耦合。

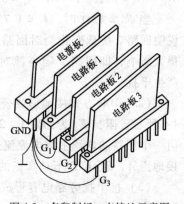

图 4-8 多印制板一点接地示意图

136

2）对小信号模拟电路、数字电路和功率驱动电路的混杂场合，大信号极易因公共阻抗干扰小信号，采用大信号地线与小信号地线分开的办法。大信号地线供大功率或有较大噪声的电路用，小信号地线供小信号及易受干扰的电路使用。机内布线完全是两个系统，只有在电源供电处才一点相接。图4-9所示为某系统的大信号地线与小信号地线分开的示意图。

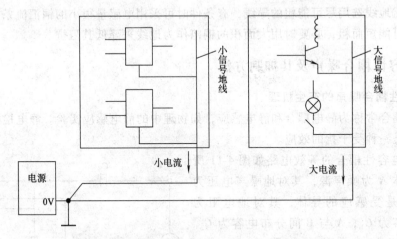

图4-9 大信号地线与小信号地线分开示意图

（2）直流电源供电线路接法 直流电源供电线路接法如图4-10所示。图4-10a为错误接法，导线阻抗 R_1、R_2 成为供电回路的公共阻抗。图4-10b为正确接法，避免了供电回路的公共阻抗。在某种意义上，电源内阻 R_0 亦为负载的公共阻抗，它无法消除，只能选用内阻小的电源。

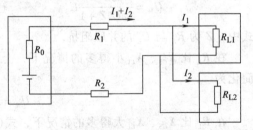

a）两个负载回路因公共阻抗相互影响

（3）减少公共阻抗中的电感成分 上述的公共阻抗，除电阻外还包括容抗和感抗。由于噪声往往具有很高的频率成分，频率愈高，感抗成分占整个阻抗的比例越大。直线形状的导线其电感可由下式计算：

$$L = 2l\left(\ln\frac{4l}{d} - A\right) \times 10^{-9} \qquad (4\text{-}6)$$

式中，l 为导线长度（cm）；d 为导线直径（cm）；A 为常数，它由导线截面内的电流分布决定。根据集肤效应的作用，A 为 $0.75 \sim 1$，无集肤效应时为 0.75，电流集中于导线表面时为 1。

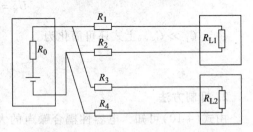

b）改变负载 R_{L2} 供电接法减小公共阻抗影响

图4-10 直流电源供电线路接法

导线与印制电路形成公共阻抗，电感成分是产生噪声电压的主要因素。印制导线的电感可由下式估算：

$$L = 0.02l\left(\ln\frac{2l}{w+t} + 0.5 + 0.224\frac{w+t}{l}\right) \times 10^{-6} \qquad (4\text{-}7)$$

式中，l 为印制导线长度（cm）；w 为导线宽度（cm）；t 为导线厚度（cm）。

两长度相等的平行印制导线的互感可由下式估算：

$$M = 0.02\left(l\ln\frac{\sqrt{l^2+D^2}+l}{D} - \sqrt{l^2+D^2}+D\right) \times 10^{-6} \tag{4-8}$$

式中，D 为两印制导线轴线间的距离（cm）。

在布线和设计印制电路板线路时，要尽量降低作为公共阻抗的导线或印制线所含的电感量。为此：①地线选用尽可能粗的导线，有条件时可采用电感量很小的铜汇流条。②印制电路的地线尽可能短而粗，必要时用大面积的铜箔作为地线来降低其阻抗。

4.2.3 电容性耦合噪声及其抑制方法

1. 电容性耦合噪声的产生机理

电容性耦合常称为静电耦合和静电感应，如物理中的静电感应实验。静电检测器两片金属箔的张合是一种受干扰的效应。

导线间电容性耦合的等效电路如图 4-11 所示。图中导体 A 为噪声源，其对地噪声电压为 U_S；导体 B 是受感应的导体，其对地电阻为 R_L，对地电容为 C_L；A 与 B 间分布电容为 C_S。噪声电压 U_N 为

$$U_N = \frac{j\omega C_S Z}{j\omega C_S Z + 1}U_S \tag{4-9}$$

式中，Z 为 R_L 与 C_L 的并联阻抗。

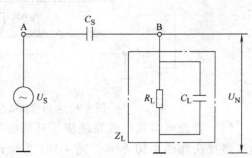

图 4-11　导线间电容性耦合的等效电路

在 R_L 比 X_{CS}、X_{CL} 小得多的情况下，上式可简化为

$$U_N = 2\pi f R_L C_S U_S \tag{4-10}$$

在 R_L 比 X_{CS}、X_{CL} 大得多的情况下，式（4-9）可简化为

$$U_N = \frac{C_S}{C_S + C_L}U_S \tag{4-11}$$

由于 $C_L \gg C_S$，上式还可简化为

$$U_N = \frac{C_S}{C_L}U_S \tag{4-12}$$

2. 抑制方法

由式（4-10）可知，电容性耦合噪声的大小与噪声频率成正比，与受感应体的对地电阻 R_L 成正比，与两导体间分布电容 C_S 成正比，与噪声源的噪声电压 U_S 成正比。从式（4-11）可知，当噪声频率高于某值时，噪声大小仅与 C_L 和 C_S 的分压比有关，故常采取以下办法抑制噪声：

1）减小分布电容——静电屏蔽。

2）增大 C_L。

3. 静电屏蔽形式

静电屏蔽是切断电容性耦合十分有效的方法，即采用低电阻金属壳将其包围起来。静电屏蔽实质上是将带电体发出的极大部分电力线屏蔽掉以减小分布电容。静电屏蔽必须接地，

接地阻抗充分小时效果好。只注意接地电阻要小却忽视真正起作用的电感成分，会导致静电屏蔽的效果不显著。静电屏蔽抑制效果比拉大间距减小分布电容效果好。金属编织网屏蔽也是静电屏蔽一种形式，它对高频噪声屏蔽效果好，频率越高，效果越好。

4.2.4　电感性耦合噪声及其抑制方法

1. 电感性耦合噪声的产生机理

电感性耦合一般又称为电磁耦合或电磁感应。如图 4-12 是电感性耦合的原理图。从物理学可知，线圈切割磁力线会感应出电动势，即使线圈不动，周围的磁力线变化，也会在线圈两端感应出电动势。

噪声源电压为 U_1，导体 1 和导体 2 可以是导线也可以是线圈。U_1 在导体上通过的电流为 I_1，产生的磁通为 Φ_1：

$$\Phi_1 = LI_1 \tag{4-13}$$

当这个回路的电流在另一回路中产生磁通时，这两个回路间存在互感 M：

$$M = \frac{\Phi_{12}}{I_1} \tag{4-14}$$

式中，Φ_{12} 为回路 1 的 I_1 在回路 2 中产生的磁通，这个磁通在回路 2 中所感应的电压 U_N 为

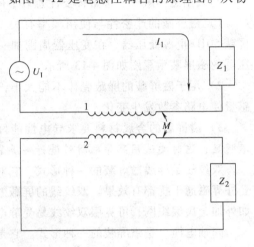

图 4-12　电感性耦合原理图

$$U_N = j\omega M I_1 = M\frac{\mathrm{d}i}{\mathrm{d}t} \tag{4-15}$$

2. 抑制电感性耦合噪声的方法

由式(4-15)可知，电感性耦合的噪声大小与噪声源回路的 $\mathrm{d}i/\mathrm{d}t$ 成正比，与互感 M 成正比。由此可见，要抑制这种噪声应采取以下办法：

1）在噪声源抑制电流变化率。

2）拉开两回路间距以减小噪声耦合。

3）采用磁屏蔽。

采用磁屏蔽是减小电感性耦合的有效方法。磁屏蔽主要是利用在低电阻的金属屏蔽材料内流过的电流来防止频率较高的磁通干扰。磁力线或磁通量变化时会在金属层内产生涡流电流，这种涡流电流也会产生磁通，其方向与原磁通方向相反，互相抵消。所以基本上隔离了磁力线向外泄漏，从而抑制了通过电感性耦合噪声的传播，如中周外壳。一般，磁屏蔽体也要接地。若接地，则同时又有静电屏蔽的作用。磁屏蔽且金属外壳接地称为电磁屏蔽。

3. 磁屏蔽与静电屏蔽的不同点

严格的磁屏蔽必须无缝隙严密地包围屏蔽体，而静电屏蔽要求并不那么高。其原因是噪声磁通使屏蔽体产生涡流，涡流产生的磁通与噪声磁通正好相反，如在垂直此电流方向上有缝隙，就会阻止涡流的流动，因而影响磁屏蔽的效果。对静电屏蔽而言，屏蔽体上有缝隙对屏蔽作用几乎无影响。静电屏蔽要良好接地，而磁屏蔽不一定接地。磁屏蔽与静电屏蔽的不同点如表 4-2 所示。

表 4-2　磁屏蔽与静电屏蔽的不同点

	磁 屏 蔽	静 电 屏 蔽
金属体	无缝隙，严密	不一定严密
接　地	可接可不接	良好接地

4. 选择屏蔽体的注意事项

当采用磁屏蔽时，屏蔽体要注意以下问题：

1）磁屏蔽的严密性与使用频率有关。频率越高，要求越严密。例如屏蔽 50Hz 电源变压器，在变压器周围加一头尾短路的铜带即可。电源变压器的磁屏蔽示意图如图 4-13 所示。

图 4-13　电源变压器的磁屏蔽示意图

2）用于磁屏蔽的屏蔽壳体不能太小，否则会影响受屏蔽体本身的电感量使电路参数发生变化。

3）磁屏蔽的金属材料要求导电性能好。**注意**：磁屏蔽对低频率效果不明显，这时要选用高导磁材料进行磁屏蔽，如坡莫合金等。

双绞线是导线磁屏蔽的一种形式。它对屏蔽噪声源发出的噪声以及屏蔽信号导线使其不受外界磁通干扰都有效。双绞线的屏蔽效果随每单位长度的绞合数的增加而提高。双绞线如外加金属编织网，可克服双绞线易受静电感应的影响，使其屏蔽效果更好。

同轴电缆也是磁屏蔽的一种形式。它是一种特制的用金属编织网作屏蔽的电缆。它在很大范围内具有均匀不变的低损耗的特性阻抗，可用于从直流到甚高频乃至超高频的频段。有屏蔽的双绞线与同轴电缆相比具有较大的电容，故不适合用于高频或高阻抗回路。

4.2.5　电磁场耦合噪声及其抑制方法

1. 电磁场耦合的传播方式及其感应噪声

辐射的电磁场在空间的传播是由于电场和磁场的相互作用。无线电广播、通信设备和其他高频设备工作时，往往辐射功率很大的电磁波。如果在辐射电磁场中放一金属导体，导体上会产生正比于电场强度 E 的感应电动势 U：

$$U = h_{eff}E \tag{4-16}$$

式中，h_{eff} 为比例常数，有时称为天线的有效高度。长导线，如信号输入输出线、控制线和电源线等在电磁场中都能接收电磁波而感应出噪声电压。作为噪声源，这些导线又能辐射出电磁波，导致对其他电路的干扰。

2. 抑制方法

电磁场屏蔽是抑制电磁波传播最主要的方法。电磁场屏蔽就是对电场和磁场同时加以屏蔽。和在近场中的屏蔽一样，对于远场中的电磁波也同样可以用金属体进行隔离，以防止这种噪声的传播。根据实际情况可采取两种方法：

1）用金属屏蔽体把电磁场包容起来，不让它向外扩散。

2）对受干扰对象如电路、元器件和电缆等进行屏蔽，使之不受电磁场的影响。

4.2.6　接地及其在抗干扰中的作用

1. 接地的目的

（1）安全接地 电子设备金属外壳接大地，保障电子设备漏电、机壳不慎碰到高压电源线或静电感应使机壳带电时的人身安全，这一接地是金属外壳与大地相连，它是安全接地线，而不是交流电源的中性线。舰船的船体与水等电位，船只壳体就是"地"，对于与大地不接地的飞行体，如卫星、飞机等其金属壳体作为安全接地的地。设备外壳接地，可以对雷击闪电的干扰起屏蔽作用。

（2）工作接地 工作接地有两个功能：①作为电位参考点。②用于抑制噪声，防止干扰。

合理设计接地点是抑制噪声和防止干扰的最重要措施之一。通过合理地设计接地点，可以达到以下目的：

1）采用一点接地的方法，减小经公共阻抗产生的噪声电压。

2）采用静电屏蔽接地抑制电容性耦合产生干扰。

3）避免构成对地回路所引起的电感性耦合或接地电位差。

那种把设备上金属构件看作是参考接地点，不加考虑地胡乱接线的做法，常常会引入噪声，使设备工作不可靠。

2. 输入信号回路的接地

（1）电路的一点接地 由于信号电路与接收电路间常有一定的间隔距离，因而信号侧"地"的电位与接收侧"地"的电位不可能完全相等。若以大地为参考点，两处分别接地，如图 4-14a 所示，则两"地"之间电位差 U_G 就会叠加在信号电压 U_S 上形成噪声，而且输入回路所包围的面积易受噪声磁场的影响，形成电感性耦合噪声。

图 4-14b 中，使用屏蔽线两点接地，可减小电感性耦合噪声，但不能消除 U_G。

图 4-14c 中，采用双绞线，两点均不接地（称为浮地方式），U_G消除了，但要求对地绝缘必须良好，否则线路发生故障或静电感应使设备外壳带电时，对人、设备均不安全。

图 4-14d、e 为一点接地方式，可消除 U_G 且安全。

图 4-14d 为信号侧一点接地，常用于当信号源或测量放大器安装在金属容器中时，金属外壳用作屏

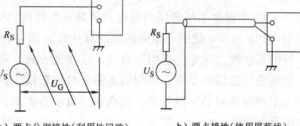

a）两点分别接地（利用地回路） b）两点接地（使用屏蔽线）

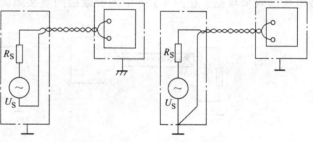

c）浮地（不接地）   d）信号侧一点接地

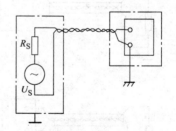

e）接收侧一点接地

⊥、⊥⊥ 都表示零电位。由于接地点不同，同一图上各接地点的零电位不一定相等，所以用两种符号。

图 4-14 输入信号电路接地的几种方式

蔽用。接收侧对地绝缘。

图 4-14e 为接收侧一点接地，用于与图 4-14d 相反的情况下。

必须注意：

1）电路一点接地后，另一侧必须对地良好绝缘。

2）对信号输入回路应尽量采用一点接地方式，当必须两点接地时，要采用同轴电缆传输。

（2）用屏蔽线输入时接地　信号频率低于 1MHz 时，屏蔽层也应一点接地。因为当接地多于一点时，若多接点的电位不完全相等，就有 U_C 存在。再则，通过屏蔽层，还将对地形成一个地回路，容易发生电感性耦合，使屏蔽层中产生噪声电流，并经导线和屏蔽层之间的分布电容和分布电感耦合到信号回路，在信号线上形成噪声电压。所以，敷设屏蔽编织低频电缆或同轴电缆时，屏蔽层应对地绝缘，确保一点接地。

屏蔽层接地端应与电路一点接地端一致。

在实际应用中，电路本身可能采用两点接地方式，所以导线屏蔽层也有一点接地和两点接地两种。

图 4-15 中提供了低频同轴电缆和屏蔽双绞线的优先接地方案。

图 4-15a、c、e 使用了带屏蔽层的双绞线，图 4-15b、f 使用了同轴电缆，图 4-15d 只用了一般的双绞线。究竟应选用屏蔽层一点接地方式，还是两点接地方式，要取决于对屏蔽电场、磁场或电磁场的要求，使用的是哪一种屏蔽线，以及电路本身的接地方式。

为了得到良好的屏蔽效果，应选用一点接地方案，因此图 4-15e、f 的屏蔽效果最差，仅用在电路必须两点接地的情况。在图 4-15a～d 中，因图 4-15d 的双绞线没有屏蔽层，所以屏蔽电场的效果较差。在图 4-15c 中因屏蔽层两点接地面形成环路，有可能在屏蔽层上流过较

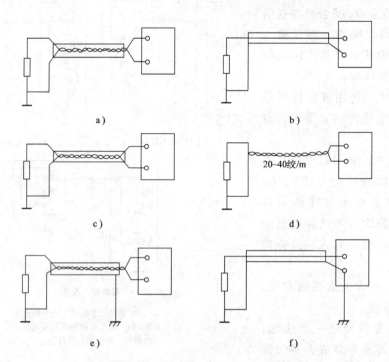

a)　　　　　　　　　　　　b)

c)　　　　　　　　　　　　d)　　20~40绞/m

e)　　　　　　　　　　　　f)

图 4-15　低频同轴电缆和屏蔽双绞线的优先接地方案

大的噪声电流，并在内部的双绞线上感应出噪声电压，降低屏蔽效果。相比之下，图 4-15a、b 两图的屏蔽效果最好。不过，同轴电缆要比屏蔽双绞线价格高，因此建议采用的优先顺序为 a、b、…、f。

（3）高频电路多点接地　当 $f > 1\text{MHz}$ 或电缆长度超过干扰波波长 λ 的 0.15 倍时，屏蔽层需采用两端接地或多点接地方式，接地点间距应小于 0.15λ，这是通过实验得出的结论。长电缆多点接地有利于屏蔽层更接近地电位，因为高频时屏蔽层对地分布电容和自身阻抗影响较大，多点接地后，反而能减小阻抗的影响，使接地处保持在地电位。如果各接地间有电位差，也无关紧要，因为接地点间电位差引起的噪声电压频率通常比信号频率低得多，因而在电路中较易滤去。

（4）测量放大器屏蔽罩的接地　在小信号测量放大器上加屏蔽罩，对抑制噪声有较好效果。屏蔽罩接地的原则是确保屏蔽罩的电位与放大器输入回路的地电位相等，实际接法中，可把放大器公共端（或称零电位）与屏蔽罩相接，然后再接到输入屏蔽导线的屏蔽层上，如图 4-16 中的 5 点。如果 5 点与 1 点之间有噪声电压，那么应把 4 点直接接到 1 点。图 4-16a 画出了不正确的接法。

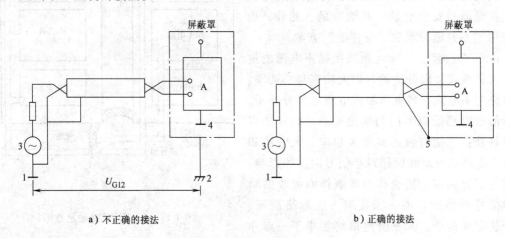

a）不正确的接法　　　　　　　　　　　b）正确的接法

图 4-16　放大器屏蔽罩的接地

3. 电源电路的接地

电源电路的接地，参阅本书 4.3 节。

4. 数字系统的接地

一个数字系统往往要将大量的数字集成电路，安装在许多块印制电路板上。高速逻辑电路中脉冲信号的脉宽只有几个纳秒，它的频谱范围可达几十兆赫兹，因此电路接地系统应按高频电路处理。接地时所依据的原则是确保有一个低阻抗接地回路。实际应用中，是使用大面积的薄铜片，或者用印制电路板上的铜箔接地回路。这样做的优点是：

1）接地回路的电感量减小。

2）便于多点接地，且接地点与地电位面的连接线可以较短。

3）接地铜片表面镀银有利于降低阻抗。由于高频电路中存在集肤效应，增加铜片厚度并不能降低接地阻抗。

4）便于使导线贴近接地面布置，有利于减小导线之间的近场感应耦合。

5. 系统接地方式

在工业用低频电子装置中，目前较多采用"三套法"接地系统，这是从实践中总结出来的行之有效的方式。

所谓"三套法"，就是根据存在噪声的强弱、信号电流的大小和电源的类别，把接地系统分成三类。

第一套称为信号地，包括小信号回路、逻辑电路和控制电路等低电平电路的信号地，即工作地。

第二套为功率地，包括继电器、交流接触器、电磁阀、风机和大电流驱动电源等大功率（相对于信号电路来说）电路以及噪声源的地，所以又称为噪声地。

第三套称为机壳地，包括设备机架、机柜、机门和箱体结构等金属构件的地。

这三套地分别自成系统，最后用接地母线汇集于一点，如图 4-17 所示。若设备中有交流零线，则应把机壳接到交流零线上，这时机壳地也就是安全接地点。因此本部分介绍的方法中，机壳地和安全地是"共地"的。此外，也可采用"不共地"或称"悬浮法"方案。

由于"三套法"接地是按照噪声电磁能量大小而将地线加以分类的，把大功率与小功率、大电流与小电流、高电压和低电压电路分开了，并给信号电路配以专门的接地回路。此接法有以下好处：①能有效地避免大功率、大电流和高电压电路通过地线回路对小信号回路的影响。②避免了屏蔽罩、机壳作为屏蔽体而吸收的噪声对信号回路的影响。③接地方法脉络清晰，便于装配和检查。④三套地最终汇集于一点并与大地相连，使整个系统处于地电位，符合安全要求。

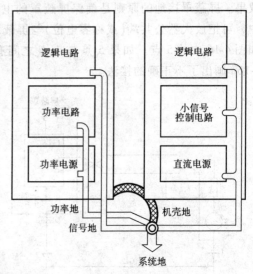

图 4-17 "三套法"接地示意图

4.3 电源电路抗干扰措施及其调试

4.3.1 电源变压器的抗干扰措施

1. 高频尖峰脉冲在变压器中的传播途径

变压器一次、二次绕组交流电磁耦合并不是高频尖峰脉冲噪声传播的主要途径。它的主要传播途径是由一次、二次绕组间的分布电容所构成的。由于一次、二次绕组靠得很近，它的分布电容在几百皮法左右，这一分布电容不仅容量大，而且有十分好的频率特性，对高频噪声有很低的阻抗。

2. 抗干扰措施

（1）采用静电屏蔽方式减少分布电容

1）在一次、二次绕组之间加屏蔽层并接地。制作过程中在绕制完一次绕组后，用

0.02～0.03mm 厚的铜箔包一层，铜箔始末端须有 3～5mm 重叠部分，且重叠部分要相互绝缘。如在这样的屏蔽层上再加一层，两层屏蔽之间也绝缘，则效果更好。另外，要求屏蔽层引出线与屏蔽层接触电阻要很小，有时直接利用屏蔽层铜片作引线，以保证接触可靠。变压器加屏蔽层的示意图如图 4-18 所示。

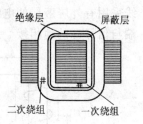

图 4-18　变压器加屏蔽层的示意图

屏蔽层一定要接地，据测量一般 200VA 左右的小型电源变压器一次绕组和二次绕组间屏蔽层的电容量为 500pF，如不接地，一次、二次绕组间的分布电容约为 250pF。当屏蔽层接地时，分布电容降为 20pF 左右，其等效电路如图 4-19 所示。

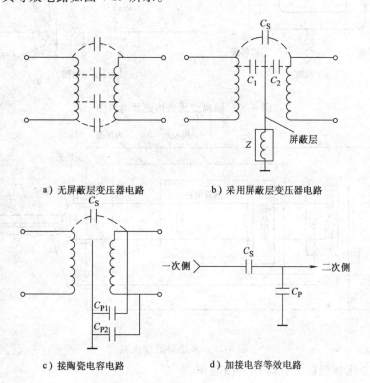

a）无屏蔽层变压器电路　　　b）采用屏蔽层变压器电路

c）接陶瓷电容电路　　　d）加接电容等效电路

图 4-19　电源变压器静电屏蔽等效电路

在工艺上还可以降低残存分布电容。例如，在绕制时，将绕组宽度绕窄一些，屏蔽层尽可能宽一些，使泄漏的电力线变得更少。

为增加静电屏蔽能力，电源电路调试过程中，在二次绕组上加高频特性好的陶瓷电容，C_{P1}、C_{P2} 容量为 0.05μF 左右，且与屏蔽层共同接地，电路如图 4-19c 所示。原来 C_S 跨接在一次、二次绕组之间，加 C_P 后等效为分压电路，其等效电路如图 4-19d 所示，使到达二次绕组的噪声进一步衰减。

2）隔离变压器。为防止电网中的噪声进入电源部分，设置电压比为 1:1 的隔离变压器，其构造及电路图如图 4-20 所示。为提高抗干扰效果，应把一次、二次绕组屏蔽层与铁心均接地。

3）多层屏蔽变压器。当对抑制电源共模噪声有较高要求时，可采用多层屏蔽变压器，如图 4-21 所示，其中将一次绕组屏蔽后与铁心及机壳相接后接地。二次绕组采用二层屏蔽，内屏蔽层与测量电路的模拟地相接，外屏蔽层与测量电路的内屏蔽层金属壳相接。输出传输线采用有外屏蔽层的电缆且两点接地，其外屏蔽层一端与内屏蔽层金属壳相接，在信号源一端与信号源的地相接。

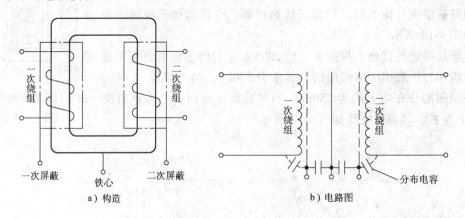

图 4-20　隔离变压器构造及电路图

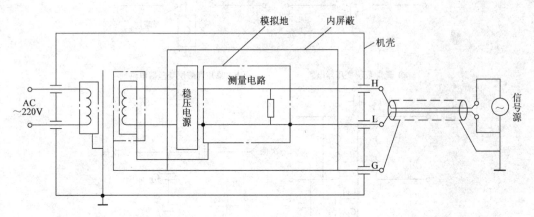

图 4-21　多层屏蔽变压器

（2）改变变压器绕制方式降低共模噪声

1）采用一次绕组平衡式绕法。所谓平衡式绕法是将一次绕组分成两部分绕制，使漏电流减小，以减小共模电压的办法。平衡式绕法使漏电流减小示意图如图 4-22 所示。图中，P为一次绕组，S 为二次绕组，N 为二次绕组的中心抽头，E 为屏蔽层。经实验测试，普通变压器的共模电压为 25V（p-p），采用平衡式绕法减为 15V（p-p）。

采用一般绕法时，假设变压器一次绕组两层，由于绕线时是来回绕制，线匝 a 和 b 之间有 220V 的电位差，通过这两匝之间的分布电容，产生较大的泄漏电流。采用平衡式绕法时，线匝 a 和 b 之间的电位差却只有原来电位差的一半，泄漏电流较小。

2）采用 EI 形铁心绕组绕法。电源变压器的线轴构造对抑制共模电压也有影响。使用 EI 形铁心，一次绕组和二次绕组分别绕在两个线轴上，效果更好。

（3）减少电源变压器泄漏磁通的措施　电源变压器发出的泄漏磁通会干扰电子线路，特别是在微小信号的放大电路中，会造成更严重的影响。为减小泄漏磁通可采取以下措施：

1）改进绕线工艺。绕法不同，泄漏磁通大小不同。两种不同的绕制方法如图 4-23 所

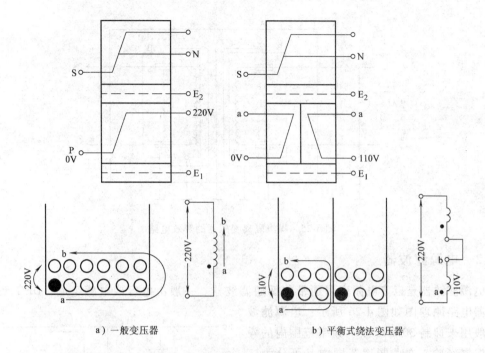

　　　a）一般变压器　　　　　　　　　　b）平衡式绕法变压器

图 4-22　平衡式绕法使漏电流减小示意图

示。图 4-23a 是泄漏磁通多的绕法，因一次、二次绕组位置差别太大，各自发出的磁通分布也相差太大，使泄漏磁通较大。图 4-23b 的一次、二次绕组均在左右铁心上绕相同的圈数，然后各自并接，可使泄漏磁通大大减小（串接也有相同效果）。

　　2）屏蔽电源变压器。屏蔽电源变压器的方法有多种，常采用的方法是在变压器周围包一层铜片，将其两端焊接，形成一个短路环，变压器的泄漏磁通被短路环产生的短路电流所抵消，以减小泄漏磁通。变压器漏磁短路环如图 4-24 所示。

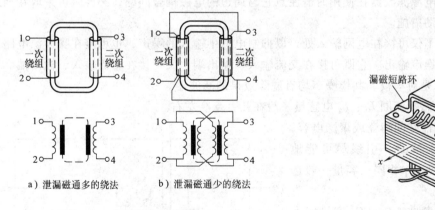

　　　a）泄漏磁通多的绕法　　　b）泄漏磁通少的绕法

图 4-23　两种不同的绕制方法

图 4-24　变压器漏磁短路环

　　3）采用合适的装配法。电源变压器在装配时也应充分考虑到它的泄漏磁通影响。加大它与受干扰线路之间的距离，可有效地抑制这种磁通干扰。

　　（4）噪声隔离变压器　噪声隔离变压器是近年来研制的一种抗干扰电源变压器，它是在绝缘变压器的基础上，在绕组与变压器的外部设有多层电磁屏蔽，其铁心材料的磁导率在高频时会有急剧下降的特性，这样就能有效阻断高频噪声的磁耦合。图 4-25 所示为其等效电路。

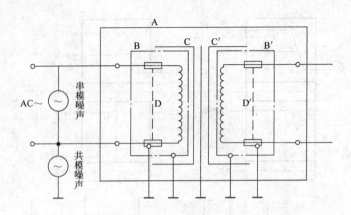

图 4-25　噪声隔离变压器的等效电路

4.3.2　电源滤波器

电源滤波器是以市电频率为通带的低通滤波器。一般由电容或电感组成，DEG 型电源滤波器电路原理图如图 4-26 所示。电源滤波器一般用来抑制 30MHz 以下频率范围内的噪声。根据经验，在此频率范围内又可分为三个频段：

1）10～150kHz，主要以抑制串模噪声为主。

2）150～10MHz，主要以抑制共模噪声为主。

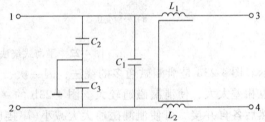

图 4-26　DEG 型电源滤波器电路原理图

3）10～30MHz，主要以抑制共模噪声为主，这一频段的电源滤波器在使用时需注意它与周边的电磁耦合问题，必要时可采取在地线上串接电感等辅助措施。

电源滤波器不仅可接在电网输入处，以抑制电网中输入的噪声，也可接在噪声源电路的输出处，以抑制噪声输出。它既可接在交流输入、输出端，又可接在直流输入、输出端。

图 4-27 所示是对串模、共模噪声均有滤除效果的滤波器。

图 4-27 中电感扼流圈 L_1、L_2 电感量一般在几百毫亨左右。

C_1 选高频特性好的陶瓷或聚酯电容，容量为 0.047～0.22μF，引线尽可能地短。C_2、C_3 要求与 C_1 相同，容量一般选用 2200pF 左右。

从滤波效果考虑，C_2、C_3 容量应大一些。但容量过大，机壳与电网间阻抗会变低，漏电流变大。一旦机壳接大地不良，人接触机壳会麻电，甚至发生危险。电源滤波器对地漏电流 I_{LD} 由下式估算：

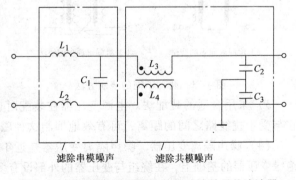

滤除串模噪声　　　　　　滤除共模噪声

图 4-27　对串模、共模噪声均有滤除效果的滤波器

$$I_{LD} = 2\pi f C U_{C} \tag{4-17}$$

式中，U_C 为图 4-27 中 C_2、C_3 上的电压，即输出端对地电压，当接 220V 交流市电时，$U_C = U_i/2 = 110V$，$C = C_2 = C_3$。当 $C_2 = C_3 = 2200pF$，$I_{LD} = 0.15mA$；当 $C_2 = C_3 = 4700pF$ 时，$I_{LD} = 0.3mA$。有的国家已规定此种漏电流的安全极限，例如德国 VDE 规定，对 I 类安全保护（有保护接地端子）的携带式或经常移动式装置，漏电流不允许大于 0.75mA，对固定式装置限制在 3.5mA 以下，II 类 0.25mA 以下。

电源滤波器本身还有屏蔽和屏蔽接地问题，它只有在外层屏蔽罩以及应接地的电容可靠地低阻抗接地时，效果才好。

电源滤波器的额定电流与环境温度有关，设室温时额定电流为 I_1，则温度为 T_A 时的额定电流 I_e 为

$$I_e = I_1 \sqrt{45(85 - T_A)} \tag{4-18}$$

4.3.3 串联调整式稳压电源的抗干扰措施

1. 抑制穿过稳压电源的电网噪声

（1）调整管选用高频管以抑制高频噪声 这类稳压电源对高频噪声抑制能力差，因调整管一般用低频晶体管，调整管的等效电路如图 4-28 所示。其集电极与发射极间的分布电容均为 20 ~ 200pF，高频噪声很容易通过分布电容进入已稳压的电源上。串联的脉冲噪声仍有几分之一到几十分之一幅度的残余脉冲输出。采用高频管用作调整管，抑制噪声效果较好。

（2）负电源调整管的正确接法 在实践中发现对于负电压输出的稳压电源，当调整管放在接地一侧时，其抑制噪声性能很差。例如双电源电路，在同一印制电路板上安装，将负电源的正输出端接地，如图 4-29a 所示。这种接法使负电源调整管 V_2 的集电极与发射极间分布电容增加，其等效电路如图 4-29b 所示。原为 C_{S1}，错误接法变为 $C_{S1} + C_{S2}$（C_{S2} 为电解电容的分布电容），正确接法如图 4-29c 所示。测试表

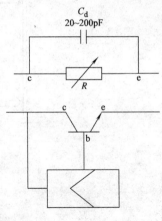

图 4-28 调整管的等效电路

明，正确接法比不正确接法可使设备的抗串模噪声指标提高 300 ~ 450V。尽管线性集成稳压器输出端和输入端间的分布电容小于低频大功率管，根据以上分析可知，在双电源供电电路中，我们也不要用 78 × × 系列芯片去代替 79 × × 系列芯片，接成与图 4-29a 类似的电路。

（3）消除滤波大电解电容的等效电感 电解电容采用卷状结构，本身等效电感很大，所以对高频噪声并不形成低阻抗通路。在设计电路调试过程中，若采用电解电容，则消除办法是并接 0.1μF 左右高频特性好的陶瓷电容，以抑制高频噪声。

2. 抑制稳压电源本身的噪声

在制作稳压电源过程中，发现纹波电压实测值比理论值要大一、两个数量级。纹波电压幅值较大的原因，虽可认为是稳压电源对电网交流波形抑制不够造成的，但主要是由于电路设计或工艺上的问题造成稳压电源本身产生噪声。应采取措施，以抑制纹波电压。

（1）采用合理布线工艺，抑制纹波电压 图 4-30 所示为 μA723 多端可调集成稳压电

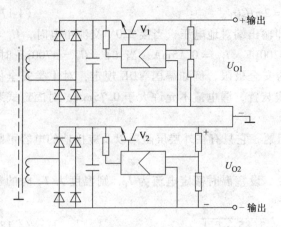

a）调整管不正确接法

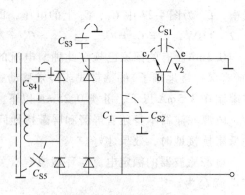

b）集电极与发射极间分布
电容增加的等效电路

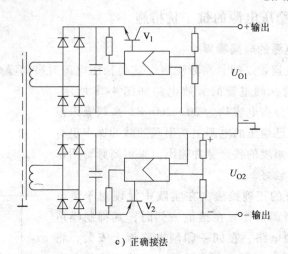

c）正确接法

图 4-29　正负两组电压输出的稳压电路

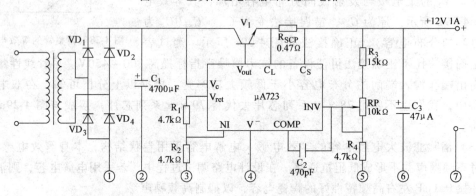

图 4-30　μA723 多端可调集成稳压电源实用电路

源实用电路。一般理解，电源负侧只要以①～⑦依次画直线作地线即可。但实际装配中，这样布线会使输出电压的纹波很大。正确布线应是①、②直接相连，③→④→⑤直接相连，⑥与⑦单独相连，再以②→⑦→⑤的顺序相连。电源正侧接法也同样从 VD₁ 通过 C₁ 到 V₁ 集电极，另外 R₃ 电阻的一端直接接到输出端"＋"上去取样。电源"－"侧线，

150

特别是大电流线尽可能粗而短，以免在印制线上产生大压降而耦合到 μA723 放大电路中去。

如此布线的缘由可作如下分析。设每段连线电阻为 50mΩ，若按①～⑦画一直线作地线，纹波电流经 50mΩ 电阻形成的电压通过 C_1 后又回到二极管，则③、④、⑤、⑥全部有这种纹波电流通过。该电流在③、④之间及④、⑤之间产生的纹波电压由内电路运放放大，在直流输出端上产生很大的纹波电压。另外，⑤→⑥→②之间产生的纹波电压同样在输出端出现，本来作为减少纹波用的差动放大器变成了纹波放大器。在电路调试过程中，如果发现稳压电源纹波电压比预计值大很多倍，加接滤波电容后效果不明显，则一般是纹波电压由稳压芯片的引脚引入并经内部放大器放大所致。应通过改接地线或取样信号引入线的接线方式加以试验，若得到改善，则说明原来的印制电路板设计方案有问题，应重新设计或予以改接。

（2）取样线连接尽可能短，远离其他噪声源　在负载与稳压电源输出端距离较远时，一定要把稳压电源取样线直接接负载两端，且取样线一定要用双绞线方式，以减少来自变压器泄漏磁通引起的纹波电压。

（3）抑制稳压管的噪声　在分立元器件电路中，稳压管的工作电流 I_s（尤其是 $I_s < 1mA$ 时）会产生无规则噪声。电流越小，噪声越大，有时可达几百微伏到几十毫伏。设计时应做到两点：

1）确保较大工作电流。

2）并接 $0.05\mu F$ 左右旁路电容，可将噪声衰减 80% 以上。

4.3.4　开关稳压电源的抗干扰措施

开关稳压电源的简化电路原理图如图 4-31 所示。开关稳压电源是利用半导体器件的开和关进行工作的，并以开和关的时间之比来控制稳定输出电压，开关控制电路对 U_0 进行取样比较，根据 U_0 变化调节 $t_{开}$ 与 $t_{关}$ 的时间比，驱动 V_1 的开关从而使 U_0 保持稳定。L_1、C_1 的作用是使输出脉冲经滤波平滑而变成直流。VD_1 为续流二极管（亦称整流二极管），在 V_1 截止期间，输出由 L_1 提供能量，使 VD_1 导通形成回路。

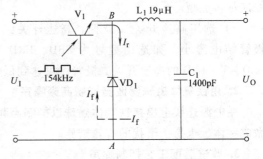

图 4-31　开关稳压电源的简化电路原理图

由于开关脉冲一般都在 20kHz 以上，du/dt、di/dt 变化很剧烈，产生很大的浪涌电压脉冲和其他噪声，形成很强烈的干扰源。

开关稳压电源噪声可分为三种形式：

1）返回式噪声，即返回到电网中去的噪声，它往往通过电源变压器传播到电网中去，对附近电网上工作的电子设备形成强烈干扰。

2）输出噪声分为共模噪声和串模噪声，抑制重点为共模噪声。

3）辐射噪声，即高频噪声以电磁波方式辐射干扰其他电路或开关稳压电源内部的电路。

1. 整流二极管反向电流产生噪声的抑制

（1）噪声产生的原因　开关稳压电源要求整流二极管的正向压降要低，反向恢复时间要快，反向漏电流要小。人们通常认为，二极管正向导通，反向截止，但实际上反向也有一定的电流流过，特别当频率较高的交流电压加在二极管两端时，这种反向电流很明显。

反向电流能导致噪声产生的原因为：当 V_1 关断，电感 L_1 能量通过 VD_1 的电流 I_f 释放，随着 L_1 上能量逐渐减少，输出电压降低，V_1 又导通，VD_1 从本来由 A 到 B 正向电流 I_f 通过状态，突然变成加有反向电压的状态，因而产生反向电流 I_r。这个突变的 I_r 通过线路电感成分，产生很大的噪声电压。经测定，反向恢复时间为 300ns 的二极管，其反向电流为 2.3A，输出 0.05V（p-p）的噪声电压；反向恢复时间为 35ns，其反向电流仅为 300mA，输出噪声为 0.01V（p-p）。

（2）抑制措施

1）二极管反向恢复特性软化措施。由上述分析可知，要减小噪声干扰，则要求二极管反向恢复时间短且具有软恢复特性。下面介绍两种二极管反向恢复特性软化措施：

①加缓冲器，如图 4-32a 所示。②加缓冲器和电感，如图 4-32b 所示。

电路原输出处噪声为 0.16V（p-p），经试验采取措施加缓冲器后降为 0.055V（p-p）；采取措施加缓冲器和电感后降为 0.018V（p-p）。

整流二极管反向电流噪声产生的影响，可用图 4-32a 所示缓冲器加以抑制，把电阻、电容串接后并接在二极管两端，并且测试噪声电压加以试验。缓冲器所用电阻、电容引线应尽可能短。

2）选用高速开关二极管。高速开关二极管结电容小，如选用型号为 SBD、FRD、LLD、V—LLD 的高速开关二极管，可达到低噪声及高效率的目的。

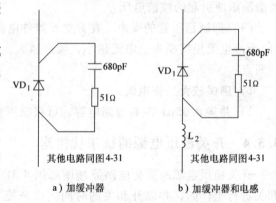

其他电路同图4-31　　其他电路同图4-31

a）加缓冲器　　b）加缓冲器和电感

图 4-32　二极管反向特性软化措施

2. 用铁氧体磁珠滤波器抑制高频噪声

在电源连线上串接铁氧体磁珠以抑制高频噪声。在电源连接器插头处，将铁氧体与插头做成一体，也是抗干扰的有效措施。

3. 改进装配工艺抑制噪声

（1）印制板的设计制作

1）开关电源控制电路的安排。为降低成本，开关电源控制电路放在一次绕组侧为好，但这样会使一次绕组开关工作的主电路与控制电路处于一起，控制电路极易受主电路产生的 du/dt 和 di/dt 变化的影响，为此在设计制作印制板时，主电路与控制电路尽量分离，但要做到严格分离是很困难的。设计时，应特别注意地线公共阻抗的影响，控制电路不能借用主电路地线。控制电路地线的正确接法如图 4-33 所示。

与串联调整式稳压电源一样，开关电源放大器的输入阻抗较高，很容易因电磁感应拾取噪声。在设计制作放大部分印制线路时，要注意其构成的环路面积要小，取样线要尽可能短且远离噪声源线路。

2）二极管装接位置安排。二极管装接位置对噪声有很大影响，详情请参阅诸邦田编著的《电子电路实用抗干扰技术》（人民邮电出版社1994年版）。

（2）电源的装配布线　电源装配布线与共模噪声有很大关系，抑制共模噪声，除加旁路电容之外，可采取以下措施：①装配时要注意电源及布线的分布电容要小，这样可减少由共模噪声向串模噪声的转化，因对电路起干扰作用的往往是串模噪声。②和其他稳压电源一样，电源的输出线不能与交流功率及其他大功率负载线相接近或平行，更不能捆扎在一起，以免产生耦合噪声。③开关电源内部布线不要前后级混杂、捆扎等。

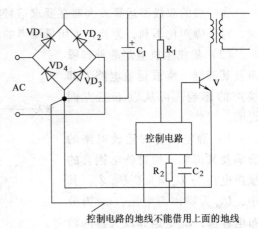

图 4-33　开关电源控制电路地线的正确接法

4.4　集成运放电路抗干扰措施及其调试

4.4.1　集成运放电路的噪声及其抗共模噪声特性

1. 集成运放电路的噪声及其抑制

（1）集成运放电路的内部噪声及其抑制　集成运放电路的输入级一般由双极型晶体管构成，它的内部噪声成分和一般小信号晶体管产生的相同。主要的噪声类型有：①$1/f$噪声（闪烁噪声）。②散粒噪声。③热噪声。④爆裂噪声等。这些噪声大多数是由运放电路的第一级使用的晶体管或场效应晶体管的特性所决定的，图 4-34所示为集成运放电路的噪声等效电路。

将运算放大器作为一个理想的无噪声放大器，运放电路的内部噪声可以折合到其输入端作为一个总的噪声电压 E_n，则

图 4-34　集成运放电路的噪声等效电路

$$E_n = \sqrt{4kTR_S\Delta f + e_n + (i_n R_S)^2}$$

式中，$4kTR_S\Delta f$ 为信号源电阻 R_S 的热噪声；k 为波尔茨曼常数，$k = 1.38 \times 10^{-23}$ J/k；e_n 为运算放大器折合到输入端的噪声电压；i_n 为折合到输入端的噪声电流。

当信号源电阻 R_S 小时，总噪声主要由 e_n 决定；当 R_S 大时，总噪声主要由 $i_n R_S$ 决定；但总噪声不会低于其信号源电阻 R_S 所产生的热噪声项 $4kTR_S\Delta f$。

结型场效应晶体管运算放大器 LF356 和一般运算放大器 μA741 相比较，折合到输入端的噪声电压 e_n 大小基本相同，但折合到输入端的噪声电流 I_n 大小相差很大，LF356 约为μA741 的 1/100。

当一般的双极型运算放大器在要求信号源电阻较小，而实际信号源电源较大的场合工作时，对低噪声化不利，为此，可用低噪声的场效应晶体管作为输入级，电路如图 4-35 所示。

（2）集成运放电路的外部噪声及其抑制　集成运放电路外部噪声的影响，可从以下三方面说明。

1）静电耦合对运放电路的影响及其抑制。通过静电耦合的噪声电压为 $U_n = j\omega C_n U_{NG} Z_i$。其中，$U_{NG}$ 为噪声源电压，C_n 为分布电容量，Z_i 是运算放大器的输入阻抗，ω 为噪声频率。所以，噪声通过静电耦合对运算放大器电路产生的影响，除与分布电容 C_n 有关外，还与噪声频率有关，

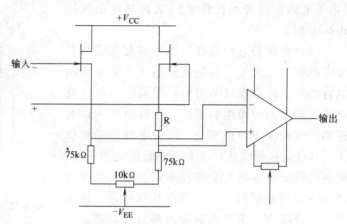

图 4-35　用场效应晶体管作输入级的电路

与电路的输入阻抗有关，在噪声环境恶劣的场合，要采取静电屏蔽的方法来抑制噪声。

2）电磁耦合对运放电路的影响及其抑制。运放电路受电磁耦合噪声影响的原因是：①靠近电源变压器而受泄漏磁场的影响。②附近回路流过大电流受其散发的磁通影响，通过电磁耦合的噪声电压 $U_n = j\omega M i_n$。其中 M 为互感，i_n 为噪声源的电流，ω 为噪声频率。可采取的措施有：①减少电路布线在印制电路板上形成的环路面积。②在运放电路的输入端加接低通滤波器。

3）公共阻抗耦合对运放电路的影响及其抑制。信号电流和噪声电流流过公共阻抗时，噪声通过公共电阻耦合到信号上（如通过地线的公共阻抗的耦合噪声），当大信号电流流过时，在阻抗较大的地线上产生的噪声电压，对于处理小信号的运放电路是一个很大的噪声源。可采取的措施有：①尽可能减少公共阻抗。②尽量缩短导线长度，加粗印制导线宽度。③使用低阻抗铜板作地线，采用大平面接地等。

2. 集成运放电路抗共模噪声特性

共模噪声电压主要是由于信号源与接收回路之间产生的接地电位差造成的，其间距越大，共模噪声电压也越大。这种共模噪声的频率可以从市电频率 50Hz 到数百兆赫兹，要全部消除这种共模噪声的影响是困难的，但可在某个频带范围内有效地抑制。

（1）使用运算放大器抑制共模噪声　使用运算放大器抑制低频的共模噪声电压是非常有效的，由于运算放大器可作为差分放大器使用，故即使使用一级运算放大器，也能使电路具有一定的抗共模噪声的能力。图 4-36 所示电路中，运算放大器本身的共模抑制比 CMRR 在频率为 100Hz 以下时，可有 80dB 的性能。当 $R_{f1} = R_{f2}$、$R_{s1} = R_{s2}$、$R_{g1} = R_{g2}$ 时，即使在 R_{f2} 插入调整电阻，使 CMRR 调整到最高，只要 R_{g1} 变动 1%，CMRR 就不可能达到 40dB 以上。通常可采用两个或三个运算放大器，图 4-37 所示为采取多个运算放大器的电路，图 4-37a 为使用两个运放的抗共模噪声电路，图 4-37b 为一般高精度测量仪器采取的使用三个运放的抗共模噪声电路。

（2）输入线屏蔽抑制共模噪声　使用高性能运放电路时，仍需加其他的抗共模噪声的

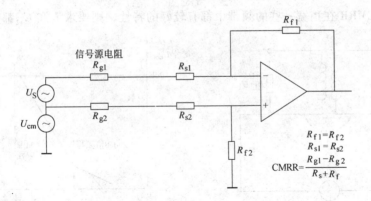

图 4-36　使用一个运算放大器的抗共模噪声电路

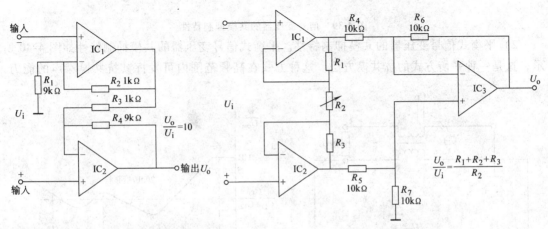

a）使用两个运放的抗共模噪声电路　　　　　b）使用三个运放的抗共模噪声电路

图 4-37　使用多个运算放大器的抗共模噪声电路

措施，如当信号源离电路较远时，容易在传输线上感应噪声，可采取图 4-38 所示电路，电路中信号用双绞线传送且在双绞线处屏蔽，屏蔽层接信号源的接地端等。

（3）高频共模噪声的抑制　对频率较低的共模噪声，运放电路有较好的抑制效果，而对较高的频率，运算放大器的共模抑制比就很差，如 LF356 的 CMRR 在 100Hz 时为 80dB 以上，而在 100kHz 时只有 30dB，在 1MHz 时仅有 3dB。

抑制高频共模噪声的方法很多，主要介绍变压器法。

1）信号变压器的共模抑制特性。信号变压器的共模抑制特性如图 4-39 所示，这种方法在特别低的频率范围内 CMRR 特性较好，而在高频率范围内其 CMRR 特性显著变差，当频率小于 $R/2\pi L$ 时，为 20dB/倍频程的频率特性，过此频率后变为 40dB/倍频程。这主要是由于变压器的泄漏电感 L 和线间分布电容 C_{12} 引起的。要

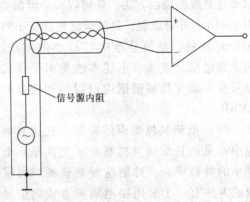

信号源内阻

图 4-38　高 CMRR 运放电路输入线屏蔽

155

使频带变宽，CMRR在稍宽一些的频带中都有较好的特性，则要求 L 和 C_{12} 都要减小。

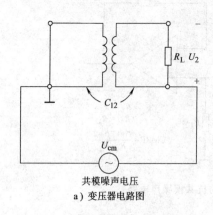

a）变压器电路图

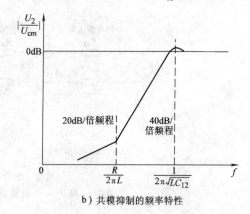

b）共模抑制的频率特性

图 4-39　信号变压器的共模抑制特性

2）平衡式信号变压器的共模抑制特性。平衡式信号变压器的共模抑制特性如图 4-40 所示，这是一种平衡方式的抗共模方法。这种方式在高频范围内可发挥其抗共模噪声的能力，

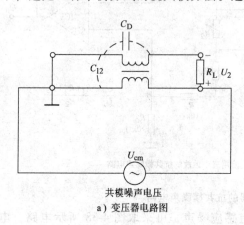

a）变压器电路图

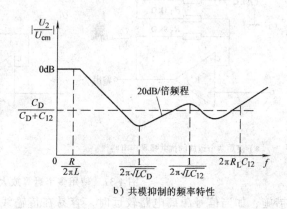

b）共模抑制的频率特性

图 4-40　平衡式信号变压器的共模抑制特性

且它在低频范围内具有一定的抗共模特性。在高频范围内，由于 CMRR 通常是由变压器的分布电容、线间电容及泄露电感等几个参数决定的，且基本上是由线圈的分布电容决定的，只要注意线圈绕制方法，就可以减小泄漏电感 L 和分布电容 C_{12}，绕制方法如图 4-41 所示。图 4-41a 为并合绕制，是使泄漏电感变小的绕制方法，但它有分布电容大的缺点。图 4-41b 为分开绕制，是使分布电容减小的方法，但泄漏电感会变大。上述方法使得平衡式信号变压器在高频范围内可以得到较好的 CMRR。

（4）低频共模噪声的抑制　在运放电路中常见的是低频共模噪声，尤其是市电频率的共模噪声，抑制这种共模噪声可采取的方法有：①采用接地隔离方式的信号变压器。②将电路分成几个部件或几块印

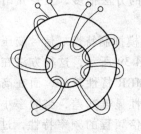

a）并合绕制法

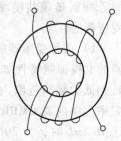

b）分开绕制法

图 4-41　信号变压器的两种绕制方法

制电路板。③将每个部件的接地分开且隔离电路。④采用闭合磁回路的铁心，如环形、EI 形或筒形，其中环形最好。⑤采用双线无感绕制法，使泄露电感尽可能小。

3. 集成运放自激振荡的消除

集成运放自激振荡是对运放危害最大的噪声，它可使运放无法正常工作，运放自激振荡的消除方法参阅本书 3.3 节集成运放动态调试部分。

4.4.2　微小电压放大电路的抗干扰措施

1. 微小电压放大电路的形式

（1）微小电压放大电路的干扰现象　由于微小电压信号很微弱，所以对信号的传输、接收和放大的抗干扰问题提出更高的要求。目前通常利用运算放大器来放大微小电压，如典型的热电偶放大电路，以其抗干扰措施为例进行分析，其他的电路类似。

图 4-42 所示是未考虑抗干扰措施的低漂移热电偶放大器，图 4-43 所示是一些有代表性的噪声源。图 4-43 中传输线路中的电池效应、电容性耦合电压、大地中晶体整流效应所产生的电压等，都有不同程度的存在，这些噪声电压对电路是以共模噪声形态起作用的。

图 4-44 所示电路是图 4-42 所示电路的共模噪声电压影响的等效电路。例如图中的热电偶绝缘电阻 R_{cm} 为 100kΩ，补偿导线的电阻 r_o 为 10Ω，共模电压为 5V，接地环路流过的电流为 $I_{cm}=e_{cm}/R_{cm}=5V/100kΩ=50\mu A$，在 r_o 上产生的压降 $I_{cm}r_o=500\mu V$，即被测量的电动势 e_S 在 $0\sim5mV$ 中产生 10% 的误差。

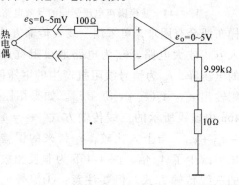

图 4-42　热电偶放大电路

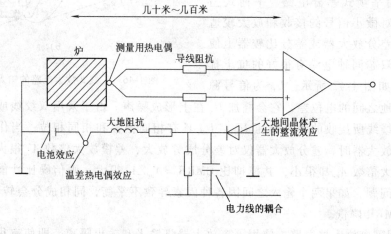

图 4-43　远距离测量中的共模噪声

（2）微小电压放大电路的抗干扰措施

1）信号地和电路地要有同一地电位。微小电压放大器必须使信号地与电路地有同一地电位。电路接法如图 4-45 所示，图中运放构成的放大电路，用反相放大器和非反相放大器均可。采用这种布线形式，不必担心共模噪声电压造成的测量误差。长距离电缆传输时，这

157

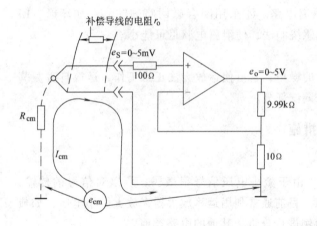

图 4-44　共模噪声电压影响的等效电路

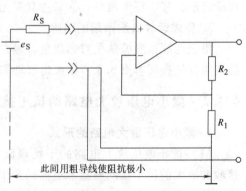

图 4-45　信号地和电路地尽可能为同一电位

样布线会有困难，可采用三线式传输方式，如图 4-46 所示。图 4-46a 是一般二线式传输输入方式放大电路，e_{n1} 为电路地线阻抗产生的电压降，e_{n2} 为信号线阻抗产生的电压降，则输出 $e_o = A_u(e_S + e_{n2}) + e_{n1}$。如采用图 4-46a 中虚线所示的三线传输方式，$e_o = A_u e_S + e_{n2} + e_{n1}$。与上式比较，$e_{n2}$ 带来的误差电压项减少了 A_u 倍。图 4-46b 为非反相放大的三线传输方式。但要注意：①信号电缆通过场所的噪声环境影响。②布线要远离各种强干扰源，不要与其他大信号电缆一起扎结或相平行。

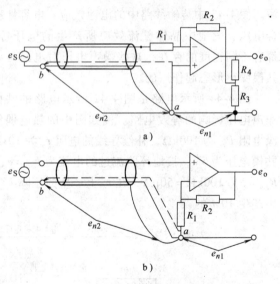

2）采用平衡式差分电路。平衡式差分放大电路对微小信号的接收和放大较适用，同时在差分放大器或差分比较器上使用双绞线或双芯同轴电缆有很好的抗干扰效果，电路如图 4-47 所示。U_G 为信号源

图 4-46　三线式放大电路的输入方式

地与放大器地之间的电位差，它会叠加 U_S 在上形成噪声。由于采用双绞线或双芯同轴电缆，两根电缆线所接收的噪声电压 U_{N1}、U_{N2} 具有相同振幅和相同相位，当作为同相成分输入到差分放大器时，差分放大器仅对差分成分放大，差模放大倍数 A_{ud} 很大，而同相成分的共模放大倍数 A_{uc} 却很小，共模抑比 $CMRR = A_{ud}/A_{uc}$ 很大，则信噪比性能好。但要注意电路平衡问题，如果两个输入之间因各种因素导致不平衡，同相成分会转为差分成分，最终会使 CMRR 降低。

3）采用隔离放大器电路。使用隔离放大器将输入和输出隔离，即使有很高的共模电压，也有很好的抗干扰性能，隔离放大器抑制共模电压示意图如图 4-48 所示。隔离变压器虽然有很多优点，但不能传送直流成分，当传送含直流成分的信号时要用信号调制电路，也可采取用光耦合器代替变压器的方法，效果较好。在使用光耦合器组成隔离放大器时要注意以下几个问题：①光耦合器有线性光耦合器和非线性光耦合器，用作线性放大时应选用线性

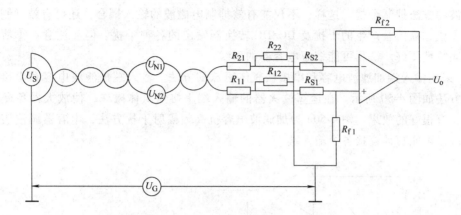

图 4-47　完全平衡的差分放大器电路图

光耦合器，且在使用线性光耦合器时，应使其工作在适当工作点下的一个小范围内，以保证其线性，对可能存在的非线性信号应考虑补偿措施。②光耦合器的输入、输出地线应分开，否则起不到隔离作用，如果发光二极管的偏置电源用两组不同的电源，则效果更好。目前有电容隔离、变压器隔离和光电隔离集成放大器用于工程实践中。使用时也应把输入、输出地线分开，因篇幅所限，恕不赘述，详情请参阅参考文献[30]。

2. 高频噪声对微小电压放大电路的影响及其抑制

（1）高频噪声对微小电压放大电路的影响　微小信号测量中的传感器和放大器，由于信号微弱，易受电磁波的干扰。如靠近机场、电视塔和无线电发射机，微小电压测量系统的测量值都会受到较大的干扰，尽管所使用的运算放大器频响十分低。由于运算放大器内部半导体的检波作用，使高频信号以频率不太高的噪声电压或以直流电平的漂移形式在输出端出现。另外，高频噪声还会由于运算放大器内部的非线性产生交扰调制失真。

（2）微小电压放大电路抑制高频噪声的措施

1）采用电磁屏蔽和小电容滤波的方法。微小电压放大电路抗电磁波干扰的措施如图4-49所示。图中对测量系统采取了严格的电磁屏蔽措施，同时采用在运算放大器各端接入小

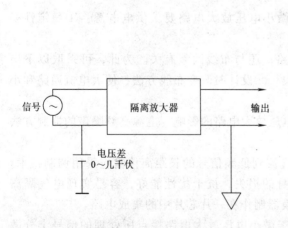

图 4-48　隔离放大器抑制共模电压示意图

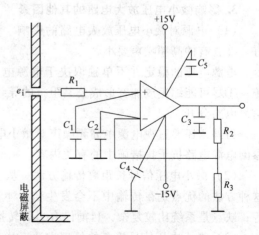

图 4-49　微小电压放大电路抗电磁波干扰的措施

电容滤波的方法抑制干扰。这样，不仅能有效抑制电磁波的输入耦合，还可有效抑制继电器的火花干扰、晶闸管产生的干扰及 DC/DC 转换器发出的各种干扰。但要注意：①所用电容器的高频特性要好。②尽可能缩短电容器的引线。

2）采用输入端加滤波电容和串接铁氧体磁珠的方法。输入端加滤波电容和串接铁氧体磁珠的方法如图 4-50 所示。在运算放大器的输入端串接铁氧体磁珠，使放大器免受高频幅射影响，有很好的效果。图 4-50a 为加滤波电容抗高频幅射干扰方法，电容器画法表示电容器引线应尽可能短地连接各个输入端。

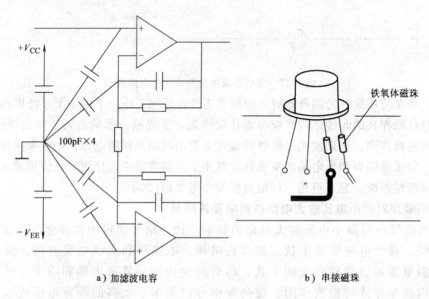

a）加滤波电容　　　　　　　　　　　　b）串接磁珠

图 4-50　放大器输入端抗高频幅射干扰的方法

3）采用合适的电路安装方法。对于小信号模拟电路和数字电路混合的场合，特别是装在同一块印制电路板上时，数字电路对小信号模拟电路会产生高频噪声。印制电路板设计时要注意：①地线的公共阻抗耦合。②模拟电路和数字电路分开装配(包括继电器等大信号电路)。③采取电路之间的电气隔离。

3. 影响微小电压放大电路的其他因素

（1）电源对微小电压放大电路的影响　微小电压放大电路要求供电电源：①稳定性要好。②含有的高频噪声要小。

电源电压的稳定并不单独取决于电源电路，还与布线因素有关。为此，可采取以下措施：①尽可能缩短或加宽形成公共阻抗的导线。②设计时改变布线方法，使大电流通路和小信号电路分开。

另外，还要重视电源中高频噪声对微小电压放大电路的影响。电源高频噪声的抑制方法参阅电源电路抗干扰措施中的有关内容。

（2）微小电压信号长距离传输方法　从直流到低频信号的长距离传输应采用调制技术。这种方法的优点是在传输中不会发生信号本身的损失，抗干扰性能好，容易实现电气隔离等；缺点是系统比较复杂，目前已有 U-F 转换器制作在一片芯片中的集成电路。

（3）微小电压信号接点的处理方法　由于微小电压放大电路接点所处理的信号十分微弱，仍要注意开关接点的抗干扰问题。设计时必须注意：①根据信号电平或电流来选用合适的继电器。②考虑所用继电器触点的接触电阻、热电动势等性能指标的影响。③合理使用接点的切换方式。

4.4.3 集成运放电路的抗干扰装配工艺

1. 使高输入阻抗电路有稳定的高绝缘输入

（1）提高印制电路板的绝缘性能　目前大部分电路都采用印制电路板装配工艺。高输入阻抗的运放电路要比其他电路更应注意印制基板的绝缘性能。应选用高绝缘性能的印制基板，但绝缘性能好的基板价格较高，应考虑性能价格比作出选择。另外更要注意的是印制电路板表面污染会使绝缘性能下降。图 4-51 所示是几种情况下印制电路板绝缘性能的变化。解决的措施有：①用溶剂清洗装配焊完的印制电路板。②洗净烘干后，涂上有高绝缘性能的清漆或硅脂等。③调试过程中要戴手套。

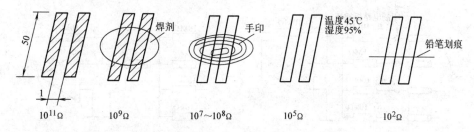

图 4-51　几种不同情况下印制电路板的绝缘阻抗

（2）采取输入端隔离的方法　隔离的方法是：将高输入阻抗部分用铜箔线围起来，并与电路等电位的低阻抗部分相接。由于隔离线和高输入阻抗部分的电位相等或相近，泄漏电流几乎为零，从而降低了对印制电路板绝缘阻抗的要求。电压跟随器电路的隔离措施如图 4-52 所示。其他放大电路及采样—保持电路的隔离方法与电压跟随器大体相似，详情请参

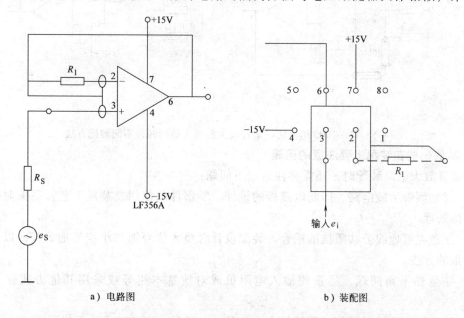

图 4-52　电压跟随器电路的隔离措施

阅参考文献[3]。

（3）使用聚四氟乙烯绝缘底座　采用由绝缘性能极好的聚四氟乙烯制成的接线底座，安装在印制电路板上，高输入阻抗部分均在此接线柱上相连，这样即可保证线路的高绝缘性能，又有一定的抗振性能，装配亦方便。

2. 高增益放大器的装配措施

运放电路基本上是由高增益放大电路组成的，在输入侧加入的影响容易在输出侧出现，特别是由于输入处的线路装配不当，使耦合入的噪声引起电路振荡等问题。图 4-53 所示为 1~1000 倍可切换量程放大器输入端的四种不同装配方法。波段开关装在面板上，放大器装在印制电路板上，两者由电缆和接插件来连接。对图 4-53 所示的几种不同的装配方法，在电路装配时，要十分注意输入端的装配。不要在反相输入端接过长的连接线和不必要的元器件，以及尽量不要接体积较大的元器件等，以免在输入端输入耦合噪声。

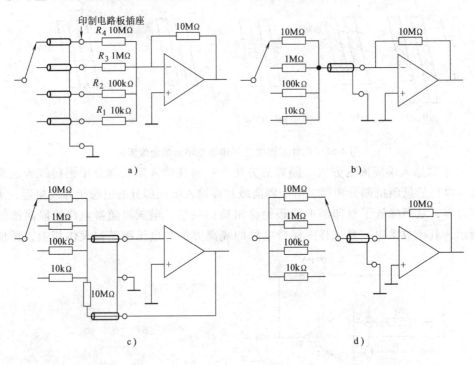

图 4-53　1~1000 倍可切换量程放大器输入端的四种不同装配方法

3. 其他一些在装配上要注意的问题

在运算放大电路装配时，还需要注意以下问题：

1）对宽频带运放电路，印制电路板的设计、零部件的使用及装配工艺，要像对待高频电路那样处理。

2）注意克服地线公共阻抗的耦合。装配设计时将大信号地与小信号地分开，以及采用一点接地的方法。

3）注意热平衡问题，尽量使输入电阻值成对地基本相等或采用其他方式保持温度平衡。

4）改善触点的接触性能，保持触点良好的电气接触，不使其成为干扰源。

4.5 高频电路抗干扰措施及其调试

4.5.1 高频电路外界噪声及其抑制措施

1. 工业噪声及其抑制措施

工业噪声是工业、科研和医疗部门使用的各类电气装置、设备运行时所产生的噪声和日常生活中所使用的各种电气装置、设备所产生噪声的总称。

产生原因：一是以上装置、设备通电运行时产生的电流或电压突变成为噪声的发生源；二是设备运行时发出的电磁波幅射等。对于高频电路，工业噪声的主要途径为两种：①电磁波幅射。②沿电缆线传导。

（1）电磁波幅射及其抑制措施　许多工业设备本身就工作于高频段内，它所幅射的电磁波直接影响高频电路，即使是低频工作的装置或设备，在电流或电压有强烈变化时，也会向外幅射电磁波，这些电磁波占据或使用电磁波谱十分广，对高频电路，特别是接收机电路，是一种直接严重干扰。

抗电磁波幅射干扰可采取以下措施：①将那些成为幅射源的装置或设备屏蔽隔离。②受扰设备内部采取抗干扰措施使幅射量降低。③通过国家行政法规对产生幅射的装置、设备规定幅射允许值，正确划分、使用无线电频谱，压缩工作带宽，限制无用发射电平，以减少干扰影响。

（2）沿电缆线传导噪声的抑制措施　沿电缆线传导也是对高频电路干扰的一种形式，电缆线包括电源电缆线和信号电缆线。

高频电路中的某些控制线有时要与其他电路相连，这些电路的各种高频噪声很容易通过控制线传导给高频电路，造成干扰。电源电缆是噪声传导的重要途径，由于噪声可通过电源电网传导，使接于电网上的所有装置和设备都有可能成为干扰源，因而增加了抗干扰的复杂性。由于传导干扰比相同距离的直接幅射强度要大得多，所以危害性更大。

抑制传导噪声最有效措施是串接滤波器，本章 4.3 节所介绍的电源滤波器可有效抑制来自电网的各种高频噪声。对于信号电缆，视实际情况不同，加接不同滤波器，使用数字信号可抑制电平低于阈值的各种干扰。

2. 自然噪声及其抑制

（1）天电噪声　雷电是天电噪声的主要原因。雷电会产生强烈的电磁场波动，并向四方传播，即使看不见闪电的地方，也会形成相当大的干扰。雷电所激起的波形是一种很快衰减的振荡的放电波形，持续时间为零点几秒。波形频谱分量的振幅随频率增加而减小，因而对微级波段的影响很小。要想免除天电噪声是不可能的，只有在接收方面采取措施加以抑制，或在多雷电季节和地区采用较高频率的设备工作。

（2）大气噪声　主要由大气热幅射产生的噪声称为大气噪声。

（3）宇宙噪声　由地球以外星体所产生的无线电幅射称为宇宙射电幅射，它们给高频电路以影响的噪声称为宇宙噪声。宇宙幅射可分为银河系、河外星系、太阳和月亮的射电幅射及太阳系星球的射电幅射等。其中，太阳的射电幅射虽比银河系或河外星系的射电幅射要小，但由于它距地球近，故噪声影响大。且太阳的射电幅射不稳定，它与太阳的耀斑（黑子）活动有关，当耀斑活动频繁时，幅射强度可为平时的几百万倍。太阳耀斑爆发可引起地球表面磁暴，使地面通信中断，卫星通信受到严重干扰。通过卫星传输的节目，若电视屏幕上出现雨点状的图像，则此现象称之为"太阳雨"。为避免太阳强烈幅射的影响，微波系统的天线应向着太阳以外的冷空。

4.5.2 接收机电路的几种干扰及其抑制措施

1. 组合频率干扰和副波道干扰

在高频电子设备中，特别是无线电通信设备中，常需将某一频率信号变换到另一频率。变频就是将信号和本地振荡信号加到非线性器件进行频率变换后取其差频或和频。非线性器件本身既产生本振信号，又实现频率变换，称为变频器；如本振信号由另外的器件产生，则称为混频器。在使用混频器时常会遇到各种非线性干扰，它将影响混频器的性能，甚至会严重影响整个设备的工作。混频器产生的非线性干扰重要的是组合频率干扰和副波道干扰。

（1）组合频率干扰及其抑制措施　在混频器的输出中，除了所需的差频外，还存在着许多混波频率和组合频率。若组合频率接近于中频信号频率，并处于中频放大器的通频带内，它会进入中频放大器，被放大后到检波器上，由于检波器的非线性作用，会产生音频干扰，如在耳机中听到哨叫的噪声。

抑制这种干扰的措施有：①降低高频放大器的增益，合理选择混频器的工作状态。②合理选择中频，可有效减少这种组合频率干扰的点数。③采用二次变频的方法，以保证中放的增益及稳定性。

（2）副波道干扰及其抑制措施　副波道干扰以中频干扰和镜像干扰最常见。主要是由于前级电路的选择不好，使一些特定频率的干扰信号进入而形成的。

1）中频干扰及其抑制措施。干扰信号的频率接近中频频率时，这种干扰信号被混频器及各级中频放大器放大，干扰信号与中频信号在检波器中产生差拍，形成音频式的哨叫声干扰。这种干扰信号能被直接放大，严重时会使电路不能正常工作。

抑制中频干扰的措施有：①提高中频附近频段的选择性。②在天线回路中加入图 4-54所示的中频陷波电路，并调谐在中频频率上。

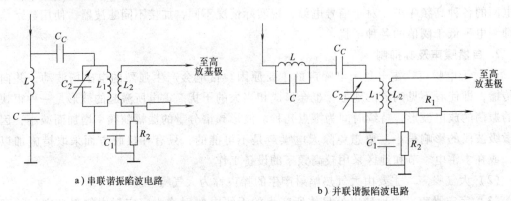

a）串联谐振陷波电路　　　　b）并联谐振陷波电路

图 4-54　中频陷波电路

2）镜像干扰及其抑制措施。镜像频率干扰产生的原因是干扰信号的频率与正常接收的信号频率对于本振频率来说，成为镜像对称关系，即正常信号频率比本振频率低一个中频，干扰信号频率比本振频率高一个中频，这种频率的干扰信号也会产生音频式的哨叫声干扰。放大器抑制这种干扰的措施可采用：①提高前级电路的选择性，使干扰信号在进入电路时被衰减。②采用高中频，使镜像频率在电路的波段之外。③将接收信号同相位地加到两个混频器上，将本地振荡差90°相位地也加到这两个混频器上。两个混频器的镜像频率成分接近差180°相位，使之相互抵消大部分或一部分，达到减弱镜像干扰的目的。

2. 交叉调制干扰及其抑制措施

当前级电路选择性不好时，会将干扰信号与正常信号同时接收，若这两种信号都以音频方式调制，则由于晶体管放大器和混频器的非线性，会产生如干扰信号的调制信号转移到正常信号的载波上的交叉调制干扰现象。这种交叉调制干扰的产生，与干扰信号的频率无关，只要交叉干扰信号有一定的强度，就能进入前级电路产生干扰，所以它对电路的危害更大。

抑制交叉调制干扰的措施有：①采用提高前级电路的选择性，减弱干扰信号的电压振幅来有效地抑制这种干扰。②改变晶体管工作点电流，让晶体管工作在非线性项最小的区域，可减小这种干扰。③电路采用交流负反馈方式也可减弱这种干扰。

3. 互相调制干扰及其抑制措施

当几种干扰信号一起进入电路时，因晶体管放大器或混频器的非线性作用，使干扰信号相互产生混频，其结果有可能产生接近正常信号频率的干扰信号，与正常信号一起进行中频放大后，在检波器中产生差拍，形成哨叫音频干扰。

互相调制干扰是放大器或混频器的二、三次或更高次项非线性造成的，常用的抑制互相调制干扰的措施有：①采用倍频程带通滤波器以消除二次项非线性产生的互相调制干扰，采用半倍频或亚倍频带通滤波器可消除三次项非线性产生的互相调制干扰。②采用抑制交叉调制干扰的办法，如选择适当的工作电流，采用交流负反馈电路等，也对抑制互相调制干扰有效。③采用场效应晶体管做放大器和混频器，对改善互调、交调干扰是很有利的。

4. 阻塞干扰及其抑制措施

当强干扰信号被接收后，会使前级放大器或混频器的晶体管处于非常恶劣的非线性区，或破坏了晶体管的工作状态，这种对电路产生的干扰称为阻塞干扰。如果干扰电压很大，晶体管的集电极会被击穿，工作状态完全被破坏，成为完全阻塞的情况。

抑制阻塞干扰的措施有：①提高前级电路的选择性，减小干扰信号进入电路的机会或降低进入电路的干扰信号的强度。②加交流负反馈扩大前级电路的动态工作范围。③采用场效应晶体管等。

5. 倒易混频干扰及其抑制措施

倒易混频是由于混频器输入处进入干扰信号而在本振源内产生边带噪声所引起的。混频后所产生的频率分量，会在中频频带内成为中频干扰，导致输出信噪比下降。

抑制倒易混频干扰，也必须提高前级电路的选择性，使进入的干扰信号强度减弱。另外，在振荡器上设法抑制这种边带噪声。采用频率合成器时，也应注意其所产生的噪声，造成较严重的倒易混频干扰。

6. 接收机的干扰熄灭装置

一般的接收机很难有效地抑制从外界接收的强干扰信号，尤其是在接收频率附近的干扰信号。图4-55a所示的干扰限幅器，可将检波后音频信号中含有的干扰加以顶部限幅，从而减轻干扰的影响，但效果并不是很好。现在有一种干扰熄灭装置，其原理是，由于干扰的时间远比调制成分的时间短，故使接收机在干扰的时间里停止工作（熄灭），而信息丢失不多。图 4-55b 是一种普通的干扰熄灭装置的结构，单边带接收机的中频信号经过一个门电路控制而输出，控制它的是噪声信号。当一定强度的噪声从中频信号中被检出，经噪声放大器放大后，再由整流电路和整形电路形成干扰熄灭脉冲，去关闭门电路，从而使接收机在干扰的短暂瞬间熄灭，停止工作。

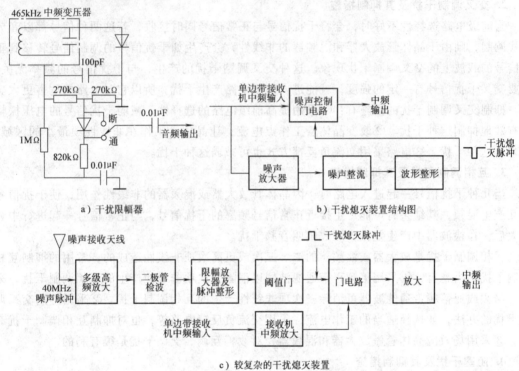

a）干扰限幅器

b）干扰熄灭装置结构图

c）较复杂的干扰熄灭装置

图 4-55 干扰熄灭装置

还有一种较复杂的干扰熄灭装置如图 4-55c 所示。它为接收干扰信号设置一个干扰接收天线，接收频带可到甚高频带域，如 40MHz。将接收的噪声经多级高频放大后，再由二极管检波，经限幅器、整形器及阈值判别电路等形成干扰脉冲，去控制门电路，使在干扰脉冲期间接收机的中频信号不能送到放大电路，从而起到抑制噪声的作用。

4.5.3 高频电路的抗干扰装配工艺

1. 高频电路实验组装的技巧

（1）先将电路原理图转换成装配图 电路原理图只需易看易懂、图形美观及制图方便即可，而从普通的电路原理图要想象出实际电路的构造是困难的。尤其是高频电路，更与一般电路有所不同，它需要考虑引线长短及元器件安排等。如不考虑电路实际情况，根据电路原理图装配电路，会遇到许多问题，重则会使电路无法正常工作。所以在实际装配之前应有一个指导装配的装配图，在装配图上，不仅应反映各元器件的装配位置，还应指出某些重要线路如信号线、地线等的具体要求。

图 4-56 所示为宽频放大器的电路原理图，它用作频率计数器前面的前级放大器，在装

配时采取必要措施，使之在 500kHz ~ 250MHz 频带内增益为 10dB，为达到要求，在装配时，全部元器件应以最短距离相连接。

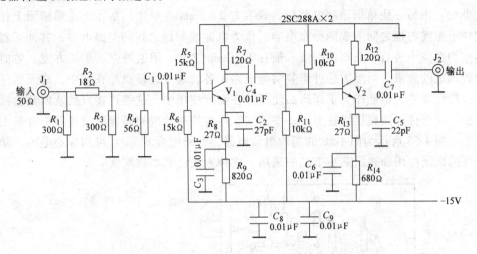

图 4-56 宽频放大器的电路原理图

为使电路图更接近于实际情况，可画出图 4-57 所示的指导实际装配的电路图。

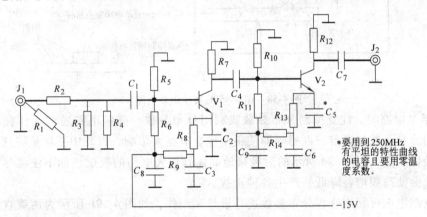

图 4-57 指导实际装配的电路图

图中：①R_5、R_7、R_{10}、R_{12} 画了向上接地符号，以提示最近距离接地。②V_1、V_2 的发射极接入高频补偿电容 C_2、C_5，画 * 号表示要用无寄生电感的高频电容，并要最短距离接地。③R_1 在 J_1 处斜画并接于一点，表示 R_1、R_2 要在 J_1 处一起相连。④C_8、C_9 为电源旁路电容。图中画法表示 C_8 要装接在第一级 – 15V 电源接入点上，C_9 接在第二级。⑤J_1 至 V_1 基极、V_1 集电极至 V_2 基极及 V_2 集电极通过 C_7 至 J_2 为粗线，表明这部分为最短距离连接。

当然画出正规的更接近实际的装配图更好，一般要在搭成电路完成调试后，再根据实际情况画出正规装配图。

（2）实际电路的组装 在高频电路中，电路原理图设计完成后，即使改画成具有指导意义的装配图后，马上着手进行印制电路板 PCB 设计具有较大风险。应根据装配图先组装一个实验电路进行性能试验，然后考虑是否用 PCB 进行装配，如用 PCB 装配，则应尽量接近实验电路。

实验组装中应注意以下问题：①全部电路元器件都以最短距离布线。②地线宽或粗。③接点无高频损耗等。若使用一般的万用试验印制板不能满足上述要求，则可用下面简单而实用的办法：用另一块单面印制电路板，裁下宽 2～3mm 的窄条，粘在上述铜箔面上作电源线，这样电源线与地之间形成的分布电容，作为电源线与地之间的旁路电容；其他元器件的相互连接均在空中进行，元器件引线一般在 1～2mm 之间。用这种方法组装方便、省时，且可得到较理想的效果。当然因这种组装实验电路中各元器件连接点均在空中，靠元器件引线支撑，抗振性能差，不能作为正式产品使用。在实际使用中，这些连接点处装四氟乙稀制成的接线柱，元器件焊接在接线柱上。一些国家军用模拟通信机和高频测量仪器中常采用这种装配工艺。图 4-58 所示为图 4-56 的实验组装电路，旁路电容 C_8、C_9 可用穿心电容。随着微型元器件的广泛应用和表面贴装工艺的采用，这种方法已基本被淘汰。

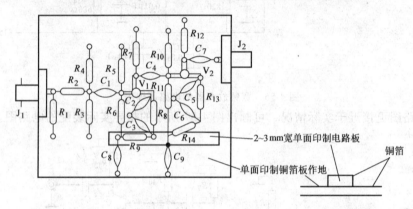

图 4-58　图 4-56 的实验组装电路

（3）组装电路时，注意抑制分布参数或利用分布参数　高频电路通常工作在较高频率上，电路的分布参数如电容、电感等即使很小也会有很大影响，组装中要尽量将这些分布参数抑制到最低限度。图 4-59a 所示的射极接地晶体管放大电路的装配，如不注意尽量减小晶体管引线，会使高频增益降低，产生各种干扰。

高频电路中也可利用这些分布参数进行设计和制作，如图 4-59b 所示为两级直接耦合式的宽带放大电路。

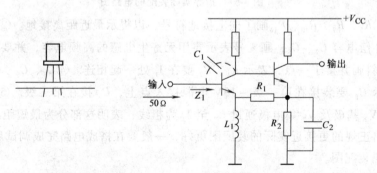

a）射极接地的晶体管放大电路　　b）两级直接耦合式宽频带低噪声放大器

图 4-59　利用分布参数 L_1、C_1 的宽频带低噪声放大器

1）利用 V_1 管 b、c 极间寄生电容（结电容 + 装配形成的分布电容），当 C_1R_1 与 C_2R_2 大

致相等时，该电路可成为一个宽带放大器。

2）利用 V_1 射极引线电感 L_1，使 b、e 间的阻抗 Z_1 增加，并与放大电路输入阻抗匹配。

图 4-59 所示电路在 VHF 与 UHF 频带内实现了低噪声化。由于它在输入处不用串、并联电阻进行阻抗匹配，所以其噪声系数可比通常的反馈放大电路小 6dB。这种方法在 VHF 及 UHF 频带范围放大器中广泛应用。

2. 高频电路印制线路的设计装配

（1）选用微型元器件采用表面装配工艺　为减小分布点融合分布电容的影响，提高抗干扰能力，高频电路(包括开关电源)尽量选用微型元器件采用表面装配工艺。采用表面装配工艺安装的高频电路可省去本节上述的实验组装工序。

（2）高频用电路板的选用

1）PCB 一般采用双面板，且采用大平面接地方式。在装元器件的一面，除元器件插孔外全部铜箔为接地面，另一面布线即作为焊点，这种方式可以降低线路阻抗，防止线路间噪声的噪合。

2）采用聚四氟乙稀或玻璃环氧基板。聚四氟乙稀是制做印制电路板最好的材料，其高频损耗、介电常数以及印制电路之间的分布电容小，由于其价格较高，故一般只用在 300MHz 以上频率的特殊电路中。玻璃环氧基板价廉，性能也较好，被广泛使用，若在装配上采取措施，可用于频率为 1GHz 左右的电路中。纸质环氧基板和电木基板，因高频损耗大，不适用于高频电路，若采取一定措施，也可用于工作频率为 100MHz 以下的电路中。

（3）布线技术　在设计 PCB 时，不仅要注意尽可能短地走线，还要注意元器件走线等产生的分布电容或电感对高频性能所造成的影响。

大平面接地布线方法在高频电路中被广泛采用。大平面接地布线方法是：①采用大平面接地时，另一面的布线中就不必再设地线。②高频信号线不希望有分布电容的存在时，可将信号线所对应的那部分接地铜箔除去。③双面印制电路板使用金属化孔时，所形成的电感有时会对电路造成一定的影响，可适当放宽金属化的孔径。如从 0.8mm 扩大到 1.0 ~ 1.3mm，若还不够，则可采用再并联一个孔的办法。

另外，焊接装配调试后，要用专门的溶剂清洗印制电路板表面，并且印制电路板事先要进行铜箔表面电镀处理。

对于单面印制电路板，可采用跳线即用导线来布线，以解决单面布线时，元器件装配密度高，地线或信号线常因中途被切断而迂回曲折的问题。

一种宽频带放大电路如图 4-60a 所示，若按

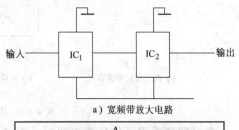

a）宽频带放大电路

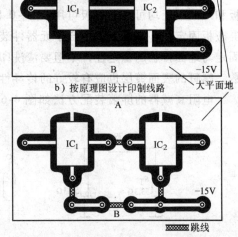

b）按原理图设计印制线路

c）地面大面积地连成一片且加跳线

图 4-60　某宽频带放大器的两种
不同印制线路的设计

原理图设计印制线路，即为图 4-60b 所示。由于 −15V 的电源线和 IC_1 及 IC_2 间的信号线地线 AB 间没有很好的连续，在高频中，A、B 二处的地电位不一致，会使宽频带放大电路的频率特性变坏，或成为自激振荡的原因。如果采用图 4-60c 所示方法，将地面大面积地连成一片，而信号线及电源线使用跳线，这样，A、B 间的高频电位相同，电路可稳定地工作。

为除去外界噪声的输入，可在印制线路的输入线或输出线上串接高频扼流圈，直接在印制板上利用铜箔制成印制线圈，也是一个很好的办法。印制线圈的制作请参阅参考文献[3]。

3. 高频电路装配中防止前后级反馈干扰的屏蔽措施

高频电路在装配上各零部件之间的屏蔽是十分重要的，例如为使电路能稳定地的工作，不产生振荡，输入、输出间不能有反馈耦合，信号流向以直线为原则，不能迂回曲折。图 4-61 所示是调幅式晶体管收音机中频放大器的元器件布置，为防止振荡，V_1 基极和 IFT2 之间加了中和电容（3pF）。如果元器件装配排列上有问题，则仍会带来振荡。图 4-61a 是信号为直线形的传送方式，若因某种原因不能接成直线形，也可接成图 4-61b 所示的形式，图 4-61c 中 V_2 和 V_1 之间有耦合反馈，不宜采用。

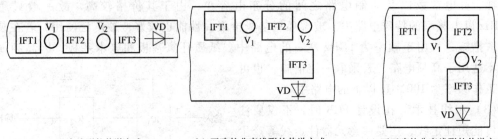

a）直线形的传送方式　　　b）正确的非直线形的传送方式　　　c）不正确的非直线形的传送方式

图 4-61　中频放大器的元件布置

有时即使采用了信号流直线形，在高频幅射的影响下，输入、输出或前级、后级之间仍有耦合反馈，可采用以下屏蔽措施予以解决电路：①屏蔽板可直接焊在印制电路板上，单面板和双面板上均可，屏蔽板可用 0.3～0.8mm 的薄铁板，表面镀锡，以便焊接。②用螺钉将屏蔽板固定在印制板上，适合于元器件装配面为大平面接地式的印制电路板，但要注意螺钉固定与地面接触的稳定性，不但要清洗印制电路板铜箔与屏蔽板的接触面，还要增加螺钉个数，螺钉的表面镀层也应有较好的传导性能。

电阻衰减器的屏蔽装配方法如图 4-62 所示。该电路是具有 50Ω、35dB 特性的衰减器，

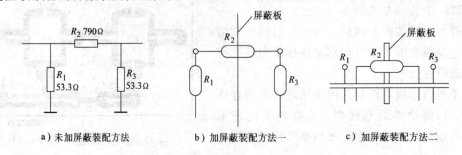

a）未加屏蔽装配方法　　　b）加屏蔽装配方法一　　　c）加屏蔽装配方法二

图 4-62　电阻衰减器的屏蔽装配方法

如果输入、输出间具有一定的高频耦合，不仅得不到规定的衰减量，而且衰减频率特性不好。图 4-62b 是在电阻 R_2 上加屏蔽（电阻穿过屏蔽板），可得到 100MHz 的平坦的衰减特性。

低通滤波器的装配方法如图 4-63 所示，该电路是截止频率为 70MHz 的低通滤波器。不同的装配方法，会有完全不同的衰减特性，图 4-63b ~ f 是几种不同的装配方法。图 4-63b 中 L_1 和 L_2 直接耦合，衰减特性不好，是一种不好的装配方法。图 4-63c 是对图 4-63b 的改进，C_2 采用比电感线圈 L 直径宽大些的圆片形陶瓷电容，兼作 L_1 和 L_2 的屏蔽板，效果较好。图 4-63d 的装配方法中，L_1 和 L_2 也有一个分耦合。图 4-63e 是使用屏蔽板的装配方法，效果良好。图 4-63f 是用金属壳结构的屏蔽盒，这种方式最理想，C_2 可用穿心电容。

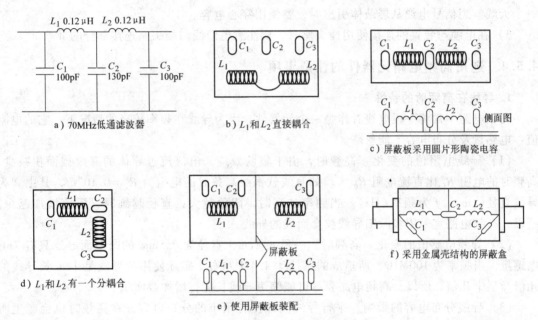

图 4-63　70MHz 低通滤波器的装配方法

高频电路有时会通过直流供电电路或其他电路形成反馈而产生振荡。将高频电路用屏蔽板完全围起来，直流偏置电路等用穿心电容穿过屏蔽，这样可有效地防止干扰。

4. 高频电路装配中防止高频信号向外泄漏的屏蔽措施

高频波幅射干扰的途径可分为两种：①在空中传播。②在金属（或电缆）中传导，特别是通过电源线的传导。

（1）防止幅射在空中传播的措施　要防止电路或装置所产生的幅射，最好的办法是将电路或装置完全屏蔽起来，尽管这样仍会形成各种高频泄漏的通道，为此，可补加以下屏蔽措施：①将表头完全用全属壳体屏蔽，其引线通过两只穿心电容。②将开关屏蔽，在开关的金属壳体和面板之间垫上一个导电衬垫。③对 LED 发光二极管、数码管等，可在面板和显示器之间用金属孔网进行屏蔽，金属孔网的材料可用黄铜及不锈钢等，其缺点是显示管的辉度有所减弱。现有一种屏蔽效果好的透明薄膜，它是在高分子薄膜表面涂有一层导电膜而制成的，具有良好的屏蔽效果和透光率。④导电衬垫采用材料的耐腐蚀性对解决屏蔽缝隙的高频泄漏起着十分关键的作用。常用一种内含细金属纤维的泡沫橡胶或内部渗入银填充物的导电硅橡胶作导电衬垫，效果良好。

（2）防止通过电缆线向外传导的措施　为了防止高频信号通过电缆线向外传导，可采用以下措施：

1）防止高频信号通过电源电缆向外传导的最有效方法是接电源滤波器，它对高频噪声的传导有良好的抑制能力。

2）对高频电路的信号传输线，除防止本身受外界噪声影响外，也要防止它在传导时成为辐射源。为此，还要根据实际情况，使用屏蔽电缆。当电缆的屏蔽效果不好时，可将电缆穿在金属电线管内使用，最适用的金属管是铜管和铝管，有一种外层包有铜箔的钢管有较好的屏蔽效果。另外，还要注意，电线管要求有两点以上的多点接地，否则一点接地也会成为一个天线。当信号电缆从屏蔽体引出时，要使用穿心电容。

3）在电缆与装置的连接使用插头座时，要注意电缆线与插头座连接部分的屏蔽。

4.5.4　选用高频电路元器件的注意事项

1. 导线在高频时的特性

高频电路中常将一段电线看作是一个元器件，因为导线在频率较高的情况下，它的电阻值、电感量及分布电容不能忽略。

（1）导线电阻值的变化　高频时，由于集肤效应，电流流过导体的有效截面积减少，高频时的电阻 R_f 比直流电阻 R_0 大。如直线软铜线高频时的电阻为 $R_x = 0.107df$，其中 d 为导线直径（cm），f 为频率（Hz）。当频率越高时，阻值越大；直径越细时，阻值增加越少。所以，高频电路宜采用多股细导线绞合而成的导线。

（2）导线电感值的变化　高频时，一段长 1cm，直径为 0.5mm 的圆截面导线只有 7nH 电感量，当频率为 100MHz，所造成的感抗 4.4Ω 左右，实际使用的导线是 1cm 长导线的几倍乃至十几倍。所以，高频电路要尽可能缩短导线长度，增加截面积。

（3）导线分布电容的影响　平行导线间即使有很小的分布电容，在高频时也会产生明显的电容性耦合干扰。最有效的方法是加大导线的平行距离。

2. 电阻的噪声及高频特性

所有的电阻，无论结构如何，均会产生以热噪声为主的噪声。线绕电阻所产生的噪声最小，薄膜电阻其次，合成型电阻噪声最大。线绕电阻虽然噪声最小，但具有很大的电感，在高频电路中一般不采用。金属膜比碳膜的电导率高，在 VHF 甚高频范围内，由于集肤效应小，有较好的频率特性，故被广泛采用。

3. 电容器的高频特性

高频电路中，电容器的等效电路如图 4-64 所示。图中，C 为静态电容；L_S 为等效串联电感；R_S 为等效串联电阻；R_P 为绝缘电阻；R_1、C_1 为介质吸收因子。决定电容器性能的因素有四点：①评价纯粹电容所用的参数损耗角 $\tan\delta$。②绝缘电阻，其中有机薄膜电容电阻最高，可达 10^3MΩ。③等效电路中的等效电感 L_S。④R_1、C_1 用来表征因介质吸收现象所引起的介质吸收特性。将已充电的电容器短接放电，经过一段

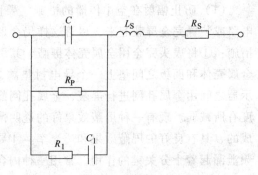

图 4-64　高频时电容器的等效电路

时间后，已放电电容器两端会缓缓出现电压的现象即为介质吸收现象。电容器的这一特性对积分电路和采样—保持电路影响很大，应选介质吸收系数小的电容器，如聚丙乙烯电容器。介质吸收系数表示电容器放电以后的残余电压与充电电压的百分比。其中聚丙乙烯电容器在所有电容器中介质吸收系数最小，仅为 0.02%；聚四氟乙烯、聚碳酸酯电容器的介质吸收系数为 0.2%；纸介电容器、钽固态电容器的介质吸收系数为 2%；铝电解电容器的介质吸收系数高达 10%。

高频电路中电容器的选用十分重要，要注意：①避免使用那种卷状结构的薄膜电容。②尽量使用陶瓷电容。③频率很高时，选用片状陶瓷电容。

4.6　数字电路的抗干扰措施及其调试

目前，数字电路大量采用数字集成电路，由于数字集成电路具有较高的噪声容限，其抗干扰性能较好。但数字电路与其他电路一样，会受到外部和数字电路内部的干扰，使用时装配不当，仍会使数字电路因受干扰而不能正常工作，必须采取相应的抗干扰措施。

4.6.1　数字电路的外部干扰及其抑制方法

1. 外来干扰及其抑制

外来干扰是指周围环境通过幅射或耦合，经电源线、地线和信号线进入数字电路系统内的干扰。常见的有工业中的火花放电，电力变压器、电动机及一些电气控制设备触点产生的干扰等。

常见的抑制方法如下：

1）使电路的逻辑部件远离大功率器件，并把数字电路加金属外壳屏蔽并接地。

2）对电源线引入的干扰采用去耦措施，即用 RC 或 LC 滤波环节消除或抑制直流电源回路因负载变化而引起的干扰。这种方法在 TTL 数字电路中经常采用，具体的办法是在印制电路板的电源线输入端与地之间并接一个容量为 $5 \sim 50 \mu F$ 的电容，以减少瞬变过程电流的影响。为更有效地抑制电源中的高频分量，可再并接一个 $0.01 \sim 0.047 \mu F$ 的电容，有时还串接一个 $5 \sim 10 \Omega$ 的电阻，组成 RC 去耦环节，还可在紧靠逻辑器件的电源线上并接去耦电容，如图 4-65 所示。

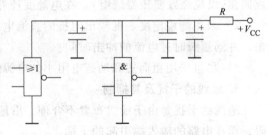

图 4-65　用去耦电路抑制干扰

3）选用大电容小电感的电源线。在工程实际中，常用矩形截面汇流条来代替圆截面汇流条，电源母线尽量与地线或地线平面平行敷设，布线距离要尽量缩短，使电源线具有低的动态电阻。

4）对开关、接点信号采用滤波电容或加接施密特触发器作输入缓冲来抑制，如图 4-66 所示，其中图 4-66a 为短线输入时滤波，图 4-66b 为长线输入时滤波，图 4-66c 为加接施密特电路缓冲。

5）用无抖动开关消除触点噪声的影响。当继电器或开关的机械触点与集成电路输入端相连时，为防止机械触点颤抖干扰而影响数字电路正常工作，常用图 4-67 所示无抖动开关

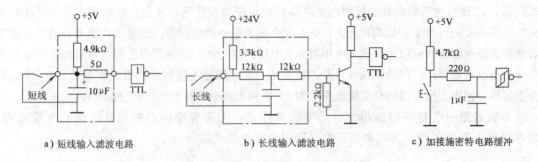

a）短线输入滤波电路　　　b）长线输入滤波电路　　　c）加接施密特电路缓冲

图 4-66　开关、接点信号干扰抑制

来抑制干扰。该电路可用作实验中的单脉冲发生器，图中两个与非门组成简单 RS 触发器。

6）对于数字集成电路，多余输入端的处理也是抗干扰措施之一。即 CMOS 或门、或非门多余输入端应接地（低电平），CMOS 与门、与非门多余输入端不允许悬空，应接 $+V_{DD}$；TTL 与门、与非门采取串接 $1 \sim 10 \mathrm{k}\Omega$ 电阻或直接接 $+V_{CC}$，TTL 或门、或非门多余输入端接地。其他集成电路多余输入端的处理，可查阅相关使用手册。

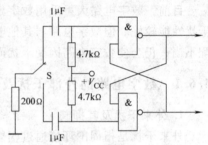

图 4-67　无抖动开关

2. 电源的干扰及其抑制

电源的干扰是指直流电源对数字电路引起的干扰，通常为直流电源滤波不佳、电压不稳定或电源变压器 50Hz 交流电所引起的干扰。抑制方法需对症下药，采取措施。为防止产生电源干扰，常采用以下措施：

1）电源变压器一次绕组与二次绕组间采用屏蔽层，并可靠接地（屏蔽层切不可短接形成回路，以免烧毁变压器绕组）。在电源变压器前加接电源滤波器，以滤去高次谐波干扰。

2）采用高稳定度、低输出阻抗的直流电源，以减小电源开启、切断时瞬时的过电流冲击，并缩短瞬时过电流的冲击时间。

3）尽量采用粗而短和动态电阻小的电源线。

3. 地线的干扰及其抑制

地线的干扰是由于地线布置不合理，沿地线叠加的干扰电流和干扰电压超过电路噪声容限，而在电路的输入端引起的干扰。

抑制方法就是要设计、安装合理的地线。接地所依据的原则是确保有一个低阻抗接地回路。工程实践上，在印制电路板上使用大面积的铜箔作为接地回路，这种方法可减小接地回路的电感量，便于多点接地，且接地点与接地面的连线较短，便于使导线贴近接地面布置，有利于减小导线间的感应耦合噪声。

若采用接大地方式接地，则电路和各种有关仪器设备的接地端均需用低阻导体可靠而牢固地连接大地的公共端。

4.6.2　数字电路的内部干扰及其抑制方法

1. 瞬态电流的干扰及其抑制

瞬态电流的干扰是由电路的过渡过程引起的，如 TTL 集成电路在状态转换时引起的尖峰电流，负载电容充放电时的瞬变电流等。瞬态电流干扰随工作速度的提高而增加。瞬态电流比静态电流大得多，不仅增加电流功耗，还会给电源带来干扰。

抑制方法：

1）采用电源去耦措施，即在电源线和地之间并接 $50\mu F$ 和 $0.01\sim0.1\mu F$ 电容，以电源线上干扰尖峰不能使逻辑器件的输出状态发生变化为原则。

2）布线时，连线尽量短，尽量减少不必要的杂散电容。

3）地线尽量粗而短。

4）有大电容负载时，串接限流保护电阻 R_P，如图 4-68 所示。避免关断电源或电源电压下跌时，电容上电压高于电源电压的情况出现。

2. 窜扰及其抑制

窜扰是当几根较长的信号线（长度大于数厘米）平行布线、紧靠一起时，一根信号线的信号通过互感和互容电磁

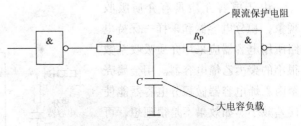

图 4-68　大电容负载时的保护措施

耦合到邻近线上产生的干扰。窜扰大小与信号频率、传输线阻抗及信号线的形式有关。频率越高、阻抗越高，窜扰越大。实践和理论证明，双绞线对窜扰抑制能力较强。

抑制方法：

1）尽量减小线路间的连线长度。

2）采用双绞线或同轴电缆作信号线。

3）信号发送线和接收线间，或同相信号线间尽可能避免平行走线，采用分散、交叉形式走线。在必须走长线且平行的情况下，尽可能靠近地线走线，且尽量减小平行段的长度。

4）在信号输入处加接施密特触发器，利用其具有可变阈值的特性来消除窜扰信号，使其不至被逐级放大。

3. 反射干扰及其抑制

因信号在传输线上被反射所引起的干扰为反射干扰。数字电路中的互连导线可看成传输线。当门电路的信号传输线大于 $1m$，上升和下降时间小于 $1ns$ 时，必须考虑信号的反射。产生信号反射的原因是输出器件、传输线与接收器件间阻抗不匹配。另外，长输入线的分布电容、电感较大，容易产生 LC 振荡，致使产生信号延迟、振荡和信号波形不良等现象，甚至使门电路动作延迟或出错。

抑制措施：

1）尽量缩短接线长度。

2）长传输线采用阻抗匹配措施，如在输入端串接一个电阻，使之阻抗匹配。

3）在长线开始端即驱动门的输出端不要再另接门电路，以免因反射而产生信号畸变，导致逻辑电路出错。

4.6.3　A/D 转换器噪声的抑制

1. 抑制 A/D 转换器噪声的方法

前面介绍的是数字电路通用的抗干扰方法，A/D 转换器的抗干扰有其特殊性。A/D 转

换器是将模拟量转换为多位数字量的转换器，它对模拟量的微小噪声影响十分敏感，对A/D转换器中的关键元器件要求十分严格，如积分电容器。对时钟频率的要求也很严格，稍有疏忽，就会引起很大误差。

（1）积分电容器的选择和屏蔽接地　为抑制噪声，通常是削弱噪声源或降低元器件接收噪声的能力，即尽量降低电阻的阻抗或对元器件作屏蔽处理。而A/D转换器的积分器因受时间常数限制，阻抗不可能很低，如图4-69a所示，当噪声侵入积分电容器时，会使A/D转换器输出数据不准确。

由于电容介质具有介质吸收现象，积分电容器和采样—保持电路所用电容器应采用介质吸收系数很小的聚丙乙烯电容器。用金属壳聚丙乙烯电容器做积分电容器能使误差减小。如效果不是很理想，可进一步采取的措施有：①把积分电容器用铜箔包起来后，单独接地，如图4-69b所示。②采用带铜箔包装的特殊电容器，如图4-69c所示。该电容器上有用专门标记标出的接地端，使用时将它接地。

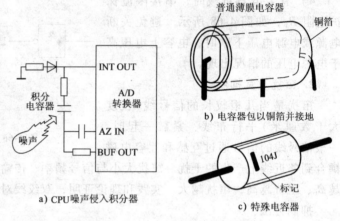

a）CPU噪声侵入积分器

b）电容器包以铜箔并接地

c）特殊电容器

图4-69　提高积分电容器耐噪声能力的方法

（2）电源频率对A/D转换器的影响　平方积分式A/D转换器应工作在设计规定的电源频率的整数倍，否则会使其输出的零点发生严重漂移。

日本曾从美国进口一台测量仪，用于把传感器输出的0～30mV信号电压，经转换放大后，输出0～5V直流电压，送入测试仪进行A/D转换和运算。实际调试时，发现当传感器输入为零时，输出信号的零点摆动最大可达±3mV，为满量程的20%，无法正常工作。经分析发现，两国使用的电源频率不一样（美国电源频率为60Hz，日本为50Hz），是系统不能正常工作的原因。

（3）旁路电容器的重要作用　在集成电路中，电源并接旁路电容器是抗干扰的常规措施。通常每片集成电路应接入一个旁路电容器以降低电源的高频阻抗，能有效地克服芯片的内部噪声和电源噪声。加接旁路电容器，对A/D转换器尤为重要，否则会出现数据输出异常的情况。ICL7109 A/D转换器如图4-70所示，在ICL7109的两个电源引脚上各并接一个旁路电容器 C_1、C_6，可保证A/D转换器的正常工作。在模拟量输入引脚35脚上对地并接瓷介电容 C_2，起抗干扰作用，防止高频噪声输入A/D转换器。

另外，A/D转换器对毫伏级微弱信号的处理，在电路设计上还可增加一些抑制干扰的辅助环节或措施。

（4）输入电路的噪声及其抑制　A/D转换器的输入中常混杂有各种噪声，使输出数据不稳定。如图4-71所示，A/D转换器组成的测量仪每秒钟将传感器送来的输入信号（0～500mV）做25次A/D转换，图4-71a所示为输入电路将传感器的输出信号直接送入运算放大器，两级运算放大器把信号放大20倍后，变为0～10V的大电压信号输入到A/D转换器。

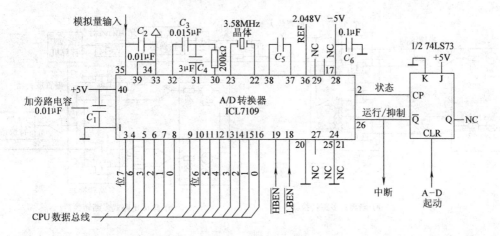

图 4-70　积分型 A/D 转换器噪声的抑制

实际测量中输出数据不稳定。

　　为抑制输入信号中混杂的噪声，可改变各级电路的增益分配，并在各级运算放大器前相应地接入 R_1、C_1 和 R_2、C_2、R_3 组成的低通滤波器，如图 4-71b 所示。使噪声在信号传送过程中被多次削弱，起到抑制噪声的作用。

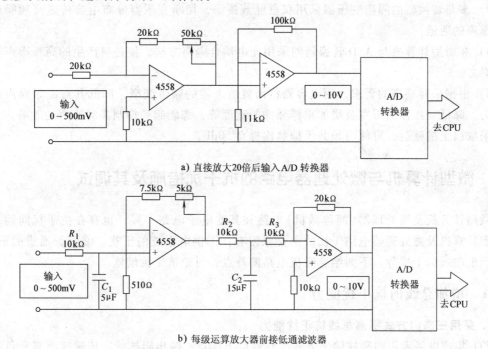

a) 直接放大20倍后输入A/D转换器

b) 每级运算放大器前接低通滤波器

图 4-71　传感器输出信号中噪声的抑制

2. 抑制多路转换器噪声的方法

　　多路转换器易受共模噪声的干扰，目前工业上常用的有隔离式多路转换器和集成电路式多路转换器，如图 4-72 所示。由于集成电路开关耐压低，在共模噪声较高的场合不宜使用集成电路式多路转换器。采用如图 4-72a 所示的隔离式多路转换器时，由于各点输入信号均被变压器隔离，不会因噪声产生过电压而损坏放大及转换电路。

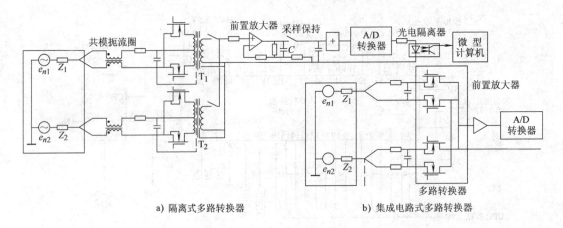

a) 隔离式多路转换器   b) 集成电路式多路转换器

图 4-72　多路转换器的结构

抑制噪声干扰的基本原则是不产生、不传递和不响应噪声。多路转换器可采取以下措施抑制噪声：

1) 在多路转换器输入端接入共模扼流圈，对抑制外部传感器引入的高频共模噪声十分有效。

2) 多路转换器的隔离变压器采用双重屏蔽接法，切断变压器分布电容传送高频噪声和脉冲噪声的通道。

3) 在微型计算机与 A/D 转换器间采用光电耦合隔离方法，使各自产生的高频噪声不能侵入对方。

4) 根据采样频率的要求，用电容器将前置放大器的频带变窄，降低其对高频噪声的响应能力。降低变压器的带宽及增加采样脉冲的宽度等，都能起到抑制高频噪声的效果。

采取以上措施后，可使高频共模抑制比提高 50dB。

4.7　微型计算机与微处理器电路的抗干扰措施及其调试

微型计算机及微处理器(简称微机)电路和其他电子电路一样，也存在抗干扰问题。引起微型计算机及微处理器电路干扰的主要原因有：①供电系统的干扰。②过程通道的干扰。③空间电磁波的干扰等。下面结合微机电路的特点，讨论抗干扰措施。

4.7.1　增加总线的抗干扰能力

1. 采用三态门方式提高总线抗干扰能力

TTL 集成电路采用图腾柱输出方式，它有以下优点：输出阻抗低，传输速度高及负载能力强。缺点：推拉式结构限制电路的线与功能。

集电极开路(OC)门具有线与功能，可挂总线使用，但在杂散电容、电感和电气干扰等因素中对驱动的总线都有严重影响，它们的输出不能满足总线结构数据传输的设计与应用的要求。

采用三态门可提高总线的抗干扰能力，三态门在总线上的联结可达 400 个，三态门的总线抗干扰能力比 OC 门约大十倍左右，三态门可驱动 100m 的长线，OC 门只能驱动 3～5m

的长线。

2. 总线加上拉电阻提高抗干扰能力

总线上不稳定的浮空状态产生的原因及抑制措施如图 4-73 所示。控制信号 1 和控制信号 2 在逻辑上是反相的。因这两个相位相反的控制信号存在时间上的偏差，即信号 1 由低变高的瞬间，信号 2 来不及由高变低。在这瞬间，如负载是 TTL 电路，将会因 TTL 泄漏电流使总线处于电压不稳定状态；如负载全部为 CMOS 或 NMOS 电路，则会有几百兆欧的阻抗，形成断开状态，也易耦合噪声。接上拉电阻可增强总线抗干扰能力，即由总线接一电阻 R 至 +5V 电源处，如图 4-73 中虚线所示，这样可使总线在这一瞬间处于高电位。8080A 微机系统的地址总线所加上拉电阻如图 4-74 所示，图中 SN74126 为 TTL 四线缓冲门(三态门，高电平有效)。采用这一措施可增强总线的抗干扰能力。

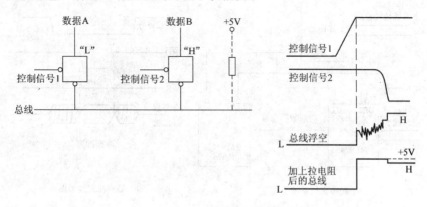

图 4-73　总线上不稳定的浮空状态产生的原因及抑制措施

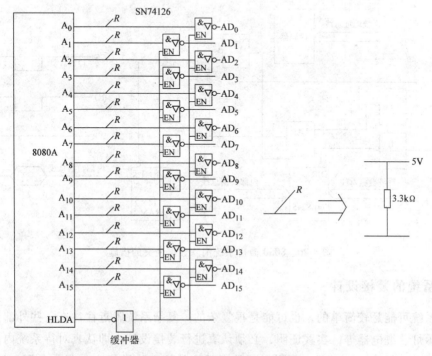

图 4-74　8080A 总线加上拉电阻

3. 在总线的接收端加缓冲器减少噪声影响

在总线的接收端，特别是从一块印制电路板到另一印制电路板传送距离较长时，最好加一施密特电路来作缓冲器，可大大减小噪声影响。

4. 防止总线上数据冲突的措施

总线上的数据冲突是指某瞬间在总线上同时加入两个不同数据，由于高低电平正好相反，而对某驱动电路产生瞬时短路的现象。8080 微机系统 CPU 与 RAM 间的地址总线和数据总线连接如图 4-75a 所示，74LS245 为总线发送器/接收器，2114 为随机存储器。图 4-75b 所示为数据冲突波形图。可采取的措施如图 4-76 所示。将随机存储器 2114 的选通时间 $\overline{CS}$ 缩小到如 $\overline{RD}$ 或 $\overline{WR}$ 的脉宽一样的程度，可解决数据的冲突问题。

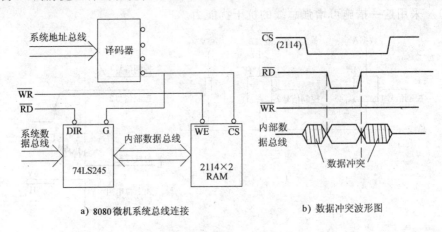

a) 8080微机系统总线连接   b) 数据冲突波形图

图 4-75   8080 微机系统总线上数据冲突的情况

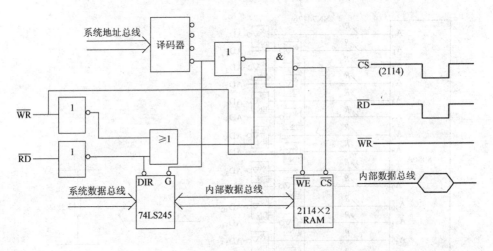

图 4-76   8080 微机系统消除数据冲突的措施

4.7.2 系统的装接设计

微机系统可能是较简单的，也可能是很复杂的。复杂系统附近往往有一些外部设备或直接驱动指示灯、继电器等。实践证明，必须认真进行装接设计，即认真对待系统内各部分的安排以及相互之间的连接问题，否则会对整个系统的抗干扰性能产生很大危害。图 4-77 所示为某微机系统的逻辑框图。

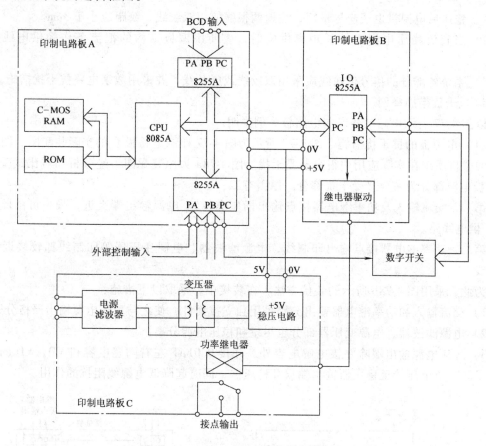

图 4-77　某微机系统的逻辑框图

1. 总体安排原则

在微机系统总体安排上要遵循以下原则：

1）微机和外围设备按各自体系，要有明显界限，不能混装，即使小系统只有一块印制电路板，也要有明显的组群集合。图 4-77 中印制电路板 A 为主机板，C 为电源板，B 板为弱电控制系统板。

2）大功率电路、元器件应与小信号电路、元器件分开。功率继电器装接在 C 板内就是根据这一原则。

3）应缩短连接噪声敏感器件的信号线。

4）发热量大的器件，如 ROM、RAM 等，应尽量安排在对关键电路影响较小的地方和通风冷却较好的地方，印制电路板垂直放置时，发热量大的器件应安置在最上面。

2. 印制电路板布置及连接线的注意事项

（1）强电线路的安装及布线　市电电网进入系统稳压电源，部分连线为强电线路，会对其他线路形成干扰。安装和布线时应注意以下问题：

1）稳压电源应就近安装在交流电源进入系统的地方，并尽量缩短连线且用双绞线。

2）如接有电源滤波器，从滤波器到电源变压器的连线要短，且使用屏蔽线。

3）强电输送线绝不能在系统内乱布。

（2）弱电线的布线

1）稳压后电源供电线应尽量短，往返两根线使用双绞线，绞距应小于 3cm。

2）当直流稳压电源需较长距离供电时，应使用铜板结构的汇流条作为供电线路和零线。

3）系统各部分的信号传输线应采用双绞线或屏蔽线，并采用数字电路抗干扰措施。

3. 抗干扰措施举例

以图 4-77 所示电路的各印制电路板为例说明。

（1）电源板的抗干扰措施 图 4-78 所示为图 4-77 印制电路板 C 的实际装配图。图 4-77 所示的微机系统在实际应用中很容易受干扰。图 4-78a 为原装配图，经分析和对比试验，认为 C 板电源部分为主要接受干扰部分。原因有二：

第一，交流输入及功率继电器接点输出插座离 +5V 电源输出端太近，噪声可由此进入 +5V 供电线路。

第二，功率继电器接点输出印制线，电源滤波器、电源变压器等印制线都较接近 +5V 印制线。

为此，采用图 4-78b 所示的装接方法，在装接中，采取以下措施：

1）交流输入和功率继电器输出分别采用独立接插件，使之与稳压电源输出严格分开。

2）电源滤波器、电源变压器部分也尽量和稳压电源分离。

3）稳压电源输出端除并接电解电容外，并接 0.01μF 左右陶瓷电容和 VD，VD 的接入是为了防止负电压接至稳压器输出端损坏稳压器，同时起降低电源线阻抗的作用。

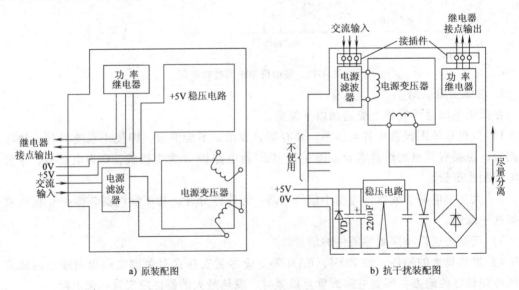

图 4-78 电源电路印制电路板的抗干扰措施

（2）主机板和弱电控制板的抗干扰措施 在采取电源板 C 的抗干扰措施后，系统抗干扰性能会有很大改善，但印制电路板 B 的受干扰机会仍比板 A 多。由试验发现，在相同地址 LDA 指令时问题不大，而 STA 指令时受干扰较大，这说明 RD 和 $\overline{\text{WR}}$ 信号情况不同。据推测在 $\overline{\text{WR}}$ 信号上混有较大噪声，在印制电路板 B 的 8255 的 $\overline{\text{WR}}$ 控制端与地并接一个 20pF 电容就能消除这种干扰，如图 4-79a 所示。

另外，RESET 控制线也十分容易受干扰，在其输入端与地并接一个 $0.01\mu F$ 电容，问题也能得到解决。如图 4-79a 所示。

从理论上讲，印制电路板 A 的抗干扰性能比板 B 好，这是因为板 A 是一个以 CPU 为中心的独立的小系统，且紧凑地装在一块印制电路板上。印制电路板内部控制线的数据总线阻抗较低，故抗干扰性能好。而板 B 的 I/O 距 CPU 较远，相互连接的控制线阻抗较高，易受干扰，为此可在板 A 的输出控制线 $\overline{CS}$、$\overline{RD}$、$\overline{WR}$、RESET 等上加接 74LS244N 总线驱动器，使之阻抗变低，提高抗干扰能力，如图 4-79b 所示。

采取上述措施后，使整个系统的抗干扰能力大为提高。用干扰模拟发生器作对比测试表明，在交流电源上加 50ns 宽度的脉冲后，幅度达 150V 时原系统产生误动作，采用抗干扰措施后，脉冲幅度在 800V 以上时才产生误动作。

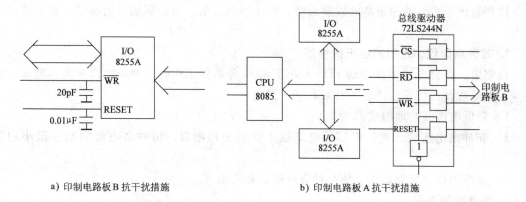

a) 印制电路板 B 抗干扰措施　　　　b) 印制电路板 A 抗干扰措施

图 4-79　印制电路板 A 和 B 的抗干扰措施

（3）继电器产生噪声的抑制措施　继电器作为电感性负载，通断时产生的强烈噪声会成为系统干扰源之一，要采取措施予以抑制。措施如下：

1）电感线圈两端并接续流二极管。

2）继电器与驱动 BJT 连线较长的情况下，在驱动 BJT 处也加接二极管抑制回路。

3）连线采用双绞线。

4）最好采用光电耦合系统代替继电器。

（4）键盘电路的抗干扰措施　键盘电路一般离 CPU 较远，有较长的连线，常成为系统抗干扰性能较差的原因之一。

图 4-80a 所示是一键盘电路，送给 8255 芯片的键盘扫描信号线上接一 $20k\Omega$ 接地电阻。扫描信号用正逻辑。当某键闭合时，送到8255 的信号为高电平。这种键盘电路因接线长等原因，抗干扰性能很差。经试验在系统的电源处加滤

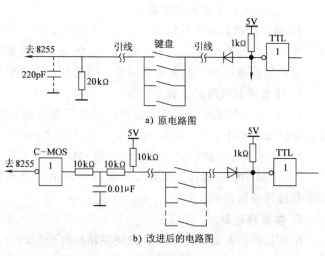

a) 原电路图

b) 改进后的电路图

图 4-80　键盘电路的抗干扰措施

183

波器，在电源上加脉宽为 450ns、350V 的串模噪声，就会导致系统误动作。在输出线处加 220pF 的电容，可使误动作串模噪声提高到 550V。因延迟时间不能再大，电容无法再加大，因此只能采取改动电路的方法来提高抗干扰能力。图 4-80b 把正逻辑改为负逻辑且在输出上加 T 形滤波器，再用 CMOS 电路来缓冲，经试验，该电路误动作噪声电压提高到 950V。

4.7.3　系统的防辐射措施

数字电路特别是微型计算机和微处理器中的电路时钟频率很高，其波形所包含的高次谐波频率就更高了。例如高速型电路 74AS04，信号频率为 4MHz、脉冲占空比为 50% 时，由频谱分析仪测出其高次谐波频率可达数百兆赫兹，这种高频成分会产生强烈辐射，干扰其他电子线路。特别是印制电路板的印制线、电源线及 I/O 接口电源等产生驻波时，在此频带附近，这些导体会成为效率很高的发射天线，产生强烈辐射，为减弱辐射的影响，可采取以下措施。

1. 改善电源线、地线的抗干扰性能

据测定，微机电路中肖特基 TTL 及动态 RAM 等器件工作时，冲击电流较大，随着电流突变，电源线会产生强烈辐射。可采取以下措施：

1）降低电源线对地阻抗。

2）在冲击电流较大时，将器件电源端上并接旁路电容，将冲击电流限制在很小的环路上。

3）地线阻抗尽可能地小，使系统有性能良好的地线。

2. 信号线加阻尼

1）对肖特基 TTL 及三态门等易产生辐射的电路信号线，串接 10Ω 电阻或加铁氧体磁珠。铁氧体磁珠根据阻抗特性的不同可分为电阻性的和电感性的，电阻性的对吸收高频成分、防止辐射有一定效果。由于时钟电路易产生高频辐射，故应首先考虑在这种电路线上加铁氧体磁珠。

动态 RAM 输入电容大，用肖特基 TTL 电路驱动时阻抗不匹配会产生振荡，在地址线上穿磁珠会有效抑制振荡和辐射。

2）信号线上加噪声滤波器。

3. 扁平电缆的抗干扰措施

为了提高扁平电缆的抗干扰能力，除将扁平电缆最外边的两根线接地外，每三根线的中间一根传输线也接地，如实现有困难，则每隔三根传输线接一根地线。

4. 注意印制线路的设计

1）设计印制线路时，高速信号线要尽可能地短，信号返回所形成的环路面积要小，主要信号线最好集中在板中心，时钟发生电路在这中心附近。

2）对于高速电路，避免多余门被较远线路所利用，宁可空闲不用。

3）为减小线间耦合，可加大印制线间距离，避免长距离平行走线，或在线间加接地，对印制线作屏蔽隔离。

5. 屏蔽辐射源

屏蔽最好用高磁导率材料。在使用塑料外壳的场合，可用塑料喷涂金属粉末工艺，屏蔽效果很好，这种屏蔽要注意零件结合部位要有连续可靠的电气接触，可用海绵状细金属丝编织带作填充物。若屏蔽效果不明显，应检查是否因电源线和信号电缆形成的辐射。一般，电源线和信号电缆有数米长，对振荡频率为100MHz，波长为3m的信号，作为天线只要有波长的1/4就可，通常电缆线就是一种天线。

采取的措施：

1）为电源线加电源滤波器，为信号电缆采取屏蔽措施。传输低频信号时，因在装置内部耦合了高频信号而产生辐射。为屏蔽辐射可使用共模扼流圈，它采用铁氧体环形磁心，只要让信号线成束地通过（0.5匝）就可（其中包括地线）。当在磁心上绕1.5匝时，屏蔽效果可增加三倍，多绕效果不明显。

2）屏蔽电缆和插头座之间的连接要注意屏蔽体的连续性，采用外加铁氧体磁心插头效果好。

6. 电源去耦，减小辐射能量

在集成电路电源端与地线之间接一陶瓷电容，就可有效抑制环路向外辐射。

4.7.4 抑制存储器部分产生的噪声

在微机电路中，存储器部分往往是一个噪声发生源。存储器电路数量较多且集中在一起，不但平时的功耗电流大，且因线路的阻抗导致电源纹波增加。更重要的是在存储器电路刚被选中进行读或写的瞬间，会产生很大的冲击电流。这个冲击电流将在印制线路的阻抗（主要是电感成分）上产生一个幅度较高的噪声电压，成为一个严重的噪声源。

1. 动态RAM抗干扰措施

动态RAM（MK4096）的电流波形如图4-81所示，由图可知，I_{DD}的冲击电流峰值为80mA左右，若一块印制电路板上装有16片MK4096，同时工作时将产生1.28A的冲击电流，对电路产生严重干扰。动态RAM抑制噪声有规定的要求，根据MK4096电路的使用要求可知，对+12V电源，其噪声电压应在0.35V（p-p）以下，+12V和−5V的线间噪声电压应在0.5V（p-p）以下。

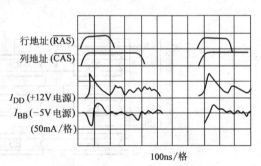

图4-81 MK4096电流波形

要达到这样的要求，可采取的措施有：

（1）加旁路电容 图4-81所示的左边五个分度的期间内，I_{DD}所流过的电荷量大致为8～9nC。如这些电荷量仅由旁路电容供给，根据所消耗的电荷，电压允许减低0.1V时，要求电容量C为

$$C = \frac{9 \times 10^{-9}}{0.1} \mathrm{F} = 0.09 \times 10^{-6} \mathrm{F}$$

要求每片动态RAM的+12V供电端子上对地并接一个0.1μF的电容，即可抑制干扰。另外，在全部期间内I_{BB}的平均电流约为零，所以只要吸收其过渡电流的变化即可。

（2）电源线和地线的印制电路板布线要尽可能短 若以1cm长度的印制线具有4nH的电感量来计算，3cm长的印制线就有12nH的电感量，当存储器最大变化量（如图4-81所示）有80mA/15ns时，产生的噪声电压为

$$U_N = L\frac{\Delta I}{\Delta t} = \frac{12 \times 10^{-9}\mathrm{H} \times 80 \times 10^{-3}\mathrm{A}}{15 \times 10^{-9}\mathrm{S}} \approx 0.064\mathrm{V}$$

若印制线更长，其噪声电压会更大。

2. 静态 RAM 的抗干扰措施

在使用静态 RAM 的系统中，存储器存取瞬间也会产生冲击电流。执行程序愈频繁的 RAM 电路，其消耗的电流就越大。在设计安排 RAM 电路时，要尽可能使电流流过印制电路板的各处都比较均匀，不让电流变动大的区域在印制电路板各处频繁移动，这样可使存储器存取瞬间所产生的噪声电压峰值变小。图 4-82a 所示存储器的接法中，IC_1、IC_2、IC_3 依次被访问，这种接法使电流变动量大的回路也依次经过三个不同区域，从而导致这种电流变动在印制电路板的各处频繁移动，产生较大噪声电压。图 4-82b 是改进后的接法，当 IC_1、IC_2、IC_3 依次被访问时，在回路 1、2、3 中的电流变动不是很大，可减小噪声电压。

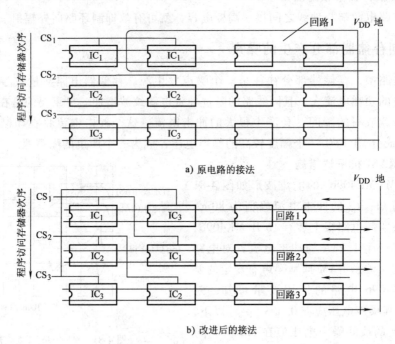

图 4-82　存储器不同接法时噪声电压大小的影响

4.7.5　微机系统的软件抗干扰措施

微机系统除上述所讲的硬件抗干扰措施外，在软件上也可采取一定的抗干扰措施。

1. 数字滤波

微机系统正常工作时，外界的干扰信号总是或多或少地进入微机控制系统中，为减少干扰，提高系统的可靠性，常采用数字滤波技术。如程序判断滤波、中值滤波、算术平均滤波、加权平均滤波、滑动平均滤波、RC 低通滤波和复合数字滤波等。详情请参阅潘新民等编著的《单片微型计算机实用系统设计》一书(人民邮电出版社 1993 年版)。

2. 设立软件陷阱

微机控制系统的程序是一步一步执行的。所谓程序失控，是指微机偏离预定的执行过程，使程序无法完成原设定任务，严重时会使整个系统瘫痪。造成程序失控的原因并非程序本身的设定问题，而是由于外部的干扰或机器内部硬件的瞬间故障。

为防止上述情况发生，在软件设计时，可采用设立陷阱的措施。具体做法是，在 ROM 或 RAM 中，每隔一些指令(通常为十几条指令)，把连续的几个单元置成"00"(空操作)。当出现程序失控时，只要进入这些软件陷阱中的任何一个，都会被捕获，连续进行几个空操作，执行完这些空操作后，程序自动恢复正常，继续执行后面的程序。

3. 时间监视器

设立软件陷阱的办法能在一定程度上解决程序失控问题，但有时却不能解决，例如程序的死循环就是如此。死循环是由于某种原因使程序陷入某个应用程序或中断服务程序中做无休止的循环，使 CPU 及其他系统资源被其占用而使别的任务都无法完成。死循环不会使程序控制转入陷阱区，因而软件陷阱无法捕获到它。

为防止程序陷入死循环，常采用一种软硬相结合的程序运行时间监视器 WDT(Watchdog Dog Timer,直译成"看门狗电路")，用来监视程序的正常进行。

WDT 由两个计数器组成，计数器靠系统时钟(或分频后的脉冲信号,如 8031 的 ALE 信号)进行计数，当计数器计满时，由计数器产生一个复位信号，强迫系统复位，使系统重新执行程序。在正常情况下，每隔一定的时间(根据系统应用程序执行的长短来确定)，程序使计数器清零。这样，计数器就不会计满，因而不会产生复位。但是，如果程序运行不正常，如陷入死循环等，计数器将会计满而产生溢出。溢出信号用来产生复位信号，使程序重新开始启动，以清除外部对程序的干扰。

WDT 的应用框图如图 4-83 所示。

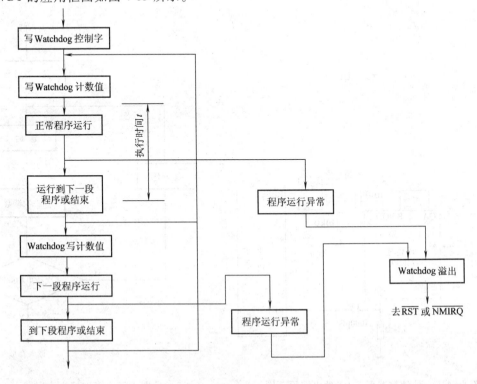

图 4-83　WDT 的应用框图

由通用芯片组成的计数器型 WDT 的电路原理图如图 4-84 所示。图中，555 定时器组成多谐振荡器，为十六进制计数器 74LS93 提供独立的时钟 t_c，当计数到第八个 t_c 时，WDT 输出复位信号。$10\mu F$ 电容和 $10k\Omega$ 电阻组成微分电路的作用是控制复位信号的宽度，使 CPU 复位后可立即重新开始运行。程序定时清零，WDT 的周期应为 $\tau < 8t_c$，清零端常态是低电平，清零时输出一个正脉冲即可。微分电路可防止 CPU 在受干扰时清零端为高电平，防止 WDT 无法工作的情况发生。WDT 的定时选择要视情况而定，一般从毫秒级到秒级。最好的设计方案是分别设定不同的定时供用户自选。定时时间过长会导致 WDT 响应不灵敏，当系统受到干扰不能启动保护时，会使系统受损。

目前已有不少专用 WDT 芯片可供选用，有些单片机芯片也设置了 WDT。WDT 是现场智能仪器设备必备的一项功能。

必须指出，WDT 是一种被动的抗干扰措施，只能在一定程度上减少干扰造成的损坏，而且 WDT 一动作，微机系统正常工作也被停止。

4. 输入/输出软件抗干扰措施

在微机控制系统中，过程控制需要频繁读入数据或状态，而且要不断地发出各种控制命令到执行机构，如继电器、电磁阀和调节阀等执行机构。为了提高输入/输出的可靠性，在软件上也要求采取相应的措施。

1）对于开关量的输入，为了确保信号正确无误，在软件上可采取多次读入的方法（至少读两次），认为无误后再输入，如图 4-85 所示。对于开关量的输出，应将输出量回读（这要有硬件配合），图中左框中的②→①表示两次结果不相同时，由第 2 次读数返回第 1 次重新读数，以便进行比较，确认无误后再输出。

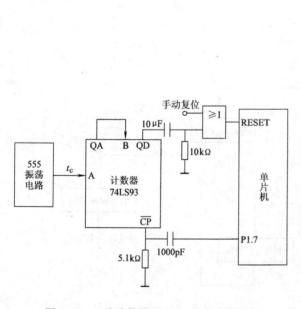

图 4-84　一种计数器型 WDT 的电路原理图

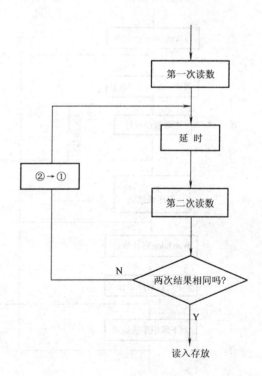

图 4-85　多次读入流程图

在计算机输出开关量控制闸门、料斗等执行机构动作时，为了防止这些执行机构由于外界的干扰而误动作，比如已关的闸门、料斗可能中途打开，已开的闸门、料斗可能中途突然关闭。要防止这些误动作，可以在应用程序中每隔一段时间(比如1ps)发一次输出命令，不断地关闸门或者开闸门。这样，就可以较好地消除由于扰动而引起的误动作(开或关)。

2) 软件冗余。在条件控制中，对于条件控制的一次采样、处理和控制输出，改为循环采样、处理和控制输出。这种方法对于惯性放大器系统具用很好的抗偶然干扰作用。

3) 在某些控制系统中，对于可能酿成重大事故的输出控制，要有充分的人工干预措施。例如，在中央控制室设一脱机按钮，以解除计算机控制。这样，一方面使已发出的信号和现场脱离；另一方面，则向计算机输入一个"脱机"控制字，使计算机停止现场的控制，而只能采集现场的数据。但要求能使用键命令恢复控制。

4) 当计算机输出一个控制命令时，相应的执行机构便会工作，但在执行机构动作的瞬间，往往伴随着火花、电弧等干扰信号，这些干扰信号有时会通过公共线路返回到接口中，改变状态寄存器的内容，因而使系统产生误动作。再者，当命令发出后，程序立即转移到检测返回信号的程序段。一般，执行机构动作时间较长(从几十毫秒到几秒不等)，在这段时间内也会产生干扰。

为防止这种现象发生，可以采用一种所谓的软件保护方法。其基本思想是，输出命令发出后，立即修改输出状态表。执行机构动作前，程序已调用此保护程序。该保护程序不断地把输出状态表中的内容传输到各输出接口的端口寄存器中，以维持正确的输出控制。在这种情况下，虽然有时执行机构的动作有可能破坏状态寄存器的内容，但由于不断地执行保护程序，而使得状态寄存器的内容不变，从而达到正确控制的目的。

思考题与练习题

4-1　选择题

1. 关于电容性耦合噪声传播途径的寻找原则，以下说法正确的是(　　)。

A. 电流变化大的工作场合是电容性耦合的主要根源

B. 大电流工作场合是电容性耦合的主要根源

C. 电压变化大的工作场合是电容性耦合的主要根源

2. 关于使用电源滤波器抑制市电高频干扰，以下说法正确的是(　　)。

A. 电源滤波器用于抗共模干扰的两个电容器电容值越大越好

B. 电源滤波器用于抗共模干扰的电感线圈的同名端接法不重要，将其分别串接在两电源线上即可

C. 电源滤波器接地端应可靠接地

3. 关于反射干扰，以下说法正确的是(　　)。

A. 反射大小与信号频率有关，频率越高，反射越小

B. 反射大小与信号线形式无关

C. 反射产生的原因是输出元器件、传输线与接收元器件阻抗不匹配

4-2 填空题

1. 抗干扰就是结合电路特点使干扰减少到_____。

2. 抑制导线传导耦合噪声的主要措施是_____；抑制电容性耦合噪声十分有效的措施是_____；抑制电感性耦合噪声有效的方法是_____。

3. 铁氧体磁珠滤波器对_____电流几乎没有什么阻抗，而对_____电流却会产生较高衰减作用。它是把_____电流在其中以_____形式散发。

4. 为提高抗干扰性能，当负载距稳压电源输出端较远时，一定要将稳压电源取样线_____负载两端，如借用负载线兼作取样线，取样线一定要用_____方式。

5. 系统接地可分为_____接地、_____接地、_____接地、_____接地等。

4-3 判断题（正确的在括号内打√,错误的打×）

1. 高频长传输电缆应安装在金属管内，金属管应一点接地。（   ）

2. 为减小公共阻抗引起的干扰，各分电路应各自接地后一点接地。（   ）

3. 大信号地线应与小信号地线分开，然后一点接地。（   ）

4. 采用光耦合隔离放大器时，输入端地线和输出端地线应分开。（   ）

5. 用磁珠串接在信号线上作滤波用时，导线穿过多孔磁珠的孔数越多越好。（   ）

6. A/D 转换器外接积分电容应选高频特性好的瓷介电容。（   ）

7. 图 4-70 中 C_2 可由 $0.01\mu F$ 改为 $10\mu F$。（   ）

4-4 简答题

1. 抗干扰三要素是什么（用公式表示）？

2. 设某系统有效信号的动态范围为 30mV，要求测量准确度为 0.1%，亦即串模干扰必须被抑制到 $U_{nmi} = 30mV \times 0.1\% = 0.03mV$，设 $U_{dm} = 30mV$，求串模抑制比（dB）的值。

3. 提高抗干扰性能最有效的措施是什么？

4. 简述抑制公共阻抗耦合噪声的措施。

5. 在变压器加静电屏蔽时，应注意哪些问题？

6. 自行设计电源滤波器时，应注意哪些问题？

7. 为提高集成稳压电源电路的抗干扰性能，在布线工艺上应采用哪些措施？以图 4-30（μA723 稳压电路）为例说明。

8. 工业噪声对高频电路干扰的主要途径为哪两种？应采取哪些措施加以抑制？

9. 简述组合频率的干扰及其抑制措施。

10. 简述高频电路布线技术中采用大平面接地布线的注意事项。

11. 简述数字电路中电源噪声的抑制措施。

12. 试简述数字电路中地线干扰的抑制措施。

13. 简述数字电路中窜扰的形成机理及其抑制措施，它与哪些因素有关？

14. 为提高智能仪器设备的抗干扰性能，系统印制电路板设计元器件安排时应注意哪些问题？

15. 简述微机系统的防辐射措施。

16. 图 4-86 所示为某智能仪器印制电路板示意图，这样安排有何不妥之处？请详细说明理由，并在同一块印制电路板上画出正确的示意图，且说明理由。

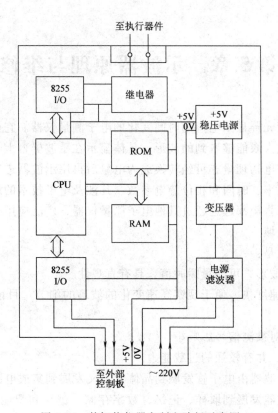

图 4-86　某智能仪器印制电路板示意图

第5章　示波器原理与维修

示波器是一种用荧光屏显示电量随时间变化的电子测量仪器。它能把人的肉眼无法直接观察到的电信号转换成人眼能够看到的波形，具体显示在示波屏幕上，以便对电信号进行定性和定量观测，其他非电物理量亦可经转换成为电量后再用示波器进行观测。示波器可用来测量电信号的幅度、频率、时间和相位等电参数。凡涉及电子技术的地方几乎都离不开示波器，它的发展速度和销售额都远远超过其他电子测量仪器，广泛应用于国防、科研、学校以及工、农、商等各个领域。

示波器的基本特点是：

1）能显示电信号波形，可测量瞬时值，具有直观性。

2）工作频带宽，速度快，便于观察高速变化的波形的细节。目前示波器的工作频带最宽可达 1GHz 以上。

3）输入阻抗高，对被测信号影响小。

4）测量灵敏度高，并有较强的过载能力。

半个世纪以来，示波器由电子管发展到晶体管，又发展到集成电路；由模拟电路发展到数字电路；由通用示波器发展到取样、记忆、数字存储、逻辑和智能化示波器等多个种类。本章主要讨论通用示波器的原理与维修。

5.1　示波器的工作原理

5.1.1　示波器的组成

示波器的基本组成框图如图 5-1 所示。

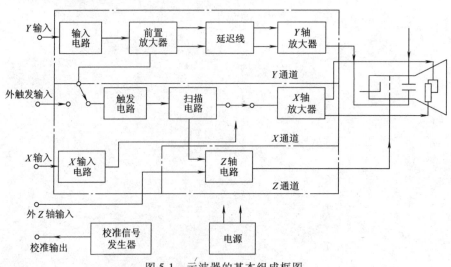

图 5-1　示波器的基本组成框图

示波器由示波管、Y 通道、X 通道、Z 通道、校准信号发生器和电源等部分组成。

1. 示波管

示波管是示波器的核心部件,它在很大程度上决定了整机的性能。示波管是一种整个被密封在玻璃壳内的大型真空电子器件,也叫阴极射线管,其用途是将电信号转变成光信号并显示出来,它由电子枪、电子偏转系统和荧光屏三部分组成,如图 5-2 所示。

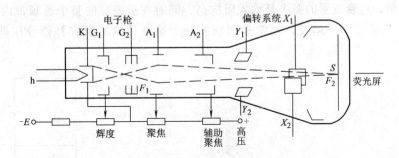

图 5-2 示波管及电子束控制电路

(1) 电子枪 电子枪的作用是发射电子并形成很细的高速电子束,它由灯丝(h)、阴极(K)、栅极(G_1)、前加速极(G_2)、第一阳极(A_1)和第二阳极(A_2)组成。

灯丝 h 用于对阴极 K 加热,加热后的阴极发射电子。栅极 G_1 电位比阴极 K 低,对电子形成排斥力,使电子朝轴向运动,形成交叉点 F_1,调节栅极 G_1 的电位可控制射向荧光屏的电子流密度,从而改变荧光屏亮点的辉度。

G_2、A_1、A_2 构成一个对电子束的控制系统。这三个极板上都加有较高的正电位,并且 G_2 与 A_2 相连。穿过栅极交叉点 F_1 的电子束,由于电子间的相互排斥作用又散开,进入 G_2、A_1、A_2 构成的静电场后,一方面受到阳极正电压的作用加速向荧光屏运动,另一方面由于 A_1 与 G_2,A_1 与 A_2 形成的电子透镜的作用向轴线聚拢,形成很细的电子束,以便在荧光屏上显示出清晰的聚焦很好的波形曲线。

(2) 电子偏转系统 电子偏转系统由 X(水平)方向和 Y(垂直)方向两对偏转板组成,每对偏转板由基本平行的金属板构成,其作用是决定电子束怎样偏转,这与两对偏转板上两板间所加电压的极性和大小相关。

(3) 荧光屏 在屏幕玻璃壳内侧涂上荧光粉,就形成了荧光屏。当电子束轰击荧光粉时,激发产生荧光形成亮点。不同成分的荧光粉,发光的颜色也不同,一般示波器选用人眼最为敏感的黄绿色荧光粉。荧光粉从电子激发停止时的瞬间亮度下降到该亮度的 10% 所延续的时间称为余辉时间。余辉时间与荧光粉的成分有关,为适应不同需要,将余辉时间分为短余辉($10\mu s \sim 1ms$)、中余辉($1 \sim 100ms$)和长余辉($100ms \sim 1s$),普通示波器采用的是中余辉示波管。

2. 垂直偏转系统(Y 通道)

Y 通道的任务是检测被观察的信号,并将它无失真或失真很小地传输到示波管的垂直偏转板上。示波器既要能观测小信号(mV 数量级),又要能观测大信号(几十伏至几百伏),而示波管垂直偏转的灵敏度一般为 $4 \sim 10V/cm$。显然要直接显示幅度相差如此之大的信号,仅用示波管是无法完成的。为此,要将被测信号进行放大或衰减,以满足观测不同信号的需要。Y 通道主要由输入电路、前置放大器、延迟线和垂直放大器等组成,如图 5-1 所示。双踪示波器有两路输入电路和前置放大器，通过一个电子开关电路再到延迟线和 Y 主放大器（垂直输出放大器），如图 5-11 所示。

（1）输入电路　输入电路由耦合电路、衰减器、阻抗转换器和探头（外接）组成。

1）耦合电路。加到 Y 轴输入端的被测信号可以选择交流耦合或直流耦合方式，抵达高阻衰减器，或者断路不接通（此时高阻衰减器输入端接地）。具体电路如图 5-3 所示。

2）衰减器。对衰减器的要求是输入阻抗高，同时在示波器的整个通频带内衰减的分压比均匀不变。为使信号不畸变，通常采用能实现无畸变传输的阻容补偿分压器，如图 5-4 所示。

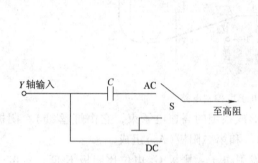

图 5-3　耦合电路　　　　　　　图 5-4　衰减器

图中 R_1、R_2 为分压电阻（R_2 包括下一级的输入电阻），C_2 为下一级的输入电容和分布电容，C_1 为补偿电容。调节 C_1，当满足关系式 $R_1C_1 = R_2C_2$ 时，分压比 K_0 在整个通频带内是均匀的，即

$$K_0 = \frac{R_2}{R_1 + R_2} = \frac{C_1}{C_1 + C_2}$$

多数示波器的输入电阻 R_i 都设计在 $1M\Omega$ 左右，它的大小主要决定于 R_1，因为 $R_i = R_1 + R_2$，而 $R_2 \ll R_1$。通常用一个开关换接不同的 R_2C_2 来改变衰减量。

3）阻抗转换器。为了减小对被测电路的影响，Y 轴输入为高阻输入电路。通常选用结型场效应晶体管接成源极跟随器，以使输入阻抗高，输出阻抗低，实现阻抗变换。

4）探头。采用同轴电缆作为输入引线，以避免干扰影响。因同轴电缆内外导体间存在电容使输入电容 C_i 显著增加，这对观察高频信号是很不利的，所以示波器通常采用图 5-5 所示的探头检测被观察信号。探头里有一可调的小电容 C（$5 \sim 10pF$）和大电阻 R 并联。如果示波器的输入电阻 R_i 为 $1M\Omega$ 时，R 应取 $9M\Omega$，同时调整补偿电容 C 可以得到最佳补偿，即满足 $RC \approx R_iC_i$。调整补偿电容 C 时的波形如图 5-6 所示，图 5-6a 为正常补偿的波形，图 5-6b 为过补偿的波形，图 5-6c 为欠补偿的波形。应调整 C，达到正常补偿的情况。

由于探头中的电阻 R、电容 C 与示波器的输入阻抗 R_i、输入电容 C_i 形成补偿式分压器，一般分压比做成 10:1，此时分压器不会引入被测信号的失真，探头和电缆都是屏蔽的不会引入干扰，输入阻抗也大为增加，$R_i' = 10M\Omega$，C_i' 约为 $10pF$。

（2）前置放大器　前置放大器通常用来将单端输入信号变成双端对称信号输出，它的增益要求不高，但频带宽度要比整体的频响指标还要宽广，同时还要实观各种控制功能，如增益微调、增益扩展、极性变换和垂直位移等。为此，一般采用共发射极、共基极差分放大电路。

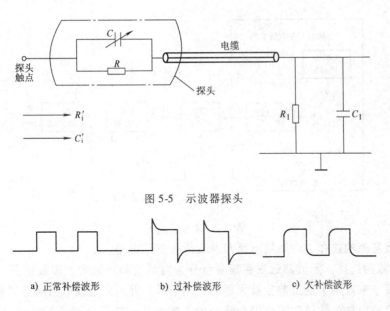

图 5-5　示波器探头

a) 正常补偿波形　　　　b) 过补偿波形　　　　c) 欠补偿波形

图 5-6　补偿电容的波形

（3）垂直通道开关转换电路（电子开关）　双踪示波器通常具有 Y_1、Y_2、交替、断续、$Y_1 + Y_2$ 5 种显示工作方式，其转换工作方式的电子开关由多谐振荡器和门电路组成。多谐振荡器产生控制信号控制门 1 和门 2 的接通或断开，从而控制了来自前置放大器 Y_1 通道和 Y_2 通道的信号的通断。目前示波器多采用数字集成电路作 Y 轴电子开关，具有电路简单、元器件少和调试方便等特点。

（4）延迟线　考虑到水平扫描锯齿波信号与内触发信号之间有一段延迟时间，为了观测脉冲的前沿，就需在 Y 轴放大器中插入延迟线，使被测信号的起点与扫描信号起点同步。通常延迟时间在 50～200ns 之间，这个延迟准确性要求不高，但延迟应稳定，否则会导致图像的水平漂移和晃动。100MHz 以下的示波器多采用双芯平衡螺旋导线作延迟线，其特性阻抗在几百欧姆以下，延迟线的前边必须用低输出阻抗的电路作驱动级，延迟线的后边用低输入阻抗的电路作缓冲器，同时还要接入各种补偿电路，以补偿延迟线及安装过程中引起的失真。需要指出的是，目前一些较新型号示波器的触发扫描电路采用了数字集成电路作触发器，触发翻转速度明显提高，从接受触发到开始扫描的时间大为减少甚至可忽略，这样可省略延迟线，使 Y 通道电路得以简化，如 XJ4328 型示波器就省略了延迟线。

（5）垂直放大器（主放大器）　垂直放大器的基本功能是把由延迟线输入的被测信号放大到足够大的幅度，用以驱动示波管垂直偏转系统，使荧光屏上显示观测信号。垂直放大器应在满足带宽的前提下有足够大的增益和动态范围，足够小的非线性失真。它采用 2～3 级的差动放大器（推挽放大器），输出一对平衡的交流电压加到偏转板，这样当被测电压幅度任意改变时，偏转的基线电位（即偏转板之间中心电位）可保持不变。

3. 水平偏转系统（X 通道）

水平偏转系统的作用是产生一个与时间呈线性关系的锯齿波扫描电压，并加到示波管的水平偏转板上，使电子射线沿水平方向线性地偏移。X 通道包括三部分：触发电路、扫描电路和水平放大器，如图 5-7 所示。

（1）触发电路　触发电路的作用是控制扫描闸门，以实现与被测信号的严格同步。触

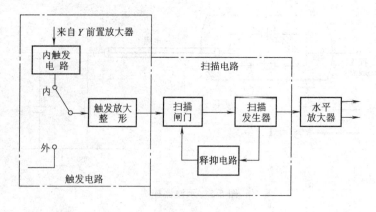

图 5-7 X 通道框图

发电路包括触发源的选择、内触发电路和触发放大整形电路。

1) 触发源的选择。示波器触发源通常可分为内触发和外触发。多数情况下都选择内触发，即触发信号来自于 Y 通道前置放大器的被测信号，并经内触发电路后送到触发放大整形级。当被测信号为复杂的调制波或组合脉冲串，或为了比较两个信号的时间关系等用途时，被测信号不适于作触发信号，可选用与被测信号系统有同步关系的外触发信号来同步触发扫描，便于被测波形稳定显示。

2) 内触发电路。包括触发分离器和内触发放大器。触发分离器的作用是将 Y 轴前置放大器中的被测信号分离出来送入触发电路，其主要考虑的是触发电路对前置放大器的影响要尽量小，所以通常采用射极跟随器。内触发放大器将内触发信号加以放大，要求通频带宽且工作稳定。双踪示波器的内触发电路还包括内触发通道选择开关，从而决定内触发信号是取自 Y_1 通道还是 Y_2 通道。

3) 触发放大整形电路。触发放大整形电路的作用是把不同触发源的各种触发信号转换成能启动扫描电路的触发脉冲。要求触发脉冲有陡峭的前沿和足够的幅度，以使扫描闸门可靠而迅速地翻转。触发放大器具有较高的输入阻抗、较强的过载能力和足够的频带宽度，它实际上是一个差分放大的电压比较器，一端为触发信号输入，另一端为被测信号波形触发电平调节。在触发放大器输出信号的作用下，触发整形级形成一个边沿陡峭、宽度适中的矩形脉冲，经过微分，转换成单极性的尖脉冲，即触发脉冲，去驱动扫描闸门电路启动扫描。一般整形电路采用发射极耦合双稳态多谐振荡器。

(2) 扫描电路 扫描电路由扫描闸门、扫描发生器、电压比较器和释抑电路组成，如图 5-8 所示。

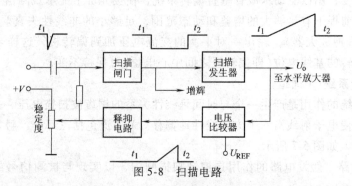

图 5-8 扫描电路

1）扫描闸门。这是双稳态触发电路，当触发脉冲在 t_1 时刻到来时，电路翻转，输出低电平，使扫描发生器开始扫描。

2）扫描发生器。典型电路是图 5-9 所示的密勒积分电路，这是一个电压并联负反馈放大器，其反馈元件电容 C_T 和电阻 R_T 构成积分电路，产生线性良好的锯齿波。

3）电压比较器。将送入的 $U_。$ 与参考电压 U_r 进行比较，当 $U_。 > U_r$ 时，电压比较器输出随 $U_。$ 上升，给释抑电路的电容器充电，使得扫描闸门的输入电压上升，当升到双稳态扫描闸门的正触发电平时，扫描闸门电路翻转，控制扫描发生器结束扫描而进入回程期，电路翻转的时刻为 t_2。

4）释抑电路。其作用是用来保证每次扫描都开始在同样的起始电平上。最简单的释

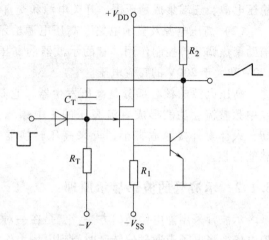

图 5-9 密勒积分电路

抑电路是一个 RC 电路，该电路保持了电压比较器送来的校正电平。在扫描回程期，扫描电压 $U_。$ 迅速下降，但由于释抑电容的电荷存储效应，使得扫描闸门输入保持一个较高的电平，从而保证密勒积分电路的电容 C_T 有足够的放电时间，以保证下次积分在同样的起始电平上开始。利用图 5-8 中的电位器可适当调节预置电平，从而改变释抑时间，有助于扫描电路与触发信号同步，从而建立稳定的显示图像，所以该电位器称为"稳定度"调节电位器。

（3）水平放大器(X 轴放大器）　水平放大器主要用来放大扫描锯齿波电压，将单端信号放大并变成双端差分输出，去驱动示波管水平偏转板。为了无失真地放大扫描电压，水平放大器需有一定的频带宽度和较大的动态范围。输出级通常采用具有低输出阻抗的并联电压负反馈放大电路，选用高反压、小电容、中功率的高频晶体管组成推挽输出级，实现水平放大器输出低阻抗、高增益、快响应和大幅度的各项要求。

对于双踪示波器，当"$X—Y$"显示时，水平放大器作为水平信号的主放大器，X 信号从 Y_1 通道输入，Y 信号从 Y_2 通道输入，这时可以观测两个信号的频率关系和相位关系。

4. Z 轴电路(Z 通道）

示波器屏幕上波形的亮度，通常由 X 通道的扫描闸门信号、Y 通道的断续消隐信号、外接 Z 轴输入调辉信号以及面板上的辉度电位器所控制。这些信号幅度都很小，而示波管控制栅极电压 U_{G1} 必须有较大幅度值才能进行辉度控制，因此就引入了 Z 轴放大器(Z 轴电路）。Z 轴电路的主要作用是在扫描正程时间放大增辉信号，并加到示波管的控制栅极 G_1，使得示波管在扫描正程加亮光迹，在扫描回程消隐光迹。

5. 校准信号发生器

示波器中有一个固定频率和幅度，并具有较高准确度的内部信号源，即校准信号发生器。该校准信号通常是方波，用作自校水平扫描速度和垂直偏转因数，同时还可用来对10∶1探头的高频补偿进行校准。

6. 电源

除示波管灯丝供电外，示波器的直流供电分为低压电源和高压电源两部分。

（1）低压电源　示波器中低压电源是给各部分电路提供稳定的直流电压，常用的有±5V、±9V、±12V、±15V、±24V、±30V等。常见的低压电源的形式有四种：串联型稳压电源、三端集成稳压器、开关电源和交直流供电。

（2）高压电源及显示电路　高压电源给示波管显示电路提供高压，具有辉度、聚焦和辅助聚焦调节等控制作用。有的示波器的高压电源还给水平和垂直放大器的末级提供大于100V和大于200V的直流电压。

高压电源的核心部分是高压发生器，它是采用转换器，将直流低压转换成中频高压，经中频整流、滤波形成直流高压的。中频滤波电容器的容量小、体积小。转换器内阻较高，人体意外接触危害小，近来高压转换器常用推挽式振荡，易于起动，振荡稳定，负载能力强。

5.1.2　示波管的波形显示原理

示波管采用静电偏转的方法，就是在一对偏转板之间分别加上一定电压，则两板间产生静电场，当电子束通过偏转区时受到电场力作用产生位移，位移的大小与所加的电压幅度高低成正比。下面根据不同情况分别说明波形的显示原理。

1. 垂直偏转板上加正弦电压

如果把一个周期性变化的正弦电压加到一对垂直（Y轴）偏转板上，则两极板间产生交变电场，电子束经过偏转板时，受到交变电场的控制，光点在荧光屏上作垂直方向移动。当正弦电压的频率很低时（小于10Hz），荧光屏上便会显示一个上下移动的光点；当正弦电压的频率较高时（大于20Hz），就会产生光点运动的轨迹，即一根垂直亮线。

2. 水平偏转板上加锯齿波电压

若把一个周期性变化的锯齿波电压加到一对水平（X轴）偏转板上，则两板间的光点就会产生左右方向移动，这就是水平扫描线。当每秒扫描10次以下时，便会看到左右移动的光点；当每秒扫描20次以上时，就会看到一根水平亮线。

3. 波形的合成

若把被测信号的正弦波电压加垂直偏转板上，同时把锯齿波电压加到水平偏转板上，而且两个信号的频率和相位都相同，则在两对偏转板上电场的控制作用下，荧光屏上的光点就会沿0、1、2、3、4的轨迹运动。当一个信号周期完了，锯齿波电压由高到低很快回扫，于是重复以上的周期变化，这样在荧光屏上就能显示出一个被测信号的波形，如图5-10所示。

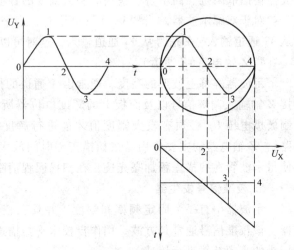

图5-10　波形的合成原理

4. 扫描与同步

波形显示的原理和我们在$X—Y$坐标纸上画图一样，用横轴表示时间，纵轴表示电压幅度，所描绘出的信号波形与画图是一样的。波形的显示过程称为扫描，扫描电路产生的锯齿波电压称为扫描电压。当扫描电压周期与被测信号电压周期相等或相差整数倍时，每个扫描周期光点运动的轨迹才能完全重合，从而稳定地显示出完整的信号波形，这个过程称同步。示波器中常用被测信号电压来触发控制锯齿波电压的周期，使它们的周期之间成整数倍关系，达到保持同步的目的。扫描周期是被测信号周期的几倍，则显示几个周期的被测信号，这种同步方式称为内同步，此外还有外同步方式。

5.1.3　XJ4328 型双踪示波器的主要性能指标和工作原理

XJ4328 型双踪示波器是一种便携式通用示波器，它有两个独立 Y 通道可同时测量两路信号。由于在整机中采用了集成电路，所以 XJ4328 型示波器具有体积小、重量轻和耗电省等特点，且操作简单，可应用于现场维修，生产线调试及实验室一般性测量等方面。

1. 主要性能指标

（1）Y 系统

工作方式：Y_1、ALT（交替）、CHOP（断续）、ADD（叠加）、Y_2

输入选择：DC、⊥、AC

输入阻抗：电阻（$1 \pm 5\%$）MΩ，电容（27 ± 5）pF

最大允许输入电压：$400V（DC + AC_P）$

偏转因数：（5mV ~ 5V）/div，按一——二—五进制分为 10 档，误差不超过 5%

频带宽度：DC　0 ~ 15MHz，AC　10Hz ~ 20MHz

（2）X 系统

扫描方式：自动、触发、$X—Y$、或外 X

扫描速度：$0.5\mu s/div ~ 0.2s/div$，按一——二—五进制，共分为 18 档，各档误差不超过 $\pm 5\%$（使用扩展 ×10 时各档误差不超过 $\pm 10\%$）

触发方式：触发、自动

触发源：Y_1、Y_2、内、外

触发极性：$+$、$-$

$X—Y$ 方式：$X—Y_1$，$Y—Y_2$

X 频带宽度：DC ~ 300kHz

（3）校准信号

输出波形：方波

电压幅度：0.2V（P-P）

重复频率：1kHz

（4）探极特性

型号：XJ23400 型通用探极

输入电阻：$10（1 \pm 5\%）$MΩ

输入电容：$22pF \pm 5pF$

衰减比：$10:1（1 \pm 10\%）$

上升时间：18ns（10 ~ 35℃）

最大输入电压：$400V（DC + AC_P）$

（5）其他

结构形式：便携式

外形尺寸：$b \times h \times d$ 330mm×130mm×440mm

重量：6.5kg

电源：220V/110V(1±10%)，50(1±5%)Hz

视在功率：30VA

2. 工作原理

XJ4328 型示波器整机框图如图5-11 所示。

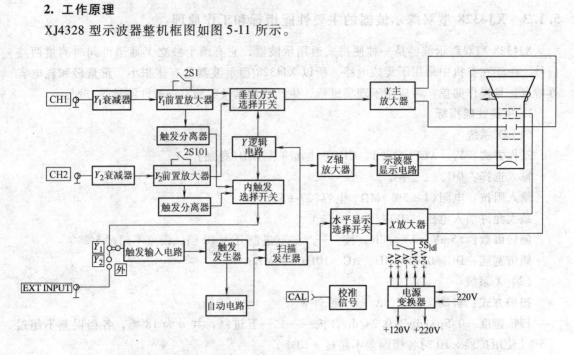

图 5-11   XJ4328 型示波器整机框图

（1）垂直衰减器   衰减器电路用来选择垂直偏转因数，输入信号可连接到 CH1 和 CH2 输入端。当工作在"$X—Y$"方式时，加到 CH1(或 X)输入端的信号供水平(X轴)偏转显示，加到 CH2(或 Y)输入端的信号供垂直(Y轴)偏转显示。

CH1 和 CH2 衰减器电路(见附录图 A-1)由两部分组成：第一级高阻衰减器的衰减比为 1/1、1/10 和 1/100，第二级低阻衰减网络的衰减比为 1/1、1/2、1/4 和 1/10。通过转换衰减开关(2S3/2S103)，垂直衰减器的衰减比按 10 个档级从 1～1000 倍。

第一级高阻衰减器直接衰减来自耦合开关的信号，并将被衰减的信号输至电压跟随器。第二级低阻衰减网络(2R32/2R132)接受电压跟随器的低输出信号，并将被其衰减的信号输入第一级差分放大器。

（2）输入耦合开关   输入耦合开关(2S1、2S2/2S101、2S102)，能选择信号输入耦合方式。耦合方式有交流耦合、直流耦合和接地。当选择接地方式时，前置放大器的输入端与 CH1(CH2)输入端互相隔离，并且前置放大器的输入端接地(零电平)，便于寻找光迹，也可在测量信号时作参考电平。

（3）阻抗转换器   阻抗转换器利用源极跟随器(2V2/2V102)，获得一个高的输入阻抗，使其对被测电路没有影响，利用射极跟随器(2V4/2V104)产生一个低的输出阻抗，作用在低阻衰减网络上。为了克服热漂移及获得高速性能，采用了双通路放大器。在低速通路输入信号同时加到源极跟随器（2V2/2V102）的栅极和通过电阻（2R8/2R108）加到比较器（2N1/2N101）的同相输入端，转换器的输出信号通过电阻（2R15/2R115）馈入比较器的反相输入端。当由于某种原因使转换器的输出电平发生漂移时，通过比较器的比较，改变了源极跟随器（2V2/2V102）的导通电平，控制源极跟随器的电流，从而达到校准转换器的输出电平误差，电容器（2C12/2C112）限制比较器的带宽，电位器（2R41/2R141）补偿比较器的偏移电压，使"V/div"开关转换时，光迹不至于移动。在快速通路，输入信号通过（2R8/2R108）直接耦合到转换器的输入端。

电位器（2R40/2R140）补偿低频方波的平坦度。

（4）第一级差分放大器　第一级放大器包括一对共射放大器（2V5、2V6/2V105、2V106），通过接插头 2X2/2X4 到 3V1、3V2/3V101、3V102 跟随器（见附录图 A-2），再到 3V7、3V8/3V107、3V108 连接起来，在这一级放大器中完成单端信号转换成双端平衡信号。

附录图 A-2 中的电位器 3R70/3R170 完成增益校准。电位器 7R2/7R3（见附录图 A-1）对 Y_1 和 Y_2 起移位作用，电位器 2R43/2R143 对 Y_1 和 Y_2 起基线中心调节作用。共基极差分放大器的输出电流信号直接馈入垂直开关电路的晶体管门电路（见附录图 A-2）。

（5）内触发信号放大器　在附录图 A-2 中，从 3V1、3V2/3V101、3V102 引出垂直通道输出信号作为内触发信号，输入至内触发信号放大器。内触发信号放大器由晶体管 3V3、3V4、3V5、3V6/3V103、3V104、3V105、3V106 组成，晶体管 3V6、3V106 的集电极输出信号作为内触发信号被送至触发信号开关电路。

当示波器工作在 $X—Y$ 方式时，通道 1 经过 2N2（见附录图 A-1）6 脚到 6V5（见附录图 A-3）发射极，作为 X 输入信号，电位器 6R30 用来校准水平灵敏度。

（6）垂直开关电路　垂直开关电路由垂直开关电路和用来控制这些开关的开关逻辑电路组成（见附录图 A-2）。

开关逻辑电路控制晶体管门电路（3V9 ~ 3V12/3V109 ~ 3V112）的导通和截止，用于选择通道 1 或通道 2 信号。开关逻辑电路的工作状态，通过"垂直方式"开关（4S1）来选择。"垂直方式"开关有通道 1 单独显示、通道 2 单独显示、断续显示、交替显示和相加显示五种工作方式。当通道 1 选中时开关到 CH1，D 触发器 3D1A 的 S 端为低态"0"而 R 端为高态"1"，输出 Q 为"1"而 $\overline{Q}$ 为"0"，则通道 1 被选中。反之，通道 2 被选中。当"垂直方式"开关处于"交替"工作状态时，R 和 S 端处于高态"1"，交替触发脉冲来自扫描门电路驱动触发器 8D1B 的 8 脚（见附录图 A-3），经过 3D2C 的 10 脚再到触发器 3D1A 的 CP 端，因此通道 1 和通道 2 的信号就从扫描重复频率的一半交替的被选通。当工作在"断续"方式时，触发器 3D1B 的 S 端为低态"0"，所以 Q 端为高态"1"，由 3D2A、3R62、3R63、3C24 等组成的振荡器，其输出信号至 3D1ACP 端（触发器 3D1A 工作于计数状态），这样通道 1 和通道 2 就交替的被选送。当"垂直方式"开关选择 CH1 + CH2 工作状态时，3C16 上加入 +9V 电压，这时通道 1 和通道 2 的信号通路同时畅通。

触发信号开关电路（5S1）与垂直信号开关一样通过开关逻辑电路来控制，使触发方式 Y_1、Y_2、内、外、+、-、自动和触发选通。

（7）垂直输出放大器　垂直输出放大器给输入信号作最后的放大，以便加到示波管的垂直偏转板。该电路由晶体管 3V17 ~ 3V26 组成，放大器输出信号被加到示波管 7、8 脚偏转板（见附录图 A-4），使示波管光迹垂直偏转。

（8）扫描电路　扫描电路由扫描闸门及其控制电路、密勒积分电路、释抑电路等组成（见附录图 A-3）。扫描闸门及其控制电路由 8D1、8D2 等组成；密勒积分电路由 6V4、时基电阻 R（R20～R25）与时基电容 C（C5～C8）等组成；释抑电路由释抑电容 C9、C10 等组成。

来自 Y 通道的触发信号经过 8D2A、8D2B、8D2C 整形后加到 8D1A 的 CP 端，触发扫描闸门及其控制电路使扫描电路产生线性扫描信号输出。扫描电路产生的线性扫描信号从 6V4 的集电极输出，并经过 6R1、6R31 等输出到后级 X 放大级。

扫描电路除产生线性扫描信号输出外，还同时产生两路控制信号：一路从 D1B 的 9 脚经 R17 输出去 Y 通道电子开关，另一路从 D1B 的 8 脚经 R23 去 Z 轴放大器（作为增辉信号）。

为方便实际电路分析，我们对扫描电路工作原理加必要的信号流程予以说明：

X 系统工作方式开关处在"MQRM"位置（触发）→5S_{ie} 使 8R15 接"⊥"→使与非门 8D2E 的输入端"12"脚为"0"→8D2E 的输出端"11"脚为"1"→从而使 D 触发器 8D1B 的 S 端为"1"→则 8D1B 的输出端"8"脚为"0"→使晶体管 6V1 截止。这时 +24V 通过时基电阻 R（R20～R25）对时基电容 C（C5～C8）充电，+24V→6R2→6C5→6R20→6R32→6R26→地。使密勒管 6V4 的集电极电位线性上升→8V8 的发射极电位上升。+9V 通过 8V8、8V7 对 8C11 充电。同时 8V6 基极电位上升到 +0.7V 时，8V6 饱和导通→使 8V6 集电极电平为"0"→引起 8D1B 的 R 端为"0"，此时"$S=0$，$R=0$"，$\overline{Q}=1$→6V1 导通→时基电容快速放电→6V1 集电极电位下降至约 +1V 时→使 8V7 截止→并导致 8V6 截止。所以 8D1B 的 $S=1$，$R=1$，当 Y 通道来的触发信号有一个跳变输入 8D1 的 CP 端时，使 8D1B 的 $Q=D$，$\overline{Q}=0$，8D1B 回到初始状态，整个电路处于待触发状态。

当 5S_{ie} 在"AUTO"位置时（自动扫描工作方式）→8V5 集电极电平为"1"→8D2E 的 12 脚为"1"→8D2E 为反相器，使 8D1B 的 8 脚为"0"→使 6V1 截止→对时基电容充电→使 6V4 集电极电位上升→8V8 发射极电位上升→当上升到预设置的触发电平时→8V6 导通，8V6 集电极电平为"0"→8D1B 的"$R=0$，$S=0$"，"$Q=0$，$\overline{Q}=1$"→6V1 导通→时基电容快速放电→8V8 和 8V7 截止→8C11 放电。当 8C11 电压放电，下降到小于 +0.6V 时，8V6 截止，8V6 集电极电平为"1"，此时 8D1B 的"$R=1$，$S=0$"，"$Q=1$，$\overline{Q}=0$"，以此反复，形成自动扫描。

由 8D1A、8V3、8V4、8V5、8C9 等组成一个二分频自动电路，当 CP 信号没有输入时，在 8C9 上的电平为"0"，8V5 基极电平为"0"，8V5 截止；8D2E 的"12"脚为"1"，8D2E 为反相器，相当于处于自动扫描状态。当有 CP 脉冲时，8C9 上得到 2 倍的信号，加到 8V5 基极，8V5 导通，相当于处于触发状态。

（9）水平放大器　由 6V9、6V10、8V9、8V10 组成水平放大器，6V11 为恒流管，改变 6V9、6V10 的注入电流，使 8V11、8V32 组成一个动态负载，输出一定的幅度，驱动示波管水平偏转板的 10、11 脚。

（10）Z 轴电路　Z 轴电路由 Z 轴信号形成电路和 Z 轴放大器组成。Z 轴信号形成电路，将扫描的闸门信号、断续消隐信号以及外调制输入信号（由外 Z 轴输入端输入）等组合在一起，加到 Z 轴放大器，并放大到足够幅度后馈送到示波管栅极和聚焦极（见附录图 A-4）。

（11）示波管电路　示波管电路由供给示波管各级所需的电源电路、光迹旋转电路和直流恢复电路组成。该电路给示波管栅极提供偏压，并将 Z 轴放大器的直流交流信号和聚焦电路输出的直流交流信号分别耦合到示波管的栅极和聚焦极。光迹旋转电位器 7R11(在面板上)调节旋转线圈 L_1 中的电流大小，使扫描基线与屏幕水平刻度线平行。

（12）高压低压电路　高压电路产生 −1500V 电压供给示波管阴极，同时经过聚焦电路供给示波管第二阳极。

示波器所用各档电压均由电源变压器 T_1 的相应二次绕组来获得。二次绕组通过全波整流提供给集成稳压器 N1、1N1、1N2、1N3、1N4 产生 +24V、+9V、+5V、−9V、+24V 直流电压。其中一路 +24V 提供给由 1V11、1V12 组成的直流转换器，输入 24V 电压，经过 1V11、1V12、1T1(高压变压器)组成的振荡器，在二次绕组得到 1500V(p-p)，经 1VD21、1VD22、1C18 整流滤波后得到 −1500V 经 1R2 反馈给示波管阴极；同时相应二次绕组得到的电压，经 1VD13 ~ 1VD16、1C11、1C12 全波整流滤波后，产生 +220V、+120V 提供给水平和垂直放大器末级用作电源。1T1 的 2 脚输出的电压经 1R3、1C15 送到直流恢复电路。

（13）校准信号　在校准电路中，用方波发生器和二极管开关网络在校准输出端 X6 产生负向方波信号。集成运放 1A5 接成多谐振荡器，以 1R25 和 1C26 的时间常数决定振荡周期，当振荡器的输出趋近正电源电压时，1V27 为正向偏置，这使 1V26 反向偏置，X6 输出端被 1R21 控制在低电位；当多谐振荡器输出转换在负电源电压上时，1V27 为反向偏置，1V26 为正向偏置，电路输出幅度为 −0.2V，频率为 1kHz 的校准信号。

5.2　示波器的检修程序

在示波器的检修中，检查、分析和判断故障是关键。为了准确、迅速地判断出一台示波器的故障部位，除了必须对其基本原理、电路结构、使用方法和技术指标应有很好的了解外，还必须具备必要的实践经验。

虽然各种类型的示波器电路各有特色，但是其基本结构和基本原理仍基本相同；虽然示波器产生的故障错综复杂，但其产生故障的原因也是有一定内在联系的。因此只要遵循一定的检修程序，就不难确定故障部位，并查出产生故障的原因。

示波器的一般故障检修程序是：了解故障情况；初步表面检查；检修前定性测试；测试电源电压；观测关键节点波形；研究电路工作原理；分析、查找和修复故障；最后是示波器的检定和填写检修记录。

下面讨论示波器的主要检修程序和检修注意事项。

1. 了解故障情况

向示波器的使用者了解故障发生的相关情况。另外还应了解该示波器是否曾进行过修理，对修理过的部位和更换过的元器件更要仔细地进行检查。

2. 初步表面检查

打开示波器机壳进行直观检查(不接电源)，观察插件、部件和印制板有无松脱或松动，有无断线、脱焊，插座接触是否良好，并清除机内的积灰。有些故障是由于示波管侧边阳极引出帽脱落、示波管管座松动或内部安装的熔断器松脱等造成。

3. 检修前的定性测试

示波器检修前的定性测试是指粗略地检查示波器的功能是否正常，即辉度、聚焦、位移、Y 轴偏转因数、扫描速度和稳定度等控制正常否，并相应地初步判断故障在什么电路。

首先可将示波器的校准信号用电缆连接到 Y 轴输入端，并调整相应的控制开关和旋钮。若示波器的所有功能正常，则能在荧光屏上看见幅度和频率符合规定的校准方波信号，否则按以下步骤进行检查。

（1）检查辉度、聚焦和位移　调整辉度、聚焦等旋钮不起作用时，可能是负高压或示波管显示电路有故障。

调整位移不起作用或调整范围小时，可能是电源电压、Y 轴或 X 轴放大器的位移电路到示波管之间有故障。

（2）检查 Y 通道　提高 Y 轴偏转灵敏度（加大增益），用手指触及 Y 轴输入端（芯线），屏幕上应出现一定幅度的正弦信号波形。若调整 Y 轴偏转因数不起作用或灵敏度低、无双踪显示、输入在示波器带宽内的波形有失真等，则说明 Y 通道有故障。

（3）检查 X 通道

1）检查 X 轴放大器。示波器工作在 X—Y 方式，提高 X 轴增益，用手指触及 X 轴输入端（即把人体感应的 50Hz 信号加入），屏幕上应有水平扫描线出现，否则 X 轴放大器有故障。

2）检查扫描电路。若示波器工作在正常方式（非 X—Y 方式），则扫描发生器的锯齿波加到了 X 放大器的输入端，屏幕上应出现扫描线。若无扫描线或扫描线缩短（不满 10 格），则是扫描电路发生了故障。

3）检查触发电路。在有扫描基线的情况下，若相应触发开关选择正确，调节稳定度（电平）旋钮仍不能使观测的波形稳定，即波形不同步，则说明触发电路有故障。

4. 电源电压的测试

无论是 Y 通道、X 通道还是示波管显示电路的故障，都有可能是相应的电源电压不正常所引起的。所以在初步确定故障电路之后，首先要检查各路电源电压是否正常。

在测量电源电压之前，先要熟悉示波器的电源电路，掌握电源的各路输出直流电压的规定值，如 XJ4328 型示波器的电源提供的各路电压是：+5V、+9V、-9V、+24V（由低压电源提供）；+120V、+220V、-1500V（由高压电源提供）。

若测量某路电源电压不正常，则应断开其负载电路再测量一次。负载断开后，若电源电压正常，则故障在负载电路；若电源电压仍不正常，则故障出在电源部分。

5. 关键节点波形的观测

当确定 Y 通道或 X 通道有故障时，可用另一台无故障的示波器观测相应通道的关键节点（测试点）的波形，并与正常波形相比较，从而确定故障部位。

例如，某一示波器 Y 通道输入信号后在屏幕上只有扫描线而无波形显示，很显然故障出在 Y 通道。为了确定 Y 通道的具体故障部位，可在 Y 通道输入端加入一个信号（如正弦信号），将 Y 通道各单元电路的输入端和输出端作为关键节点且用示波器观测其相应波形，若某电路（如垂直放大器）的输入端能观测到波形，但其输出端不能观测到波形，则故障就发生在该电路。又如示波器的扫描线性不好，故障发生在 X 通道，可用另一台示波器观测其相应电路的输出波形，先看扫描电路输出的锯齿波线性如何，若锯齿波的正程线性很好，则说明故障不在扫描电路，可依次观测后续电路输出的波形，如果在某一级锯齿波正程线性不良，则可确定故障即发生于该级。

6. 研究电路工作原理

对确定有故障的具体电路，应详细研究其工作原理、该电路在整机中所起的作用、该电路与相邻电路的关系、该电路输入与输出信号的关系以及该电路中各元器件的作用等。

7. 故障的分析、诊断和修复

根据故障电路的原理对故障进行分析，采用第 2 章所述的分割测试法、同类比对法和测量电压法等进一步缩小故障电路范围，再灵活运用测量电阻法、替代法、短路法和测试元器件法等对可疑元器件逐一进行检查，直到找出有故障的元器件为止，最后予以修复。

示波器修复后，应对其进行检定并填写检修记录。

需要指出的是，以上所述示波器检修程序，只是提供了检修示波器的基本思路，让读者了解检修示波器应从何入手、如何逐步缩小故障范围直至查出并修复故障。在实际检修示波器时，要根据维修人员对示波器的熟悉程度和实践经验，对检修程序要灵活运用，不要生搬硬套，一切照搬。示波器修复后的检定和填写检修记录这两项工作绝对不能省略。

8. 示波器检修注意事项

在示波器检修过程中要注意以下问题：

1）检修前必须准备待修示波器的说明书。示波器种类繁多，线路较复杂，往往同一型号的示波器，不同生产厂家线路也不同。若说明书中有详细的线路图和电路说明，有结构布局、印制板布线图、各测试点的工作电压和波形等，这对排除故障有很大帮助。若无上述资料，则应搜集资料，甚至进行电路测绘，画出电路图，测出关键节点的电位、波形等。

2）检修前应掌握示波器的工作原理、整机框图以及各单元的线路，了解各测试点的工作电压和波形，做到心中有数。

3）在开启电源开关时，手最好不要先离开电源开关，当机内有杂音、打火、焦味和冒烟等异常情况时，应立即关机，以免扩大故障。

4）修理时，示波器的电路结构、元器件参数不可任意改变，电感线圈的可调磁心、微调电阻和微调电容等不要轻易调动，以免影响示波器原有性能指标，使故障进一步扩大。

5）需要调换的元器件，应仔细测量其参数，除型号相符外，还要符合原设计的挑选要求。调换差分放大器晶体管时要注意配对要求。

6）示波器内的高压有 1kV 以上，需要带电测量时，要注意安全，养成单手操作的习惯，以免另一只手触摸机壳造成触电。当示波器发生故障时，示波管的灯丝有可能也带有直流高压，测量中要加以注意。

7）测量电压时要选用输入阻抗较高的电压表。使用测量仪器对有关参数进行测量时，要根据不同的测量内容和部位，随时改变测量仪器的量程，提高测量的准确性，并要避免损坏测量仪器。

8）用探头观察波形时，为防止短路，可先关机，勾好探针，然后再开机。

5.3　示波器电路的故障分析

在已确定示波器故障所在的单元电路之后，掌握一些单元电路的故障分析方法，对尽快查出故障无疑是很有帮助的。

5.3.1　低压电源电路的故障分析

低压电源向示波器各个单元电路供电，直接影响各电路的正常工作。在检修中，无论是何种故障现象，通常应先检查各路低压电源。低压电源由整流、滤波和稳压等电路组成。

1. 无直流电压输出

低压电源某一路或几路无直流电压输出，说明该路电源电路有开路或对地短路故障。常见原因有：该路熔断器断或熔断器接触不良；电容短路；集成稳压器、电源调整管或推动管损坏；电源电路或负载电路有对地短路点等。

2. 输出电压偏低且调节不到规定值

对此故障，可先分路断开各路负载，判断是否因负载过重引起。常见的是电源电路自身的原因，如整流电路中有一只二极管损坏；集成稳压器有故障；稳压电路中稳压管稳压值变化等。

3. 输出电压偏高且调节不到规定值

常见原因有：集成稳压器损坏；调整管击穿或特性变差；稳压管及取样电路有故障等。

4. 输出电压跳动

对此现象可用灵敏度较高的示波器进行观测。常见原因有：调整电位器接触不良；稳压管稳压值不稳定；电源电路中有元器件虚焊等。

5. 电源纹波太大

常见原因有：该路电源失去调节作用；电压调节放大管的放大倍数过小；滤波电容漏电等。

5.3.2　高压电源及显示电路的故障分析

示波管是示波器的核心部件，而高压电源及显示电路直接影响示波管的显示质量。高压值的准确与稳定，直接影响 X、Y 放大器的灵敏度。高压电路常见故障现象为：无光点；聚焦不良；光点关不掉（将辉度调到最暗位置时仍有光）；亮度暗（将辉度调到最亮位置时仍较暗）；图形失真；调节辉度时屏幕显示波形幅度随辉度而变化等。

1. 示波管灯丝不亮

常见原因是：灯丝断或管座接触不良。检查时要注意示波管灯丝上带有直流高压。电源变压器的示波管灯丝绕组采取了特殊的绝缘措施。

2. 高压电源无高压

在检查低压电源正常的情况下，引发无高压故障的原因可分为三类。

（1）示波管显示电路中有短路现象　这将使负载加重，振荡器停振。断开示波管显示电路，若高压正常，则引发故障的原因有：示波管损坏，如示波管漏气、各控制极间软击穿或短路；辉度控制电路中有短路或绝缘不良；电源变压器灯丝供电绕组绝缘不良等。

（2）高压整流电路故障　高压整流电路出现短路、击穿或严重漏电时，会使振荡器停振。若断开高压整流电路，振荡器起振，则引发故障的原因有：高压整流二极管击穿或严重漏电；滤波电容击穿或严重漏电；高压整流部分的印制板有碳化漏电之处。

（3）振荡器及电压控制电路故障　若断开高压整流电路，振荡器仍不起振，则故障在振荡器或电压控制电路（负反馈电路），引发故障的原因有：振荡管或放大管损坏或性能变差；振荡器电感线包开路或绝缘不良等。

3. 高压跳火

高压轻度的跳火时，会使亮度闪烁，有时还伴有灵敏度变化；高压跳火严重时，机内会出现啪啪的打火声。引发故障的原因有：高压值过高，应重新调整；导线、印制板等绝缘下降；高压控制电位器接触不良；高压变压器绝缘不良；高压电路中的电阻耐压不够(高压电路中的电阻,除考虑额定功率值外,还应考虑耐压,耐压不够时电阻表面会出现难以观察的轻微跳火)。

5.3.3 Y 通道的故障分析

Y 通道的故障直接影响到被观测信号的选通、传输、放大和是否失真，同时也会影响内触发扫描功能。Y 通道引起的故障现象有：光迹偏离、无放大显示、Y 轴位移不起作用、无交替显示、断续显示不正常和 Y 轴幅度显示不正常等。

1. Y 轴放大器工作电平偏离

一般 Y 轴放大器为对称差分放大电路，放大器各级均采用直接耦合方式。任何一级、任何一点的电平偏离，都会导致末级输出电平不对称，使光迹偏离荧光屏。

Y 轴放大器由三部分组成，即前置放大器、Y 轴开关门电路和垂直输出放大器。对于双踪示波器来说，前置放大器又分为 Y_1 通道和 Y_2 通道。

若双踪示波器两个通道均出现光迹偏离时，则故障很可能出现在共用电路部分(即垂直输出放大器)。若一个通道光迹正常，另一通道发生偏离，则故障很可能出在偏离通道的前置放大器。检查时从可疑电路的末级开始，逐渐往前测量各点电压，并与电路正常工作电平(电路图上查找或与另一台同型号的工作正常的示波器)进行比较，分析偏差大小及产生偏差的原因，以此找出故障点。或用另一台示波器从后往前逐级测量各点波形，找出电路中工作不正常的部位。常见的原因有：晶体管损坏、性能变差或管脚虚焊；电位器损坏；转换开关接触不良；放大器反馈电路故障等。

2. 无交替显示

双踪示波器显示方式置"交替"显示时，应有两条交替显示的扫描线，否则说明电路有故障。这种故障常发生在以下部位：

(1) 电子开关 在交替工作时，电子开关应呈双稳状态，能交替输出 Y_1、Y_2 通道门电路的控制电平。否则应检查扫描电路双踪控制脉冲是否加入，电子开关是否损坏。

(2) 一个通道光迹偏离 若某一通道光迹偏离，则会使光迹偏出屏幕，即使电子开关工作正常，屏幕上也只能显示一路扫描线。只有排除了通道偏离的故障，才会重新显示交替扫描。

3. 改变衰减器档级时光迹上下位移

这是 Y 轴输入级平衡失调的表现，引发故障的原因有：

(1) 输入级场效应晶体管质量变差 若场效应晶体管栅极的漏电流过大，当输入衰减器改变档级时，栅极电压将发生变化，使漏极输出电平也跟随变化，再经多级放大后，传到垂直偏转板上，使扫描线在垂直方向上发生位移。

(2) 输入级电位器故障 主要是电位器接触不良，改变衰减器引起的振动，使接触不良的电位器的阻值发生变化，引起相关放大器的工作电平偏离，最终导致光迹垂直位移。

4. Y 通道产生自激振荡与干扰

由此引起的故障现象表现为波形线条变粗、扫描线模糊和波形叠加干扰。常见原因如下：

（1）Y 通道有放大器自激振荡　这主要由频率补偿过度、接地不良、滤波电路特性变差、负反馈电路开路或特性变差等故障引起。要查出自激振荡的部位，就需检查各级放大器的馈电电路是否完好；起滤波作用的电解电容器是否失效；示波器与被测信号是否有公共接地点等。

（2）Y 通道噪声　当 Y 轴灵敏度较高，电路中晶体管、电阻等本身噪声变大时，噪声经放大后，显示在屏幕上会影响对波形的观测。噪声较大时，将严重影响对微弱信号的观测。对此，要重点检查前置放大器中前级放大管的噪声，而后级放大管噪声影响逐渐变小，可用固有噪声小的晶体管来做替换实验。另外还应替换检查前级中有关的电位器，减小由其带来的噪声；前置级中老化的电容，以改善滤波特性。

5. 瞬态特性不良

瞬态特性是指示波器在测量脉冲信号时，屏幕上显示的脉冲信号的上升时间、上冲量和阻尼等是否符合示波器技术指标的要求。通常给示波器输入一个一定频率的快速前沿方波信号，来检查示波器的瞬态特性（示波器检定时就是如此）。

瞬态特性不良，问题主要出在频率补偿电路中。示波器的频率补偿电路一般分布在 Y 通道各级差分放大器的一对差分放大管之间（通常是发射极之间），每一组补偿电路相对应某一频率。时间常数越小，补偿频率越高，方波的前后沿越陡直，放大器的高频特性越好；方波的平顶部分越平，低频特性越好。应重点检查组成补偿电路的阻容元件，尤其是电容元件（有些补偿电容可调），同时还应检查差分放大管的特性是否良好。

5.3.4　X 通道的故障分析

X 通道的作用是在荧光屏上产生扫描线，将被测信号按时间关系展开并使被测波形显示稳定。X 通道引起的故障现象有无扫描线、光迹水平偏移、被测波形不能稳定显示和扫描线性不良等。

1. 扫描电路无锯齿波电压输出

扫描电路是一个闭环系统，任何元器件发生故障都有可能造成无锯齿波电压输出，并使示波器屏幕无扫描线。可将示波器置于"自动"扫描，此时扫描电路处于自激振荡状态，没有触发信号加入时屏幕应有扫描线，否则扫描电路有故障（没有自激振荡）。可分以下两种情况来做相应处理：

（1）无扫描时光点停留在屏幕左侧　这可能是扫描闸门电路、恒流充电电路、扫描时基电路以及扫描输出级电路发生故障引起，造成扫描正程无法完成。对此可先测量各级工作电压，排除引发晶体管或 IC 逻辑电路损坏的故障原因，再测量各级工作波形。若某一级出现问题，则应该查该级管子的外围元器件，直到查出变值或失效的元器件为止。

（2）无扫描时光点停留在屏幕右侧　该故障的主要原因是闸门控制电路、释抑控制电路和释抑定时电路有问题，扫描回程无法进行，使光点回不到起始点。对此，应先检查相关电位器以及决定释抑时间长短的充电电容的好坏，再检查相关晶体管及外围元器件的性能。

2. 水平放大器无输出

这里是指水平放大器的输入有锯齿波电压而输出无信号，故障应发生在水平放大器这一模块内。应先检查各级放大器的静态工作点是否正常，再用示波器自前向后逐级观测波形，找出有故障的放大级，并检查相关晶体管及其外围元器件。

3. 扫描信号上有干扰和寄生振荡信号

这种故障会使示波器屏幕上的扫描线呈明暗相间的亮点。常见原因如下：

（1）Y 通道信号干扰了扫描电压   判断方法是：将 Y 通道输入耦合开关置"⊥"（接地），若扫描线亮度均匀，则故障为垂直信号干扰。Y 通道信号干扰主要是通过垂直、水平偏转板间的寄生电容耦合，多在高频时出现。解决办法是增大两偏转板引出线间的距离或加以屏蔽即可。

（2）扫描电路和水平放大器产生干扰和寄生振荡   出现低频干扰的主要原因是供电电源的纹波电压太高；而寄生振荡通常是由于走线不合理而产生的，寄生振荡频率较高，一般在扫描速度较快时才能显现出来。

用示波器观测水平放大器的输入和输出，若输入的锯齿波电压上叠加有干扰信号，则故障发生在扫描电路；若输入正常而输出的锯齿波电压上叠加有干扰信号，则故障发生在水平放大器。之后再判断故障是低频干扰还是高频干扰或寄生振荡。若在慢扫描档级时扫描线出现一串小亮点，则为低频干扰，多为 50Hz 或 100Hz 的电源电压或纹波干扰；若在快扫描速度档时扫描线出现一串小亮点，则为高频干扰或寄生振荡。

对于电源引起的 50Hz 或 100Hz 的干扰，要仔细检查稳压电源的整流、滤波和稳压电路，检查电源的交流纹波电压，直至查出故障；对由于扫描电路和水平放大器产生的干扰或寄生振荡，可用示波器测量干扰信号的周期，观察其特点，并与机内的振荡源对照，以找出故障点，采用滤波、电路隔离和屏蔽等措施消除干扰，采用调换、并接防振元件等措施来消除寄生振荡。

4. 无触发同步

该故障使得当被测信号输入示波器后，显示的波形无法同步。这是因为触发电路未能输出与信号同步的脉冲所致，使扫描闸门电路的工作失控。

对此故障，应先用触发源选择开关(外触发时需要输入外触发信号)进行判断。若内触发不正常而外触发正常，则问题出在内触发电路；若内触发正常而外触发不正常，则问题出在外触发放大器；若内、外触发均不正常，则问题出在触发源选择开关之后的触发放大整形电路。

内触发电路通常设置在 Y 通道单元电路内，一般由内触发信号分离电路(信号取自 Y 通道前置放大器)和内触发放大器电路组成。内触发分离电路多由射极跟随器担当，以提高内触发电路的输入阻抗。对双踪示波器应区别触发源是 Y_1 还是 Y_2 引起的同步不正常，从而找出取自相应不正常触发源的内触发电路。

触发放大整形电路具有放大、极性变换和整形等功能，以便把不同的触发信号转换成能启动扫描电路的脉冲，并要求触发脉冲有陡峭的前沿和足够的幅度，从而使扫描闸门可靠而迅速地翻转。

对以上电路可用波形法检测，用示波器从前往后逐级观测波形，若某级波形异常，则说明问题出在该级，再仔细检测组成该级电路的元器件及引线。

5.4 示波器典型故障的诊断与检修

在熟悉了示波器的原理、检修程序和单元电路故障分析方法之后，如何综合、灵活运用这些知识来解决实际问题就显得尤为重要了。为了快速并高质量地检修示波器，既需要理论知识的指导，也需要实际经验的积累，要善于不断总结经验。下面就从示波器的一些常见的故障现象出发，来讨论如何对示波器的典型故障进行分析和检修，以使读者在维修示波器时有一个基本思路。需要强调的是，在打开机壳维修示波器之前，必须判断并确定不是使用操作有误，示波器不能正常工作确实是因为示波器内部有故障。

5.4.1 电源指示灯不亮

1. 故障分析

示波器接通电源，指示灯不亮，这是总电源电路有故障。总电源电路是由电源变压器、熔断器、电源指示灯、整流二极管和滤波电容等组成，其中每个元器件有故障都可能造成指示灯不亮。

2. 故障诊断与修理

电源指示灯不亮故障诊断与修理流程图如图 5-12 所示。

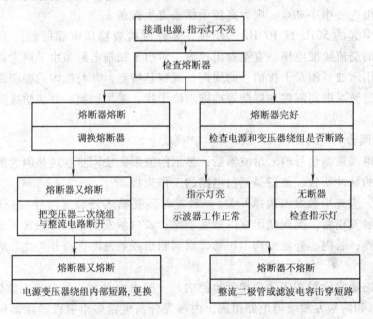

图 5-12 电源指示灯不亮故障诊断与修理流程图

5.4.2 开机无光迹

示波器接通电源后，电源指示灯亮，但屏幕无光迹。

1. 故障分析

开机无光迹的故障，一般由以下几个原因引起：

（1）示波管电路的故障 无高压，辉度、聚焦电位器损坏，分压电阻烧断，滤波电容击穿，电路到管座的引线脱焊或断线等，都会使示波管相应电极馈电不正常。例如，当聚焦阳极上电压与正常值相差太远时，将引起严重的散焦现象，以致误认为是没有光迹。另外，加速极电压过低也会造成光迹消失。

（2）示波管本身的故障　主要体现在阴极发射能力下降，内部电极磁化，示波管漏气，灯丝断，灯丝阴极软击穿，管脚与引线脱焊，管脚与管座接触不良等。

（3）其他故障　例如 X、Y 通道的故障，可能导致光迹偏离出荧光屏。

2. 故障诊断与修理

开机无光迹故障诊断与修理流程图如图 5-13 所示。

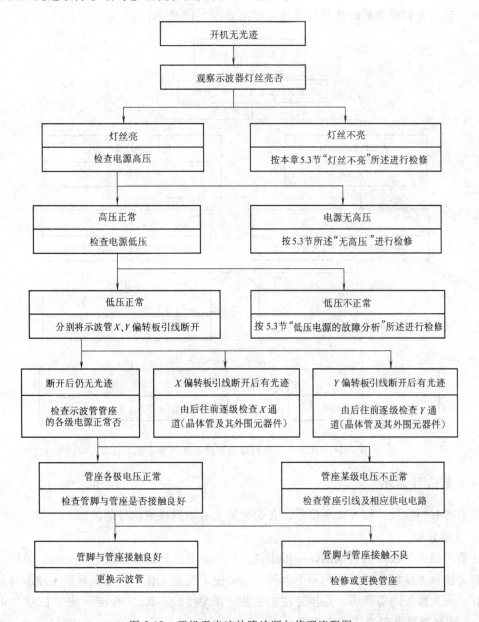

图 5-13　开机无光迹故障诊断与修理流程图

5.4.3 有光点而无扫描线

这是经常遇到的一种示波器故障。

1. 故障分析

有光点说明示波管及其供电电路正常，问题出在 X 通道。该故障一般由以下原因引起：X 轴偏转板引线脱焊或断线、低压电源不正常、扫描速度开关接触不良、水平放大器故障和扫描电路故障等。

2. 故障诊断与修理

有光点而无扫描线故障诊断与修理流程图如图 5-14 所示。

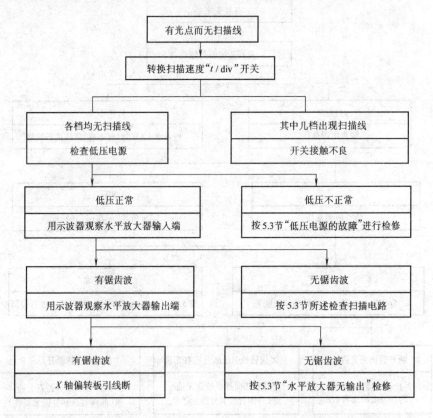

图 5-14 有光点而无扫描线故障诊断与修理流程图

5.4.4 无信号显示

示波器有扫描线，加入被测信号，在荧光屏上看不到被测信号的波形。

1. 故障分析

这是 Y 通道的故障所造成的。一般来说，Y 通道中若有元器件损坏、变质、脱焊、引线断、开关接触不良以及直流供电不正常等，都可使 Y 通道工作不正常而导致无波形显示。常见的有：输入探头内部断线、晶体管性能变差、开关接触不良、"校准"或"位移"电位器损坏、Y 轴衰减器电阻损坏或虚焊等。

2. 故障诊断与修理

由于 Y 通道是开环系统，所以检修并不很难。在打开机壳之前，利用面板操作可判断出故障的大致范围，然后可采用逐级检查的方法来寻找故障的具体部位，无信号显示故障的诊断与修理流程图如图 5-15 所示。

图 5-15　无信号显示故障的诊断与修理流程图

5.4.5　波形不稳定

被测信号波形不稳定可分为：水平移动、上下漂移、时亮时暗和波形抖动等。

1. 故障分析

1）波形水平移动：这是触发同步电路有故障造成的。

2）波形往上或往下漂移：在观测直流信号时容易遇到这种情况。其主要原因是 Y 通道放大电路的直流工作点不稳定，随时间漂移，如管子性能不稳定、元器件参数改变和电源电压漂移等。

3）波形时亮时暗：主要原因是示波管灯丝电压绕组与地之间绝缘下降或有放电现象、亮度调节电位器内部接触不良或有跳火现象、高压整流管内部跳火、滤波电容内部放电、Z 轴电路工作不正常或有干扰等。

4）波形抖动：除了由于各组高低压直流电源的整流元器件、滤波电容和降压电阻等内部有放电现象，管座、开关、电位器和接插件接触不良等原因之外，还要考虑 X、Y 通道中各级电路的工作状态是否稳定。

2. 故障的诊断与修理

根据波形不稳定的具体表现形式，紧紧抓住这是由于相关电压不稳引起的故障这一基本事实，运用测量电压法逐级测量相关电路，最终找出故障点并加以排除。其中无触发同步故障的检修参见上一节的介绍。

5.4.6　出现回扫线

1. 故障分析

示波器中加至 X 偏转板的扫描电压，是与时间成正比的锯齿波，锯齿波的扫描正程是与时间成正比的线性上升电压，而扫描结束返回起始点的过程（称为回扫）所需的时间非常少。回扫期间的消隐由 Z 轴电路完成，所以出现回扫线多是由 Z 轴电路的故障引起，即消隐脉冲没有加到示波管的栅极。另外，若回扫时间加长（扫描电路故障引起），可能是消隐电路失去作用，则在回扫期间，被测信号仍然作用在 Y 轴偏转板上，故光点不仅有从右到左的水平移动，而且还有随信号变化的垂直移动，这样在荧光屏上就会出现回扫信号，影响观测效果，严重时甚至使观测无法进行。

2. 故障的诊断与修理

重点检查 Z 轴电路。若 Z 轴电路正常仍出现回扫，则检查扫描电路及其到 Z 轴电路的引线。

5.4.7　亮度不正常

在正常情况下，示波器的"辉度"旋钮旋在中央位置处就可以得到适中的亮度。亮度不正常的常见两种现象是："辉度"电位器旋到最亮位置时亮度仍较暗；"辉度"电位器旋到最暗位置时仍有亮点。

1. 故障分析

（1）光点很暗　此故障的原因有：①高压降低，多由高压滤波电容漏电或高压整流元器件某一级性能不佳所引起；②示波管本身老化，以致阴极发射能力下降和荧光屏发光效率下降；③示波管电路故障，如控制栅极电位比阴极电位低很多、加速阳极上的电压太低或示波管灯丝电压过低等。

（2）亮度过大 此故障的主要原因是示波管控制栅极的电压过高，从而使荧光屏上的光点亮度增强甚至亮度失控。如示波器电路的元器件损坏、示波管的栅极与加速阳极间的绝缘强度下降等，都有可能使栅极电压过高。

2. 故障的诊断与修理

对于光点很暗，首先要检查高压是否降低，其次要检查管座是否接触不良，并且测量栅极和加速阳极的电压是否正常。若以上检查正常后光点仍很暗，则可将栅极、阴极瞬时短路。若短路时亮度明显增加，则可调整机内与"辉度"电位器串联的亮度平衡电位器或电阻值；若短路时亮度仍不够，则说明示波管老化。

对于亮度过大，首先应检查管座的栅极和加速阳极脚之间是否不干净，其次应检查示波管电路中的相关元器件是否损坏或变值。若以上检查正常后亮度仍过大，则可调整与"辉度"电位器串联的亮度平衡电位器或电阻值。

5.4.8 聚焦不良

调节"聚焦"电位器，屏幕上出现的不是细而清晰的扫描线。

1. 故障分析

此故障的主要原因有：

（1）示波管各电极所加电压不正常 尤其是聚焦极不正常，如聚焦电位器和分压电阻损坏、变质、脱焊和接触不良等。

（2）加速阳极所加的高压不稳定 如高压滤波器开路或变质引起的高压不稳定，会造成示波管出现散焦现象。

（3）示波管质量下降 如聚焦阳极组成的电子透镜聚焦不良，在电子束通过时不能很好地聚焦；示波管有极其轻微的漏气，也会使电子束出现散焦现象。

（4）干扰信号引起 如电源变压器的漏磁场对示波管中电子束产生的不良影响而导致散焦；X、Y 通道中的干扰信号引起的散焦等。

2. 故障的诊断与修理

首先测量示波管各电极所加电压是否正常、加速阳极高压是否稳定。若不正常，则重点检查聚焦电位器和分压电阻，以及管座是否接触良好。其次检查 X、Y 通道的信号有无干扰信号并排除。再对电源变压器加以屏蔽，检查是否对聚焦有影响。若以上都正常而仍然聚焦不良，则是示波管的问题，需要更换示波管。

5.4.9 波形前后疏密不一致

1. 故障分析

当示波器的扫描是理想的锯齿波时，光点将匀速地自左向右扫描。若扫描速度不均匀，则显示的波形就会出现前后疏密不一致，多是向一侧压缩，这就是扫描线性不良引起的被测信号失真。故障出在扫描电路和 X 放大器，引起原因是放大器的带宽不足，一般是晶体管老化和参数发生变化，或补偿元件如补偿电容、补偿电感损坏和失效。

2. 故障的诊断与修理

可用示波器测量扫描电路和 X 放大器中各级的扫描波形，从而找出有故障的放大级，并根据所测的波形，来分析非线性大的原因。具体检修时，应先从中段扫描速度档级开始，重点要放在改善线性和扩展频宽的补偿电路和反馈电路上。经检修，待中档的扫描速度、线性和动态等性能正常后，再调整高速档的线性。在扫描发生器中，要重点检查恒流管、稳压管和源极跟随管是否击穿、漏电等；若连续某几档出现扫描非线性，则为该几档共用扫描时基电容漏电所致。

5.4.10 扫描线过短

这是指扫描线长度不能超过屏幕 10div 的宽度。

1. 故障分析

原因主要有以下几个方面：X 放大器故障，如放大量下降、静态工作点偏移过大而使管子进入饱和区或截止区等；扫描电路输出扫描电压的幅度过低，具体体现在电源电压降低、扫描时间调节电阻和电容变质、管子衰老和扫描速度开关接触不良等；示波器 X 轴偏转板引脚与管座接触不良。

2. 故障的诊断与修理

首先变换扫描速度开关的档级，若扫描线短的现象只出现在少数几档，则是扫描速度开关接触不良或相应档级的扫描时间调节电阻和电容变质。若扫描速度开关各档均出现扫描线短，则检查管座是否接触不良、电源电压是否正常。若管座接触和电源电压都正常，则用示波器检测扫描电路和 X 输出放大器各级的扫描电压波形，并与另一台性能良好的同型号示波器的相应各级波形作比较（比较时两台示波器的扫描速度应相同），从而找出待修示波器扫描幅度过低的故障级，可更换放大管，并配合调整反馈电阻等元件，但要注意其对放大器静态工作点、频率特性和动态范围的影响。另外在检修扫描电路时，还应检查"扫描长度"调节电位器是否接触不良或变质、释抑电容是否失效等。

5.4.11 同步过强

具体表现为：当示波器未接被测信号时扫描线正常，接入信号后扫描线缩短，有时还出现扫描失常等。

1. 故障分析

此故障为同步脉冲幅度过大造成的。因同步脉冲幅度过大时，锯齿波幅度便因扫描闸门电路的提前翻转而变小，而水平放大器的放大倍数不变，就使得荧光屏上的扫描线变短。引起同步脉冲幅度过大的原因多为线路失调，如触发电路中放大整形级的放大倍数改变、同步脉冲耦合电路的时间常数调整不当等。

2. 故障的诊断与修理

用示波器观测放大整形电路的输出脉冲信号波形，看其脉冲幅度是否过大（可与工作正常的同型号示波器比较）。若输出脉冲幅度过大，则检查该级放大器的工作电压、放大管和外围元件；若输出脉冲幅度正常，则说明问题出在耦合电路的时间常数上，可适当使耦合电容变小一些即可。

5.4.12 机壳带电

示波器通电以后，人触摸机壳若有麻电现象，则说明有漏电故障，易发生触电事故。

1. 故障分析

在正常情况下，示波器外壳经三芯电源线与动力电源中性线（零电位）相接，外壳是地电位，所以不会带电。有的示波器外壳是悬浮的，不与电网相接，也可视为零电位。当电源变压器一次和二次绕组之间漏电较大时，就会使电源变压器二次绕组接地点（即机壳）带电。若电源线、电源插头和熔丝等绝缘不良，或机壳与机内的带电部分相碰，都可能使机壳带电。

2. 故障的诊断与修理

电源线插头先不插入电源，合上示波器电源开关，分别测量电源线插头两脚对机壳之间的绝缘电阻，正常时应在 5MΩ 以上，如果阻值小于 5MΩ，那么说明漏电。若绝缘电阻很小或接近于零，则一般是电源线破皮碰触机壳，或是电源开关及熔丝座的接线头碰触机壳，可逐一检查；若绝缘电阻较大但小于 5MΩ，一般是电源变压器的线包绝缘不良或击穿短路漏电。若绝缘电阻在 5MΩ 以上时机壳仍带有电，则检查机内其他带电部分是否与机壳相碰。作为检修机壳带电的应急措施，多数情况下只需将示波器两根交流电源线互换即可。

5.4.13 典型故障的诊断与检修实例

上述故障诊断与检修，主要是流程图法在示波器检修中的应用。流程图法属于字典法的范畴，在维修过程中还应结合其他方法进行故障检测。为提高故障分析、检测和排除修复能力，现以 XJ4328 型示波器的无双踪显示故障的诊断、检修为例，介绍其他方法在示波器诊断、检修中的应用。

1. 故障分析

现代的示波器大多具有双踪显示的功能，它可把两个重复频率相同的不同电信号波形，同时显示在屏幕上以便比较分析；还可以把两个信号叠加后显示出来（即 $Y_1 + Y_2$ 或 $Y_1 - Y_2$）；也可以任选某一通道单独工作，作为单踪示波器使用（即显示 Y_1 或 Y_2）。双踪示波器的典型结构框图如图 5-11 所示。这里除了垂直开关电路（图中为垂直方式选择开关和 Y 逻辑电路）以外，其他单元电路和单踪示波器基本相同。Y_1 和 Y_2 输入信号就是通过垂直开关电路的作用，来实现 "Y_1" 单踪、"Y_2" 单踪、"$Y_1 + Y_2$" 单踪、Y_1Y_2 "交替" 双踪和 "断续" 双踪等五种显示方式。因此，必须掌握垂直开关电路的工作原理，才能分析无双踪显示的可能故障原因，以及拟定检测方案。

垂直开关门电路是由垂直开关电路和开关逻辑电路两部分组成。XJ4328 型示波器垂直开关门电路如图 5-16 所示。

来自 Y_1、Y_2 通道前置放大器的信号电压，分别注入 V_{10}、V_{11} 和 V_{110}、V_{111} 构成的并联门控电路，以及由 V_9、V_{12} 和 V_{109}、V_{112} 构成的串联门控电路。来自开关逻辑电路的幅度相等而相位相反的矩形波门控信号电压，分别加到两组 "串联门" 电路的基极输入端 A 和 B 处，以控制门电路的 "通" 与 "断"，使两个 Y 轴通道的信号分别加到垂直输出级，进一步放大并以双踪方式显示出来。

现以 Y_1 通道为例说明垂直通道开关门电路的工作原理：当 A 端注入的门控信号为高电

平 "1" 时，串联门电路 V_9 和 V_{12} 的发射结为正向偏置而导通；此时并联门电路 V_{10} 和 V_{11} 的发射极为反向偏置而截止。这样，来自 Y_1 前置放大器的信号电压，便畅通无阻地经由 V_9、V_{12} 送到垂直输出级，即 Y_1 通道处于 "正常" 工作。当 A 端注入的门控信号为低电平 "0" 时，则串联门电路的 V_9 和 V_{12} 的发射结为反向偏置而截止；此时并联门电路的 V_{10} 和 V_{11} 的发射极电压钳制在 $-0.7V$。这样，来自 Y_1 放大器的信号电压，就不能馈送到后级，即 Y_1 通道处于 "关闭" 状态。

同理，当 B 端注入的门控信号为高电平 "1" 时，来自 Y_2 前置变压器的信号电压，便畅通无阻地送到后级，即 Y_2 通道处于 "正常" 工作。当 B 端注入的门控信号为低电平 "0" 时，来自 Y_2 前置放大器的信号电压不能馈送到后级，即 Y_2 通道处于 "关闭" 状态。因为双踪示波器在 "交替" 双踪显示方式时，注入门控电路输入端 A 和 B 的门控信号，是以一定的周期交替地

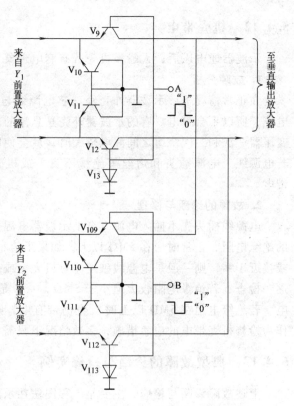

图 5-16 XJ4328 型示波器垂直开关门电路

为 "1" 和 "0"，所以 Y_1 和 Y_2 通道的信号波形就能交替地显示在屏幕上。如果交替显示的频率大于 $100Hz$，那么人眼观察就无闪烁的感觉，看上去 Y_1 和 Y_2 通道的信号波形是同时显示在屏幕上。

图 5-17 是 XJ4328 型示波器的电子开关在 "交替" 显示方式下的电路原理图。其中的 D

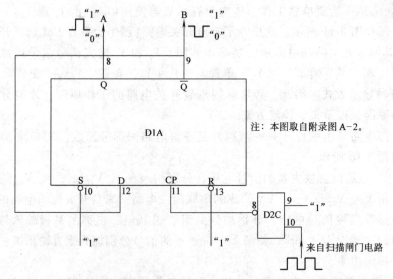

图 5-17 XJ4328 型示波器的电子开关在 "交替" 显示方式下的电路原理图

触发器 D1A 接成计数器状态，即 CP 端输入一个脉冲，则 D 触发器的输出翻转一次；而与非门 D2C 接成非门形式，即输出端 8 脚与输入端 10 脚反相。来自扫描闸门电路的输出信号电压经附录图 A-3 中 8R17，加到附录图 A-2 中与非门 D2C 的输入端 10 脚，经 8 脚输出到 D 触发器 D1A 的 CP 端，因此 Y_1 通道和 Y_2 通道的信号就以扫描重复频率的一半交替地被选通。

　　双踪示波器除有"交替"双踪显示方式外，还有"断续"双踪的工作方式，这是因为"交替"双踪在观测低于 100Hz 频率信号的波形时，会出现闪烁的感觉，所以要使用"断续"双踪进行观测。图 5-18 是 XJ4328 型示波器的电子开关在"断续"显示方式下的电路原理图。

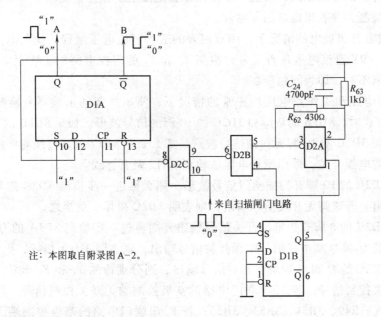

图 5-18　XJ4328 型示波器的电子开关在"断续"显示方式下的电路原理图

　　工作在"断续"方式时，D 触发器 D1B 的 S 端为低态"0"，所以 D1B 的 Q 端为高电平"1"，由 R_{63}、C_{24}、D2A 等组成的振荡器，其输出信号（振荡器频率通常为 200kHz 左右）经 D2B、D2C 加到 D1A 的 CP 端，这样 D1A 输出的高频率方波信号电压，加到门控电路的输入端 A 和 B，使 Y_1 和 Y_2 通道的信号波形，被分割成 200kHz 的段落，以双踪方式显示在屏幕上。因为开关速度很快，波形轨迹的断续现象看不出来。

　　无双踪显示的故障是指：当示波器面板上的 Y 轴工作方式开关置于"交替"时，屏幕上只显示 Y_1 或 Y_2 单踪的扫描基线。通过对垂直开关电路工作原理的研究，知道在检修示波器开机后无双踪显示的故障时，可采用通电观察法初步判断产生故障的电路部位。

2. 故障的诊断与修理

　　基本思路是先采用通电观察法初步判断故障部位，再结合其他检测方法查出损坏的元器件。

　　1）置示波器 Y 轴工作选择开关到"断续"部位，如果屏幕上有双踪显示，那么表明图 5-18 中的双稳触发器电路 D1A、D2C 没有问题，故障可能发生在扫描闸门信号没有送到 D2C 的 10 脚，检查有关连线和附录图 A-3 中的电阻 8R17；如果没有"断续"双踪显示，那么表明双稳触发器电路的 D1A 或 D2C 有问题，或"+5V"的直流电源有问题，或 Y_1 和 Y_2 门控电路之一有问题。

　　2）置示波器的 Y 轴工作方式选择开关到"交替"部位，此时屏幕上只显示一根扫描基线，分别调节 Y_1 和 Y_2 的"位移"旋钮，以观测其对扫描基线位移的影响。

①如果调节 Y_1 的"位移"旋钮能控制扫描基线的位移，那么表明双稳触发器是停留在 Q 为高电平而 $\overline{Q}$ 为低电平，可能是 D1A 或 D2C 损坏。此外，也不能排除 Y_2 的门控电路有问题。②如果调节 Y_2 的"位移"旋钮能控制扫描基线的位移，那么表明双稳触发器电路是停留在 Q 为低电平而 $\overline{Q}$ 为高电平，也可能是 D1A 或 D2C 损坏。此外，也不能排除 Y_1 的门控电路有问题。

上述各种可能的故障原因，可进一步采用测量电压法、波形观测法、分割测试法和测量电阻法等进行检测，并查出损坏的元器件。

3）在示波器开机通电的情况下，用万用表的适当直流电压量程，检测电子开关电路的 +5V、+9V、−9V 直流电压是否正常；检测 Y_1 和 Y_2 的门控电路的工作点电压是否正常；如果发现电压值不对，即为问题所在。

4）在电源电压和工作点电压均正常的情况下，使用外部的示波器，检测电子开关在"交替"显示方式时，8D1B 的 9 脚和 3D2C 的 10 脚的信号波形。如果 8D1B 的 9 脚有扫描闸门信号波形，而 3D2C 的 10 脚无扫描信号波形，那么表明 8R17 或其连线有问题。此时可切断待修示波器的电源开关，采用测量电阻法检测 8R17 及其连线。

5）如果 3D2C 的 10 脚有扫描闸门信号波形，那么再进一步检测 3D2C 的 8 脚有无矩形波开关信号输出。若该脚无开关信号输出，则表明 3D2C 损坏，更换之。

6）如果 3D2C 的 8 脚有矩形波开关信号输出，则再进一步检测 3D1A 的 Q 和 $\overline{Q}$ 有无开关信号输出。若 Q 和 $\overline{Q}$ 端中任何一端无开关信号输出，则表明 3D1A 损坏，更换之。

7）如果 3D2C 的 Q 和 $\overline{Q}$ 端均有开关信号输出，则分别检测 Y_1 和 Y_2 串联门电路的基极控制端有无开关控制信号。若 Y_1 串联门电路的基极控制端无开关控制信号，则采用测量电阻法检测 3V27、3R49、3R51、3R53、3R55；若 Y_2 串联门电路的基极控制端无开关控制信号，则采用测量电阻法检测 3V28、3R50、3R52、3R54、3R56，电路见附录图 A-2。

8）如果 Y_1 和 Y_2 的串联门电路的基极控制端均有开关控制信号，则是 Y_1 或 Y_2 的门控电路有问题，应在不通电的条件下，采用测量电阻法检测 $3V_9 \sim 3V_{13}$、$3V_{109} \sim 3V_{113}$ 的好坏，一经查出损坏的器件，更换后即可修复示波器。

思考题与练习题

5-1　示波器由哪几部分组成？各部分的作用是什么？

5-2　示波器 Y 通道内为什么既接入衰减器又接入放大器？

5-3　什么是内同步？什么是外同步？

5-4　简述示波器的波形显示原理。

5-5　XJ4328 型示波器有何特点？

5-6　示波器的检修程序有哪些？

5-7　检修示波器有哪些注意事项？

5-8　为什么查找故障前首先要检查电源电压？

5-9　采用波形观测法检修示波器有何优点？

5-10　示波器出现垂直位移不起作用的故障，试分析该故障产生的可能原因，如何检修？

第6章 数字电压表的原理与维修

数字电压表是一种利用模/数转换即 A/D 转换原理, 将被测电压模拟量转换成与之成比例的数字量进行测量, 并将测量结果以数字方式显示出来的电子测量仪器。数字电压表中最常见的是直流数字电压表。在此基础上, 配合各种输入转换装置, 诸如交流—直流转换器、电流—电压转换器等, 可构成测量交直流电压、电流、电阻和相位等的多功能数字式电表。数字电压表可简写为 DVM。

6.1 数字电压表的基本工作原理

将待测电压转换成相应的数字量, 经过数字逻辑电路处理后以数字的形式输出, 这就是数字电压表的基本原理。A/D 转换器是数字电压表的核心, 由它把被测电压(模拟量), 直接或间接变换成与之成比例的数字量, 其实质是一种 U/D 转换器。数字电压表一般按 U/D 转换器进行分类, 按其工作原理可分为比较式、积分式两大类。常用积分式数字电压表有复零 U-F 式、双斜积分式、多斜积分式和脉冲调宽式等。常用比较式数字电压表为逐次比较反馈式数字电压表。另外还有智能型 DVM, 感兴趣的读者请参阅相关文献。

双斜积分式 A/D 转换器是早期 DVM 中广泛采用的一种 A/D 转换器, 对称双斜式或双积分式 A/D 都是双斜式的改进型, 所以双斜积分式 A/D 转换器是积分型 A/D 的最基本的类型, 且目前还被很多 DVM 采用。双斜积分式 A/D 转换器属于一种间接式 U/D 转换器, 即把被测电压 U_x 通过积分器产生相应的时间 T, 然后再将 T 转换成相应的数字量 N 进行计数, 从而实现 $U \rightarrow T \rightarrow N$ 的间接转换。

比较式 U/D 转换器是直接式转换器, 它把被测电压 U_x 与一组按 8421BCD 码编码的 "电压砝码" 进行直接比较, 当两者相等时, 即可显示出被测电压 U_x 的数值。

6.1.1 积分编码式 DVM 的基本工作原理

由双斜积分式 A/D 转换器构成的直流数字电压表的工作原理示意图如图 6-1 所示。它由基准电压 $\pm E_0$、模拟开关(S)、积分器、零电平比较器、逻辑控制电路、采样启动器、时钟脉冲发生器、主门、电子计数器和译码显示器等部分组成。整个工作过程可分为准备、采样和比较三个阶段, 积分器输出波形如图 6-2 所示, 现分述如下。

1. 准备阶段($t_0 \sim t_1$)

这时, 由逻辑控制电路输出指令, 使 S_4 接通, $S_1 \sim S_3$ 断开。积分器输入电压为零, 使 $U_。=0V$。积分电容放电至零, 计数器复零, 电路处于休止状态。

2. 采样阶段($t_1 \sim t_2$)

t_1 时刻, 由采样启动器输出 t_1 指令到逻辑控制电路, 使主门开启; 采样启动器也使时钟脉冲发生器起振, 输出频率为 f_0 的时钟脉冲, 通过主门加到电子计数器进行计数。同时, 逻辑控制电路又使模拟开关 S_1 接通, $S_2 \sim S_4$ 断开, 被测电压 U_x 经输入电阻 R 加到积分器

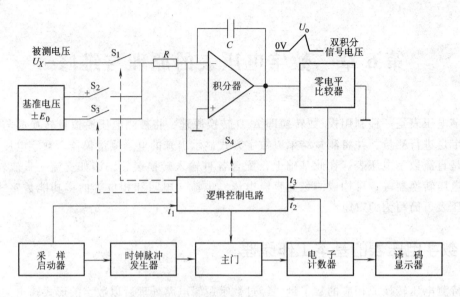

图 6-1　积分编码式直流 DVM 的工作原理示意图

反相输入端"$-$"，以产生从 0V 线性上升到 U_o 的斜坡电压，此即第一次的积分过程。为了对本阶段定时积分，采用对时钟脉冲定值计数的方法，当计数器计数满定值 N_1 后终止，并使 S_1 立即断开。这样在 t_2 时刻积分器输出电压 U_{o1} 为

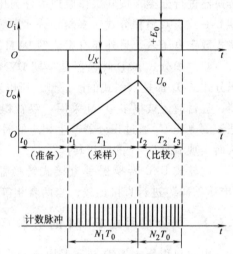

图 6-2　积分器输出波形

$$U_{o1} = -\frac{1}{RC}\int_{t_1}^{t_2}(-U_X)\,dt = \frac{t_2 - t_1}{RC}U_X = \frac{N_1 T_0}{RC}U_X$$

$$(6\text{-}1)$$

式中，T_0 为时钟脉冲的重复周期；$t_2 - t_1 = N_1 T_0$ 为本阶段积分时间。

本阶段积分时间是固定的，因此称定时积分阶段。

3. 比较阶段

本阶段为定电压值积分阶段。当计数器计满与 U_o 相对应的最大值 N_1 时，即 t_2 时刻，便输出 t_2 指令到逻辑控制电路，断开 S_1，同时接通与 U_X 极性相反的基准电压 $+E_0$ 的输出开关 S_2，使 $+E_0$ 经过电阻 R 加到积分器的反相输入端"$-$"，积分器开始反向积分(若 $U_X > 0$，则 S_3 接通，接入 $-E_0$)。在 t_3 时刻，重新接通 S_4，进入下一测量阶段，寄存器将计数器结果送译码显示电路。计数器被复零，时钟脉冲通过主门输入计数器，并从 0 开始重新计数。

在 S_2 接通期间 T_2，计数器仍然进行计数，设所得计数值为 N_2，即 $T_2 = N_2 T_0$。在 T_2 期间积分器输出电压回到零，即

$$U_{o2} = U_{o1} - \frac{1}{RC}\int_{t_2}^{t_3}(E_0)\,dt = U_{o1} - \frac{T_2 E_0}{RC} = \frac{N_1 T_0}{RC}U_X - \frac{N_2 T_0 E_0}{RC} = 0$$

化简上式可得到

$$U_X = \frac{N_2}{N_1}E_0 = eN_2 \tag{6-2}$$

式中，e 为双斜积分式 A/D 转换器灵敏度，$e = E_0/N_1$，单位为 mV/字。

对于确定的电压表，e 为定值。由式（6-2）可知，根据 N_2 可读出被测数值，从而实现 $U_X \rightarrow T \rightarrow N$ 的测量方法。

双斜积分式 A/D 转换器的特点是有两个积分周期。第一次对被测电压 U_X 定时积分，第二次对基准电压 E_0 定值积分。最后将 U_X 与 E_0 进行比较，以得到测量结果。

积分器输出的双积分信号电压，送到零电平比较器跟 0V 进行比较。当 U_o 线性下降到 0V 时（即 t_3 时刻），零点平比较器便输出指令到逻辑控制电路，以断开基准电压输出开关 S_2 或 S_3；同时接通与积分电容器 C 并联的短路开关 S_4，使积分器的输出保持在零电平。在 t_3 时刻，主门也被关闭，时钟脉冲不能通过，从而使计数器停止计数。

6.1.2　反馈比较式 DVM 的基本工作原理

反馈比较式 DVM 又称逐次逼近比较式 DVM 或反馈编码式、电压编码式 DVM，它是一种具有反馈回路的闭环系统。在逐次逼近比较式 A/D 转换器转换过程中被测电压与基准电压按指令进行比较。逐次逼近比较式 DVM 的原理框图如图 6-3 所示。

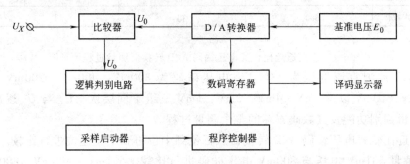

图 6-3　逐次逼近比较式 DVM 的原理框图

逐次逼近比较式 DVM 控制电路由采样启动器和程序控制器组成。有的文献把采样启动器称为时钟脉冲发生器，程序控制器称为脉冲分配器。D/A 转换器把基准电压 E_0 转换成二、十进制编码组合的不同层次的电压砝码 U_0，比较时把基本量程满度值的 1/2 作为高位电压砝码值，依次按二进制递减规律减小电压砝码值，并逐次累加。在程序控制器控制下，通过数码寄存器把电压砝码 U_0 由高位到低位，逐次送到比较器跟被测直流电压 U_X 进行比较。比较结果 U_o 送到逻辑判别电路进行处理，以便决定加码电压的保留或除去。在逐次比较过程中，当加码电压大于 U_X，即将该次加码电压除去，小于 U_X 则予保留。最后使电压砝码逐渐逼近被测电压。

设第一次所加电压砝码的比较结果是 $U_{o1} < U_X$，则把 U_{o1} 保留在数码寄存器中，并累加在 U_{o2} 上，反馈到比较器再跟 U_X 进行第二次比较。如果第二次比较结果 $U_{o1} + U_{o2} < U_X$，则 U_{o2} 也被保留在数码寄存器中，并累加到 U_{o3} 上再反馈到比较器，跟 U_X 进行第三次比较。若 $U_{o1} + U_{o2} + U_{o3} > U_X$，则 U_{o3} 除去。然后 $U_{o1} + U_{o2}$ 再加码到 U_{o4}，$U_{o1} + U_{o2} + U_{o4}$ 跟 U_X 进行第四次比较。这样不断地进行加码和比较，按大者除去、小者保留、逐次累加、逐步逼近的逻辑原理进行运作，直至 $\sum U = U_X$ 时，比较工作自动停止。此时，数码寄存器中所保留的电压砝码的累加总和，便是跟被测电压 U_x 的模拟量相对应的数字量 N，其输出编码信号借助译码显示器，就直接显示出被测电压 U_x 的数值。

逐次逼近比较式电压编码 A/D 转换器的测量过程示意图如图 6-4 所示。

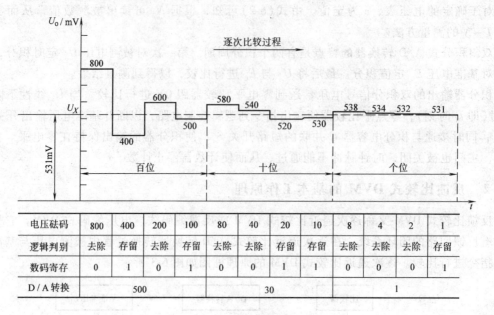

电压砝码	800	400	200	100	80	40	20	10	8	4	2	1
逻辑判别	去除	存留	去除	存留	去除	去除	存留	存留	去除	去除	去除	存留
数码寄存	0	1	0	1	0	0	1	1	0	0	0	1
D/A 转换	500				30				1			

图 6-4 逐次逼近比较式电压编码 A/D 转换器测量过程示意图

图中给出被测直流电压为 531mV，电压砝码为 800mV、400mV、200mV、100mV 和 80mV、40mV、10mV 以及 8mV、4mV、2mV、1mV 三组不同层次，U_x 与 U_o 逐次比较和逐步逼近的逻辑判别功能及其数码寄存的整个测量过程。

逐次逼近比较式电压编码 A/D 转换器从百位到十位再到个位逐位进行比较。

1）被测量 531mV 电压与 800mV 电压砝码进行比较，531mV < 800mV，800mV 砝码除去，数码寄存"0"。

2）被测量 531mV 电压与 400mV 电压砝码进行比较，531mV > 400mV，400mV 砝码保留，数码寄存"1"。

3）200mV 电压砝码与留存的 400mV 电压砝码相加后与被测量 531mV 电压进行比较，531mV < (200 + 400)mV，200mV 电压砝码除去，数码寄存"0"。

4）100mV 电压砝码与留存的 400mV 电压砝码相加后与被测量 531mV 电压进行比较，531mV > (100 + 400)mV，100mV 砝码保留，数码寄存"1"。

这样，百位数码寄存器上存储的二进制数为 0101，这就是 8421 码的十进制数"5"，百位数码管显示数值"5"。

通过这种方式，十位、个位依次进行测量，保留 20mV、10mV、1mV 电压砝码，别的除去，十位数显示"3"，个位数显示"1"。在数码管上可直接读出 531mV 电压值。

6.2 数字电压表的检修程序

数字电压表的基本原理虽然不太复杂，但实际仪器的电路结构和逻辑功能却较为复杂。

特别是利用直接式 A/D 转换器的电压砝码，进行逐次比较的反馈式数字电压表，其故障检修的难度较大。对间接式 A/D 转换器的时间编码式数字电压表或积分编码式数字电压表，相对来说其故障检修比较容易。但不管数字电压表的复杂程度如何，只要按照程序认真仔细执行，就可顺利排除故障修复仪器。

1. 检修前的定性测试

数字电压表和模拟式电子电压表一样，开机通电后要进行调零和本机电压校准，以便确定数字电压表的整机逻辑功能是否正常。

如果调零时能出现"＋"、"－"极性转换，或进行"＋V"、"－V"电压校准时，仅数字显示不正确，这都表明数字电压表逻辑功能是正常的。反之若无法调零或者无电压数字显示，则说明整机逻辑功能不正常。

数字电压表开机通电后，在未加被测电压的情况下，自行显示"满值"电压的故障现象，对于不同类型的数字电压表，故障原因各不相同。对积分编码式数字电压表来说，主要是由于积分放大器前面的电路有问题；而对电压编码式数字电压表来说，主要是由于比较放大器或逻辑判别电路有问题。

2. 测量电源电压

数字电压表内部为各种电路供电的直流稳压电源的输出电压不准确、不稳定，甚至无电压输出，会使内部电路无法正常工作。从上节分析中可知，两种 DVM 测试过程与结果均与基准电压源有关，基准电压源的数值与稳定度，会直接影响测试结果。作为基准电压源的稳压二极管（如 2DW7C）或集成基准稳压源无输出、输出电压不稳定等，是导致数字电压表整机功能紊乱失常，甚至数字"停零"不能测量的主要原因之一。因此，在检修时，应先检测数字电压表内部的各种直流稳压输出和基准电压源的电压是否准确和稳定。如发现问题加以修复，往往就能排除故障。

3. 变动可调元件

数字电压表内部电路中有不少半可调元件，如基准电压源微调变阻器、差分放大器工作点微调变阻器和晶体管稳压电源调压电位器等。由于这些半可调元件的滑动端容易接触不良，或变阻器、电位器的电阻丝霉断，会导致数字电压表显示不准确、不稳定，不能测电压等故障发生。因此略微变动有关半可调元件的滑动机构，有可能消除接触不良的问题，使仪器工作恢复正常。

因直流稳压电源本身产生寄生振荡或其他放大电路产生寄生振荡，也会引发数字电压表显示不稳定的故障。所以在不影响整机逻辑功能的条件下，稍微变动调压电位器或可调元件以消除振荡，就可能使仪器读数稳定。

4. 观测工作波形

对于有故障的数字电压表，先借助电子示波器来观测其中的积分器输出的斜坡信号波形、双积分的信号波形、时钟脉冲发生器输出的信号波形、多谐振荡器输出的信号波形、环形步进触发电路的工作波形以及稳压电源的纹波等是否符合要求，这对于发现故障部位和分析故障原因都有很大帮助。波形法是数字电压表故障诊断的有效方法。

5. 研究电路原理

如果通过以上的检修程序均未发现问题，则必须进一步研究有关数字电压表的电路原理，即搞懂各单元电路的工作原理及其逻辑关系，以便分析可能产生故障的原因和拟定检测方案。

如积分编码式数字电压表为了减小漂移而设置的双通道放大器电路，早期产品采用分立元器件电路，结构相当复杂，所用的元器件也很多。经验证明，这一部分电路经常产生故障，是导致仪器零点漂移和显示"满值"电压的主要故障原因。如不熟悉双通道放大器的工作原理，就无法进行调试与检测。

又如电压编码式数字电压表中实现逐次比较功能的环形步进触发电路和决定编码寄存的逻辑判别电路的工作原理都较复杂，如不进行电路原理的研究，对于不能测电压、数字定码和显示"满值"电压等故障现象，就很难进行检修。

6. 拟定测试方案

数字电压表是一种电路结构和逻辑功能都较为复杂的精密的电子测量仪器，因此在深入研究仪器电路结构框图和整机工作原理的基础上，应根据初步分析的故障原因来拟定测试方案，即确定检测的内容、方法和步骤等，才能有效地检查损坏、变值(性能参数值发生变化)的元器件，以达到修复仪器的目的。

例如早期数字电压表中作为基准电压源的稳压二极管(2DW7C 等)、基准放大器和积分电路中的集成运算放大器、环形步进触发电路中早期产品的二极管以及寄存双稳电路中的集成电路等，经常发生损坏、变值的情况。如何判定这些元器件的好坏，采用什么检测方法和检测顺序，都要做到心中有数，不应盲目进行。

6.3　调零不正常故障的诊断与检修

积分编码式数字电压表经常出现调零不正常的故障现象，即调整不到 ±0.000V，或零值漂移不稳定。这主要是由于积分放大器前面的前置放大器电路，即双通道放大器电路的输出有问题而引起的。检修时，可先采用分割测试法，即脱焊前置放大器的输出端，通过反馈电阻网络接地(跟"0V"浮地线接通)。如果仪器能显示稳定的 ±0.000 数字，则表明前置放大器电路部分有故障，反之表明故障存在于积分器或零电平比较器等单元电路中，可进一步采用波形观测法和分割测试法检测、判断有关电路有无故障。

6.3.1　DZ—26 型直流数字电压表的前置放大器原理

DZ—26 型直流数字电压表的前置放大器电路原理图如图 6-5 所示。本电路采用双通道放大器以减少输入端的漂移。下通道放大器由 V_2 和集成运放 A_1 组成，R_{19}、R_{20} 为负反馈电阻，使 A_1 组成电压串联负反馈电路，其闭环增益约为 3900 倍。上通道放大器是由 V_6 和 V_7 组成的源极跟随器。整个放大器调零是依靠上通道放大器输入端电位器 RP_2 的调整来实现的，调零电路由 R_{30}、R_{31}、R_{32} 和 RP_2 组成。为防止放大器的输入过载，在输入端接有由 VD_1 和 VD_2 组成的限幅器。RP_1 和 R_9、R_{10}、R_{11} 用来抵消输入端的静态电流。V_1 作为调制器，将被测信号直流电压 U_x 斩波调制为交流信号，通过 V_2、A_1 放大，经过 V_5 相敏检波器解调为直流电压，经 V_6 输入 A_2 的同相输入端"+"进行放大。这样不但能使输出漂移大为减小，而且能大大增强仪器抗干扰能力。

调制器尖峰效应的存在，会引起放大器的漂移，为此在下通道放大器 A_1 和解调器 V_5 之

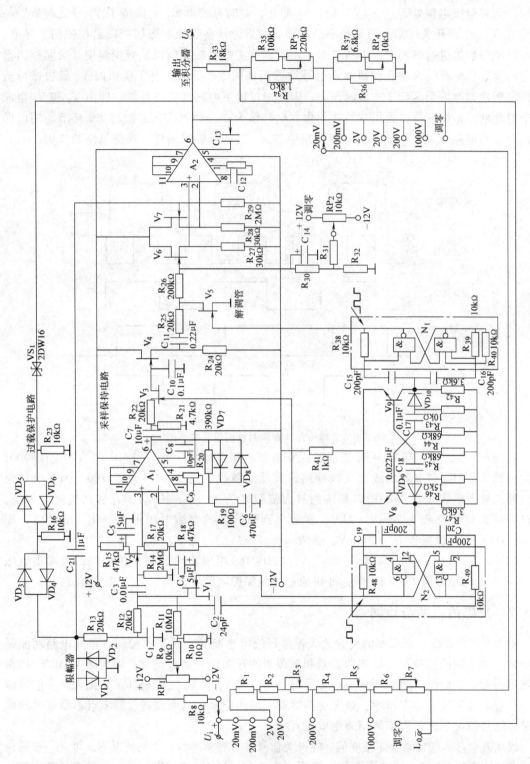

图 6-5　DZ—26 型直流数字电压表的前置放大器电路原理图

间，加入采样—保持电路，采样—保持电路由 V_3 和 C_{10} 组成。V_3 源极上的电位就是信号的电位，而在栅极电位处于"$-4V$"时，V_3 截止，此时电容器 C_{10} 上保持了 V_3 导通时最后一瞬间电位。V_3 的开关频率为调制频率的 2 倍，如果设计在尖峰电压结束以后模拟门才导通，则在模拟门后边进行解调时，电压波形中不再混有尖峰电压，所以能减少温度、时间等因素引起的漂移，采样—保持和调制解调信号波形图如图 6-6 所示。由于模拟门 V_3 后边进行解调的波形比调制波形落后了一段时间 t_d，因此通过以下电路来实现补偿，即由 V_8 和 V_9 组成一个对称的多谐振荡器，再用双与非门集成电路作为二分频电路，并配有 RC 环节，用以保证两个分频电路 N_1 和 N_2 输出端有固定相位差 φ，这样来确保采样—保持电路的作用。

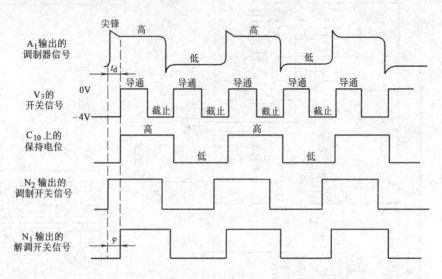

图 6-6　采样—保持和调制解调信号波形图

在图 6-5 中，输入端 $R_1 \sim R_7$ 组成输入衰减器，其衰减度 D 为 1、1/10、1/100、1/5000；而输出端 $R_{33} \sim R_{35}$ 和 RP_3 组成负反馈网络，其反馈系数 F 为 1、1/10、1/100。因为负反馈放大器的放大倍数 $A = 1/F$，所以相应的放大倍数 A 为 1、10、100。因此适当先配 D 和 F，就可使输入电压量程为 20mV ~ 1kV，其输出到积分器的直流电压都规范化为 0 ~ 2V，即 $U_o = U_i DA \leqslant 2V$。设量程 $U_i = 200mV$，选 $D = 1$，$F = 1/10$，则 $U_o = 2V$。

图 6-5 中，$VD_3 \sim VD_6$ 和 R_{16}、R_{23}、VS_1（2DW16）组成输出过载保护电路，当输出电压 U_o 超过 VS_1 的稳压值 $U_{S1} = 8V$ 时，即可通过过载保护电路反馈到输入端进行抑制。

6.3.2　故障的诊断与检测

对 DZ—26 型数字电压表的前置放大器进行故障诊断时，首先要检测各单元电路功能是否正常。如采用波形观测法检测调制器和解调器的开关信号是否正常，即观测 V_8 和 V_9 的振荡波形与频率，以及 N_1 和 N_2 的分频波形与频率。若 V_8 和 V_9 之一损坏了，则无开关信号输出，只有上通道放大器有作用，就无法消除输入端的漂移，从而出现仪器零点不稳定的故障现象。这种情况下，仪器不能用来测电压。

因场效应晶体管容易损坏或变值，在开关信号波形和频率均正常的情况下，可进一步采用测试器件法检测 $V_1 \sim V_7$ 各场效应晶体管的主要参数，如 $U_{GS(off)}$、I_{DSS}、g_m 等是否正常。假如上通道放大器的 V_6 损坏了，调零电位器 RP_2 上的直流电压就不能作用到 A_2 的同相输入端

"＋"，从而造成不能调零的故障现象。V_6、V_7 组成差动电路，要求两管参数完全对称。检修时，必须更新并配对相应型号、参数相同的场效应晶体管，才能使仪器调零功能恢复正常。

如果通过对各场效应晶体管的测试未能发现问题，则应进一步采用改变现状法和信号注入法，以检测集成运放 A_1 和 A_2 的功能是否良好。

1. A_1 的故障诊断与检测

先脱焊 C_3 的输入端，并通过 C_3 注入 1kHz、1mV 的正弦波信号电压，然后用示波器观测 A_1 输出端（引脚 6）信号电压的波形与幅度，估算其闭环增益是否正常（放大量约3900 倍）。

2. A_2 的故障诊断与检测

首先脱焊 C_{11} 和 C_{21}，以切断外部电路的影响；然后切断 V_6 和 V_7 的漏极电源（＋12V），并将 V_6 的栅极对地短路；再将 R_{27} 和 R_{28} 连接 −12V 的一端脱焊后接地。为了降低 A_2 的闭环增益，可临时外接 50kΩ 的负反馈电阻，跨接在引脚 2 和 6 之间。此时，A_2 的同相输入端引脚和反相输入端引脚均处于 0V 电位，如果 A_2 是好的，则其输出端电位基本上应为 0V；反之，若 A_2 的输出有好几伏，则说明 A_2 已损坏。

采用测量电阻法全面检查负反馈电路、过载保护电路、输入衰减电路、静态电流抵消电路、调制电路和解调电路的通路情况，如果发现断路或虚焊问题，那么这些都是引起 DVM调零困难、零点不稳定的故障原因。

6.4　测电压不正常故障的诊断与检修

数字电压表一般都有本机的电压校准装置，即把标准电池的输出电压 $E = 1.0186V$，通过极性切换开关送到仪器输入端，作为 ＋1.0186V 和 −1.0186V 的校准，并在仪器前面板上装有相应的微调电位器，以使仪器的显示数字完全正确。因此，数字电压表在测量直流电压之前都要进行本机的电压校准，以确定所测电压是否正常。

测量电压不正常的故障现象有：①在进行电压校准时，仪器显示的电压数字不准确，且调整不到校准电压值。②一个极性电压能校准，而另一个极性电压不能校准。③一个极性电压能测量，而另一个极性电压不能测量。④显示的测量电压数字不稳定。⑤数字"停零"不能测量电压等。

6.4.1　极性电压不能校准、不能测量电压故障的诊断与检修

一台 PZ—8 型逐次比较式数字电压表的故障现象是：可以调零，但 ＋1.0186V 校准电压显示值偏大，而 −1.0186V 校准电压虽有极性变换显示，但无电压数字显示，即显示−0.0000V。

1. 故障分析判断

根据故障现象分析，仪器可以调零，也可测量电压，并有"＋""−"极性判别，表明它的整机逻辑功能是正常的，而存在的问题是测量正电压不准确，不能测量负电压。根据结构框图与工作原理初步判断，可能是基准电压源、极性开关或基准放大器等电路部分有故障。

2. 故障电路原理分析

PZ—8 型 DVM 的极性开关和基准放大器的电路原理图如图 6-7 所示。

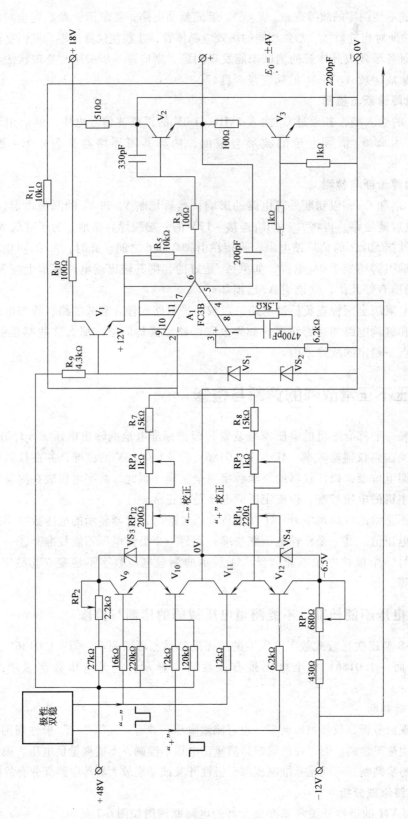

图 6-7 PZ—8 型 DVM 的极性开关和基准放大器的电路原理图

图中 VS_1 和 VS_2 是两个装置在恒温槽内的标准稳压二极管 2DW7C，作为仪器的基准电压源 VS（$U_s = 6.5V$）。晶体管 $V_9 \sim V_{12}$ 组成极性开关电路，用来变换输入基准放大器 A_1 的基准电压源的极性。集成运放 A_1（FC3B）和晶体管 V_1、V_2、V_3 组成基准放大器电路，它把输入的 U_s 通过放大与倒相，输出恒定的基准电压 E_0（$E_0 = \pm 4V$）到数码网络进行 A-D 转换，即转换成按 8421BCD 编码的电压砝码 U_0，再逐次用来跟被测电压 U_X 进行比较。

当测量正电压时，通过比较放大器和逻辑判别电路，极性双稳便输出一个负脉冲的"＋"极性判别信号到极性开关电路 V_{10} 和 V_{12} 的基极上，使两管同时导通，而开关管 V_9 和 V_{11} 则处于截止状态。此时，基准电压源的 VS_4 两端电压便经 V_{12}、RP_{14}、RP_3、R_8 及 R_7、RP_4、RP_{12}、V_{10}，输出负电压到 A_1 的反相输入端 2 脚，通过放大与倒相，从其输出端 6 脚经 R_3 和 V_2，输出 ＋4V 的基准电压 E_0 到数码网络。这里，RP_{14}、RP_3 和 R_8 是 A_1 和 V_2 组成放大电路的输入电阻 R_i，R_{11} 为负反馈电阻 R_f，A_1 和 V_2 组成电压并联负反馈放大电路的电压输出、输入关系为

$$U_o = -\frac{R_f}{R_i} U_i \tag{6-3}$$

所以调整 RP_{14} 和 RP_3 的阻值，可校准输出基准电压 $E_0 = 4V$。其中 RP_{14} 为仪器前面板上的 "＋1.0186V" 校准调准器，而 RP_3 是仪器内部正电压测量校准调整器。在图 6-7 中，借助 VS_1 和 VS_2 的钳位作用，＋18V 电源通过 V_1 向 A_1 提供稳定的 ＋12V 电源电压；借助 V_3 的分流作用，使基准放大器工作在恒定的负载条件下，以保证输出的基准电压 E_0 稳定不变。

当测量负电压时，通过比较放大器和逻辑判别电路，极性双稳便输出一个为负脉冲的"－"极性判别信号到开关管 V_9 和 V_{11} 的基极上，使两管同时导通，而 V_{10} 和 V_{12} 则处于截止状态。此时，基准电压源的 VS_3 两端电压便经 V_9、RP_{12}、RP_4、R_7 及 R_8、RP_3、RP_{14}、V_{11} 输入正电压到 A_1 的反相输入端 2 脚，通过放大与倒相，从输出端 6 脚经 R_3 和 V_2 输出 －4V 的基准电压 E_0 到数码网络。同理，RP_{12}、RP_4、R_7 是 A_1 的输入电阻 R_i，所以调整 RP_{12} 和 RP_4 的阻值，可校准输出 E_0。RP_{12} 装在仪器面板上作 －1.0186V 的校准调整器；RP_4 则在仪器内部作为负电压测量的校准调整器。

3. 故障诊断与排除

根据上述电路的工作原理，检修测电压不正常的故障时，可采取以下步骤和方法：

1）先采用测量电压法来检测基准电压源 VS_3 和 VS_4 两端的电压是否正常（$U_s = 6.5V$）。若没有问题，则应进一步检测 ＋48V、＋18V、－12V 的直流电源电压是否正确。

2）设该仪器上述电压均正常，则应采用改变现状法和测量电压法相结合的方法进行检测。扳动仪器面板上的电压校准开关到 ＋1.0186V 或 －1.0186V 档位，同时检测 A_1 的反相输入端 2 脚和 "0V" 点的电压值及其极性变换情况。如检测结果有负电压而无正电压，则说明开关管 V_9 或 V_{11} 之间通路存在断路问题，因此只能测量正电压，而不能测量负电压。

3）采用测量电阻法和测试器件法，查出 V_9 和 V_{11} 之间通路中的故障，查出虚焊、变值和损坏元器件，更换修复，并查出故障原因。

4）若 A_1 反相端有 "＋" 和 "－" 电压输入，则应继续用测电压法检测输出端或

V_2 的发射极对"0V"点的电压值及其极性变换情况。假设测得结果是：无论仪器面板上电压校准开关扳置于 $+1.0186V$ 或 $-1.0186V$ 档位，A_1 输出均为 $+3V$，则表明 A_1 已损坏。

其原因是输出基准电压 $E_0 < 4V$，则数码网络必须输出更大的电压砝码 U_0，才能接近被测电压 U_X 的数值，所以校准 $+1.0186V$ 时显示的电压数就偏大了；用于测量负电压时，基准电压还是 E_0，通过比较与逻辑判别，所有的正电压砝码将被去掉，从而显示出 $-0.0000V$，即不能测量负电压。

检修时，可采用替代法，即使用相同型号、性能参数良好的集成运放（FC3B）替换有问题的集成运放，就能排除故障修好仪器。

6.4.2 数字停零不能测电压故障的诊断与检修

数字电压表出现数字停零即数字显示为 0.0000，不能测量电压，其故障原因通常为：

①输入端短路或电源故障使仪器在任何情况下都不能输入。②可能是仪器的逻辑判别控制电路中个别元器件损坏或性能参数值发生变化，使整个逻辑系统造成堵塞而不能工作。

对于前一个故障原因，可采用测量电压法检测即可发现与确定。首先应检查输入线，特别注意输入插头插座是否有短路现象。对于电源部分故障是由于直流电源电压偏高或偏低，甚至逻辑判别控制电路中无直流输入，造成整机逻辑故障，应逐一检查并予以排除。

对于后一个的故障原因，必须在研究有关电路工作原理的基础上，才能进行故障诊断。

1. 时间编码式和积分编码式 DVM 停零故障诊断

当时间编码式和积分编码式数字电压表出现数字停零故障时，首先要判断仪器的数字存储计数部分是否良好。可采用分割测试法和信号注入法进行检测，很快就能确定故障部位。其次是在测电压的情况下，采用波形观测法检测仪器的前置放大器、信号比较器、积分器、零电平比较器、时钟脉冲信号发生器以及主门等单元电路的信号波形。如发现某一单元电路中没有信号输出，则表明故障原因就存在这一部分电路中。

2. 逐次反馈比较式 DVM 停零故障诊断

例如，一台 PZ—4 型数字电压表，其故障现象是开机后数字停零不能测量电压，但有"＋"、"－"极性切换显示。

PZ—4 型数字电压表属于逐次反馈比较式数字电压表，根据图 6-3 所示框图及工作原理分析，故障部位可能在环形步进触发电路中，即无节拍信号产生以驱动寄存双稳电路进行电压砝码的比较和反馈工作。PZ—4 型 DVM 的起止双稳和部分环形步进触发电路原理图如图 6-8 所示。

（1）工作原理分析　图中 V_2 和 V_3 组成起止双稳电路，它的停止状态是 V_2 截止，V_3 饱和导通；V_4、V_5、V_6 等组成环形步进触发电路中的步进脉冲放大器电路，它的功能是产生逐级传送的节拍脉冲，以控制各级寄存双稳电路对数码网络所输出的电压砝码进行"加码"和"减码"的反应。

当起止双稳处于电路停止状态时，由于 V_3 饱和导通，因此 $+20V$ 电压通过 R_3 和 R_{11} 分压，使"e"线的电位低于 $+20V$，从而促使环形步进触发电路中各级步进脉冲放大器如 $V_4 \sim V_6$ 等处于截止状态。当系统启动后，从 V_1 发射极输出负极性的同步脉冲信号，它的第

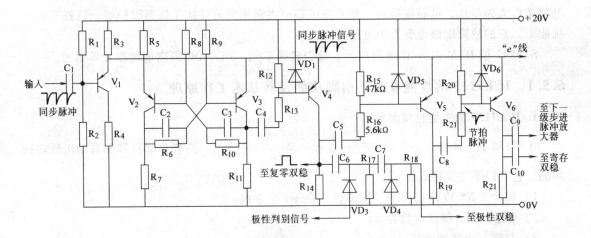

图 6-8　PZ—4 型 DVM 的起止双稳和部分环形步进触发电路原理图

一个同步脉冲触发起止双稳电路翻转，使 V_3 从饱和导通变为截止，而 V_2 从截止变为导通。此时，从 V_3 的集电极输出一个负阶跃脉冲，并通过 C_3 和 R_{13} 加到 V_4 的基极上，促使 V_4 由截止变为导通；与此同时，C_4 上的充电电荷也通过 R_{11}、R_{12}、R_{13} 进行放电，放电电流在 R_{12} 上形成的电压极性，使 V_4 的发射结正向偏置，从而维持 V_4 处于导通状态，直至第二个同步脉冲出现时，V_4 的发射结电压随之下降，使 V_4 从导通变为截止，这样从 V_4 的集电极又输出一个负极性的触发脉冲使 V_5 从截止变为导通。依次类推，仪器的环形步进触发电路中各级步进脉冲放大器，就一级一级地从截止变为导通，再从导通变为截止，把连续的同步脉冲变为逐级步进的节拍脉冲，以达到同步脉冲变为逐次比较与反馈的目的。

现在 PZ—4 型仪器的故障现象是数字停零，即没有逐次比较与反馈的功能。根据上述的工作原理分析，可能是环形步进触发电路中前级步进脉冲放大器有故障，不能从截止变为导通，或不能从导通变为截止，因而无法产生步进触发的节拍脉冲所致。

（2）故障诊断

检修时，先采用测量电压法检测 +20V 电源电压和 "e" 线电压（约 +14V）是否正确，然后采用波形观测法检测同步脉冲信号和各级步进脉冲放大器输出的节拍脉冲信号波形是否正常。如发现从 V_5 开始往后各级步进脉冲放大器均无节拍脉冲输出，则表明故障原因存在于 V_5 这级电路中，进一步采用测量电阻法或测试元器件法，检测 V_5、C_5、R_{16}、R_{15} 和 VD_5 的好坏，若 V_5 击穿短路，则它的正、反向电阻均很小，这样 V_4 输出的负脉冲信号就被 VD_5 吸收了，使 V_5 始终处于截止状态，节拍脉冲产生到此为止。更换 VD_5 后使环形步进触发电路的功能恢复正常，DVM 就能测电压了。

6.5　单片 A/D 转换器构成的 $4\frac{1}{2}$ 位 DVM 及其故障检修

由单片 A/D 转换器构成的大规模集成电路 DVM 种类很多，现以 SX1842 型 DVM 为例进行介绍。

SX1842 型数字电压表是由大规模集成 A/D 转换器和低噪声运算放大器组成的 $4\frac{1}{2}$ 位数字电压表。它的误差为 ±0.03% 左右。由于采用了高集成度的双积分 A/D 转换器，故使之

233

电路结构大为简化，可靠性提高。整个测试部分由铜箔屏蔽并接至仪器保护端，以提高抗干扰能力。它的故障维修也要简单方便得多。

SX1842 型 DVM 由 A/D 转换单元、量程转换单元、DC—DC 隔离电源单元等组成。

6.5.1 ICL7135 的性能参数、引脚功能及其基本工作原理

1. ICL7135 的主要性能参数

ICL7135 是 CMOS $4\frac{1}{2}$ 位（十进制）双积分型 A/D 转换器，具有自动校零和自动极性转换功能，它有以下主要特点：

1）整个 ±20000 码范围中，误差保证在 ±1 个字内。

2）0 输入时，保证读数为 0。

3）只需一个基准电压。

4）输入电流为 1×10^{-12} A。

它可用于 LED 和 LCD 数字显示电压表和万用表，也可用于微处理器数据采集系统。与 Teledyne 半导体公司生产的 TSC7135 可替换使用。我国国标型号为 CB7135，厂标型号为 5G7135、CH7135。

2. ICL7135 内电路的组成及其工作原理

ICL7135 模拟电子电路部分和数字电子电路部分的原理框图分别如图 6-9 和图 6-10 所示，它的工作波形图如图 6-11 所示。

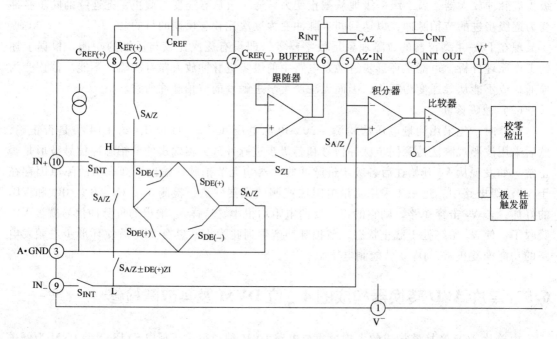

图 6-9　ICL7135 型模拟电子电路部分的原理框图

ICL7135 的工作原理结合图 6-9 和图 6-10 进行介绍，它的每个测量周期都包括四个阶段。

（1）自动校零（AZ）阶段　在此阶段 $S_{A/Z}$ 闭合，其余模拟开关均断开，等效电路如图

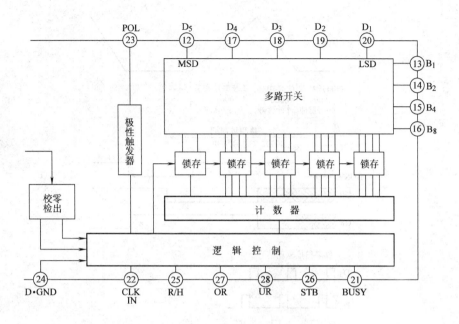

图 6-10　ICL7135 型数字电子电路部分的原理框图

6-12所示。ICL7135 完成三项任务：①输入高端（IN_+）和低端（IN_-）与内部 H 和 L 断开，H 和 L 在内部模拟短路，$S_{A/Z}$ 闭合使 $U_{IN}=0$。②基准电压 U_{REF} 对基准电容 C_{REF} 充电，直至 $U_{REF}=1.0000V$。③闭合反馈回路把 $A_1 \sim A_3$ 的失调电压储存在自动校零电容 C_{AZ} 上，以便在后面的正向积分阶段给予补偿，使输入端失调电压小于 $10\mu V$。

（2）被测电压积分（正向积分 INT）阶段　这时，$S_{A/Z}$ 自动校零回路脱开，S_{INT} 闭合，输入高端和低端与 H 和 L 接通，等效电路如图 6-13 所示。A/D 转换器对 U_X 进行定时积分，$T_1=10000T_0$。在本阶段结束时检出被测电压的极性，并锁存在极性触发器中。

（3）基准电压积分（反向积分 DE）阶段　这时的等效电路与正向积分阶段相似，只是把跟随器 A_1 和积分器 A_2 的同相输入端分别接 U_{REF}、A·GND端。ICL7135 通过对基准电压反向积分，使积分器的输出回到零点。反向积分时间 T_2 与被测电压成正比，输出电压的读数 N 由下式决定：

$$N = \frac{10000}{U_{REF}}U_X \tag{6-4}$$

若将 U_{REF} 代入上式，并把小数点定在万位后面，则

$$N = 1.0000U_X \tag{6-5}$$

式中，U_X 的单位为 V。

模拟开关 $S_{DE(+)}$ 和 $S_{DE(-)}$ 能自动进行极性转换。当 $U_X > 0$ 时，两只 $S_{DE(+)}$ 开关接通，使 C_{REF} 上的基准电压 U_{REF} 按负电压的接法输入到电压跟随器的同相输入端；当 $U_X < 0$ 时，两只 $S_{DE(-)}$ 开关接通，U_{REF} 就以正电压的接法输入到电压跟随器的同相输入端。以保证任何极性的输入电压接入积分器时均能进行反向积分，最后达到积分器回零的目的。

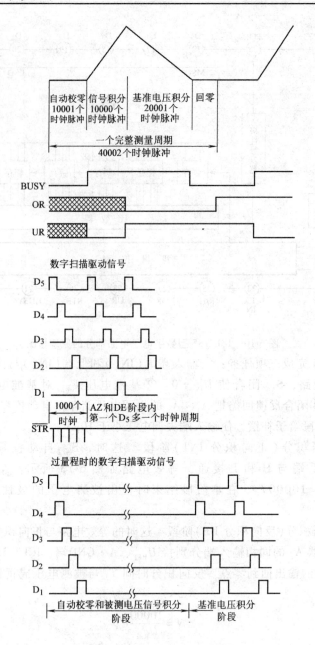

图 6-11　ICL7135 的工作波形图

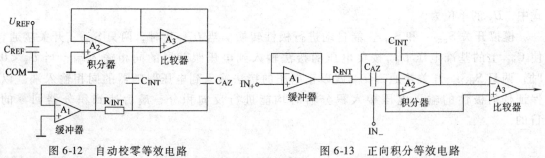

图 6-12　自动校零等效电路　　　　　　　图 6-13　正向积分等效电路

（4）积分器回零（ZI）阶段　设置回零阶段的目的是在超量程情况发生之后，使积分器快速回零。在此阶段，S_{ZI} 闭合，将 IN_ 端与 A·GND 短接，构成深度负反馈回路，使积分器迅速回零，其等效电路如图 6-14 所示。正常情况下，这个阶段需要 100 ~ 200 个时钟脉冲，但是超过量程时，这个阶段将延长到 6200 个时钟脉冲。

一个完整的转换周期为 $40002T_0$（T_0 表示一个时钟脉冲），其中自动校零阶段占 $10001T_0$，正向积分阶段固定为 $10000T_0$，反向积分阶段与回零阶段共占 $20001T_0$。每个阶段的时间分配如图 6-11 所示。

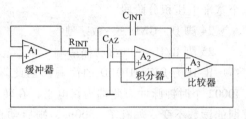

图 6-11 中，位选通信号 $D_5 \sim D_1$ 的正脉冲宽度均为 $200T_0$，数据选通信号 $\overline{STR}$ 的负脉冲的时间间隔也是 $200T_0$。仅在自动校零 AZ 阶段刚开始时，

图 6-14　积分器回零阶段等效电路

D_5 的脉宽为 $201T_0$，即 5 个位选通信号的总周期等于 $1001T_0$，这是为解决数字电路的同步问题而专门设计的。

3. ICL7135 的引脚及其功能

ICL7135 的引脚图如图 6-15 所示。引脚功能如下：

1 脚 V⁻——负电源端

2 脚 REF₊——基准电压端

3 脚 A·GND——模拟地

4 脚 INT·OUT——积分器输出端

5 脚 AZ·IN——自动校零输入端

6 脚 BUFFER——跟随器输出端

7 脚 $C_{REF(-)}$——基准电压寄存电容负端

8 脚 $C_{REF(+)}$——基准电压寄存电容正端

9 脚 IN_——被测电压输入端（－）

10 脚 IN₊——被测电压输入端（＋）

11 脚 V⁺——正电源端

12 脚 D_5——数字驱动端（最高位、万位）

13 脚 B_1——数据输出端（最低位）

14 脚 B_2——数据输出端

15 脚 B_4——数据输出端

16 脚 B_8——数据输出端（最高位）

17 脚 D_4——数字驱动端（千位）

18 脚 D_3——数字驱动端（百位）

19 脚 D_2——数字驱动端（十位）

20 脚 D_1——数字驱动端（个位）

21 脚 BUSY——占用（积分和反积分阶段）

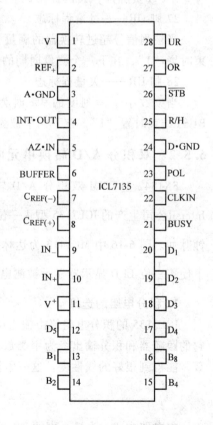

图 6-15　ICL7135 引脚图

被测电压积分阶段一开始，此端就跳到高电平，并一直保持到积分器回零后的第一个脉冲（在过量程时，其高电平保持到转换周期结束）。BUSY 后的第一个时钟脉冲是把数据送入内锁存器，并从这个时钟脉冲的下降沿开始锁存数据。BUSY 回到低电平，电路自动进入自

动校零阶段，所以它是$\overline{(Z-I+AZ)}$的指示信号。

22 脚 CLKIN——时钟输入端

23 脚 POL——极性指标端

当被测电压为正时，此端为高电平。它从基准电压积分阶段开始有效，一直保持到下一个基准电压积分阶段。

24 脚 D·GND——数字地

25 脚 R/H——运行/保持端

R/H 为 RUN/HOLD 的简写。当此端为高电平时，电路连续运转，每个转换周期均为 40002 个时钟脉冲。此端为高电平，在转换器未进行完下一个测量周期前，保持前一测量周期的读数不变。如有 $T > 300\text{ns}$，则启动正脉冲加在此端，便可开始新测量周期；如启动脉冲发生在测量周期结束之前，则 A/D 将不予理睬。总之，当此端变为低电平且在 101 个时钟脉冲之后，电路进入保持状态，只要加一个正脉冲，就可重新启动一个新的测量周期。

26 脚 $\overline{\text{STB}}$——选通信号端

这是一个负脉冲输出端，把 BCD 数据传送到外部锁存器或微处理器。每个测量周期只有 5 个 $\overline{\text{STB}}$ 负脉冲，其位置在 5 个数字驱动脉冲的中央，以保证数据有充分的稳定时间。

27 脚 OR——过量程标志

当被测信号超过转换器的满量程（20000）时，此端变为高电平，输出触发器在 BUSY 结束时置"1"，在下一个测量周期的基准电压积分阶段开始复"0"。

28 脚 UR——欠量程标志

当读数小于满刻度的 9% 时为欠量程，此端为高电平。在欠量程时，输出触发器在 BUSY 结束时置"1"，在下一个被测电压积分阶段开始复"0"。

6.5.2 双积分 A/D 转换单元电路及其元器件的选择

SX1842 型 DVM 双积分 A/D 转换单元电路如图 6-16 所示。双积分 A/D 转换器采用 Intersil 公司生产的 ICL7135 型 $4\frac{1}{2}$ 位 A/D 转换器。由 5G1555 组成时基电路提供 120kHz 的时钟脉冲。图 6-16 中 MC1413 为达林顿驱动器，MC4513 为七段译码器，它们在 ICL7135 控制下使 $4\frac{1}{2}$ 位 LED 显示器显示被测电压值和极性。

1. 积分电阻的选择

ICL7135 的积分电阻值由输入电压的满刻度值及跟随器、积分器输出电流的能力决定。它的跟随器和积分输出级为甲类放大器，其静态电流为 $100\mu\text{A}$，利用其中 $5 \sim 40\mu\text{A}$ 驱动负载，能得到很好的线性度。这一电流就是积分电流 I_{INT}，如取 $20\mu\text{A}$ 驱动电流，可得

$$R_{\text{INT}} = \frac{U_{\text{M}}}{I_{\text{INT}}} = \frac{U_{\text{M}}}{20\mu\text{A}} \tag{6-6}$$

本电路中 R_{INT} 为接 6 脚的 $2R_6$，将 $U_{\text{M}} = 2\text{V}$ 代入，得 $R_{\text{INT}} = 100\text{k}\Omega$。

2. 积分电容的选择

$\tau = R_{\text{INT}}C_{\text{INT}}$，要保证积分器输出最大摆幅，但又不能进入饱和状态。若电源电压 $V_+ = 5\text{V}$、$V_- = -5\text{V}$，电路模拟地端接 0V，则积分器输出摆幅取 $U_{\text{P}} = \pm(3.5 \sim 4\text{V})$，有

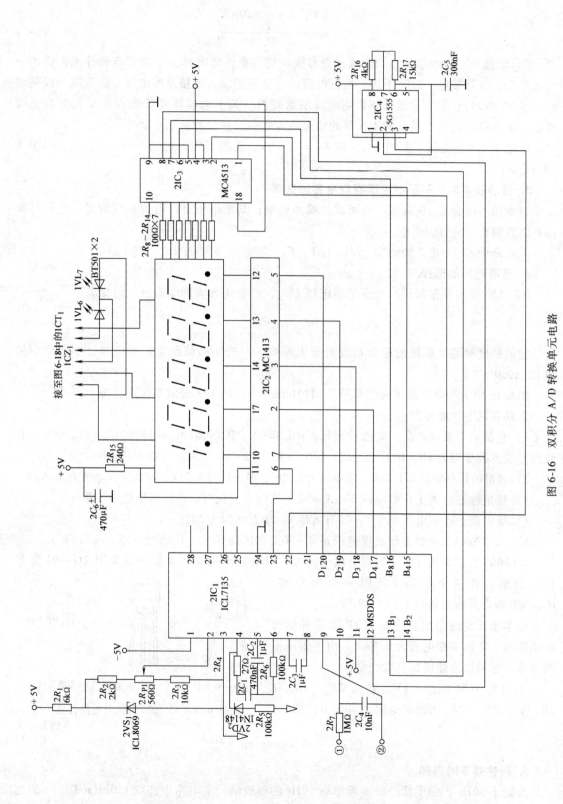

图 6-16 双积分 A/D 转换单元电路

$$C_{\text{INT}} = \frac{10^4 \times \dfrac{1}{f_{\text{CLK}}} \times 20\,\mu\text{A}}{U_{\text{P}}} \tag{6-7}$$

C_{INT} 应选介质吸收系数小、金属外壳有接地端的聚丙烯电容器。如无金属外壳，应加一金属外壳，并且接地，以防干扰。检查电容的方法是把输入端接基准电压，读数应为满刻度的一半（0.9999），如有偏差，则说明电容质量较差。关于电容器介质吸收现象及介质吸收系数的基本概念，请参阅本书 4.5 节的相关内容。

本电路中 C_{INT} 为接 4 脚的 $2C_1$，取 $U_{\text{P}} = \pm 3.5\text{V}$，将数据代入式(6-7)中，得 $C_{\text{INT}} = 470\text{nF}$（0.47μF）。

3. 自动校零电容和基准电压寄存电容的选择

自动校零电容 C_{AZ} 应取大一些可减少噪声影响；基准电压寄存电容也应取大一些，可取 1μF 以克服寄生电容的影响。

本电路中 C_{AZ} 为接 5 脚的 $2C_2$，取 1μF；C_{REF} 为接 7、8 脚的 $2C_3$，取 1μF。

4. 基准电压的选择

ICL7135 要求外部提供一个正基准电压 U_{REF}，若要达到满刻度输出，则要求：

$$U_{\text{REF}} = \frac{1}{2}U_{\text{I}} \tag{6-8}$$

它的精度对整个系统的测量精度有很大影响，一般用高精度电压源电路。本电路中采用 ICL8069。

图 6-16 中 ICL8069 是美国哈里斯公司(Harris)生产的 1.2 带隙基准电压源。

它具有以下性能特点：

1）它是一个系列产品，有四种型号：ICL8069A、ICL8069B、ICL8069C、ICL8069D，它们的温度系数分别为 $10 \times 10^{-6}/\text{℃}$、$25 \times 10^{-6}/\text{℃}$、$50 \times 10^{-6}/\text{℃}$、$100 \times 10^{-6}/\text{℃}$。

2）基准电压典型值有 1.23V，最小值为 1.20V，最大值为 1.25V，最大工作电流为 5mA。

3）稳定性好。当工作电流在 50μA ~ 5mA 范围内变化时，U_{REF} 变化量小于 20mV。

4）噪声低。噪声电压小于 5μV（有效值），动态电阻为 1Ω。

5）ICL8069A、B 的工作温度范围是 0 ~ 70℃，ICL8069C、D 的为 -55 ~ +125℃。

ICL8069 大多采用 TO—52 型金属壳封装，只有两个引脚。少数产品采用 TO—92 型塑料壳封装，有三个引脚，其中一个为空脚。ICL8069 外形及电路符号如图 6-17 所示。

在本单元电路中用它作为 1.2V 温度补偿的电压基准，它的工作电流为 0.5mA。由于采用带隙原理，它的稳定性极高且噪声低。

本电路中取 $U_{\text{REF}} = 1\text{V}$，它由 $2R_2$、$2R_3$ 和 $2R_{\text{P}_1}$ 分压取得。$2R_1$ 为限流电阻，可按下式选取

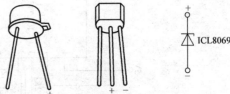

a) TO—52封装   b) TO—92封装   c) 电路符号

图 6-17　ICL8069 外形及电路符号

$$\frac{V_{\text{CC}} - U_{\text{REF}}}{R_1} - I_{(R_2 + R_{\text{P}_1} + R_3)} < 5\text{mA} \tag{6-9}$$

5. 时钟频率的选择

为防止 50Hz 工频干扰，时钟频率取 50Hz 的整数倍，本电路中选取 120kHz（3 次/s 的测

量速率）。时钟信号以数字地为参考，脉冲幅度等于数字地到正电源的电压。

6. 输入电路元器件的选取

本电路中的输入电路为由 $2R_7$、$2C_4$ 组成的 RC 滤波器，$2R_7$ 为 $1M\Omega$，$2C_4$ 为 $10nF$。 ICL7135 的翻转误差很小，典型值为 ± 0.5 字，但为满足精密测量的需要，电路中还增加了电阻 $2R_5$ 和二极管 $2VD_2$，以消除翻转误差。$2R_5$ 通常取 $100k\Omega$，二极管选用 1N4148 型硅二极管。若翻转误差对测量结果影响很小，可省去这两个元器件。

7. 译码电路

图 6-16 中，译码电路由 $2IC_3$ MC4513 构成。它为双列 18 引脚 BCD-7 段锁存译码器，将 ICL7135 的 13 ~ 16 脚提供的信号进行 BCD 译码。

8. MC1413

图 6-16 中的 MC1413 为达林顿驱动器。ICL7135 的 12、17 ~ 20 脚输出的位驱动扫描信号（$D_1 \sim D_5$）经它逐位驱动 $4\frac{1}{2}$ 位 LED 显示器。该位驱动脉冲在超量程时会加宽选通时间，因此显示会出现闪烁。

9. 极性显示信号

极性显示信号由 ICL7135 的 23 脚提供，经 MC1413 的 11 脚驱动 LED 进行极性显示。

10. 小数点信号

通过图 6-18 中的量程开关 $3AJ_1$、$1CT_1$ 和图 6-16 中的 $1CZ_1$ 驱动。

11. 量纲显示

量纲由图 6-16 中的 $1VD_6$、$1VD_7$ 显示。

12. 时基电路

图 6-16 中，由 5G1555 组成的时基电路产生 120kHz 的时基脉冲信号。

振荡频率与时基脉冲信号占空比分别由下式计算：

$$f_0 = \frac{1.44}{(R_{16} + 2 \cdot R_{17}) C_5} \tag{6-10}$$

$$D = \frac{t_1}{T_0} = \frac{R_{16} + R_{17}}{R_{16} + 2 \cdot R_{17}} \tag{6-11}$$

取 $2C_5$ 为 $300nF$，$2R_{16}$ 为 $4k\Omega$，则可求得电阻 $2R_{17}$，取标称值为 $18k\Omega$。所以占空比 $D = 57\%$，进而可求得测量速率为 120kHz/40002 ≈ 3 次/秒。

6.5.3　SX1842 量程转换和前置放大单元电路的工作原理

SX1842 量程转换和前置放大单元电路如图 6-18 所示。

图中 FXOP07A 为低噪声运算放大器，由它构成前置放大器。放大器采用电压串联负反馈电路，以提高输入阻抗和共态干扰抑制比。由 $3R_{11} \sim 3R_{15}$ 及 $3RP_4$、$3RP_5$ 构成负反馈环节。图 6-18 中 $3R_2$、$3R_3$、$3R_4$ 构成电压调零电路，当输入为零时，调节 $3R_2$ 使之输出为零。$3VD_5 \sim 3VD_8$、$3RP_7$、$3R_{16}$、$3R_{17}$ 构成具有温度补偿性能的零电流补偿电路，以使输入零电流始终不超过 10^{-9} A。$3VT_9$、$3VT_{10}$ 为两个晶体管，用其集电结代替二极管并接在运放的同相、反相输入端，起到保护集成运放的作用。$3R_5$ 至 $3R_{10}$ 支路为精密分压网络，将 20V、200V、1000V 档的被测电压按比例分压后输入 A/D 转换单元中进行测试。

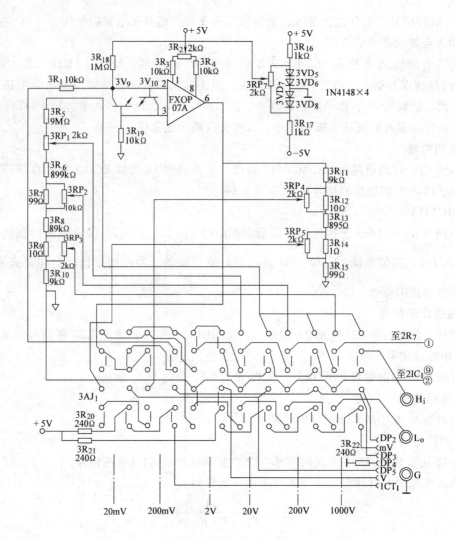

图 6-18   SX1842 量程转换和前置放大单元电路

6.5.4　DC—DC 隔离电源的工作原理

数字电压表常采用抗干扰能力强的 DC—DC 隔离电源。其电路如图 6-19 所示，要求一次、二次绕组的绝缘电阻大于 $1000M\Omega$。

图中，$4IC_1$ 输出的 $+5V$ 直流电压经逆变器变成 $20kHz$ 的交流电压。逆变器由 74LS00 及 $4V_5 \sim 4V_8$ 组成。74LS00 组成振荡器以驱动功率管，可减小功率管的峰值电流。其中 $4VD_9 \sim 4VD_{12}$ 为保护二极管，防止 $4V_7$、$4V_8$ 集电结和发射结击穿。整个逆变器采用双层屏蔽，T_2 采用双层屏蔽，一次、二次绕组间采取屏蔽，除此之外它们还分别屏蔽接地，以防止逆变器产生的噪声对 DVM 的其他部分产生干扰。

6.5.5　故障诊断检修示例

1. 跳字故障的诊断与检修

数字电压表出现测量数字一直不停止的故障称为跳字故障。跳字故障是指仪器在输入短

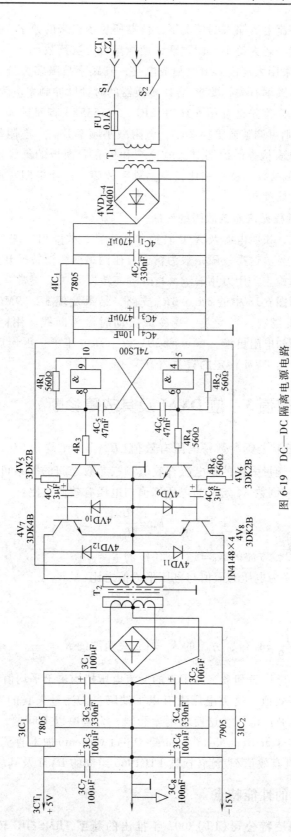

图 6-19 DC—DC 隔离电源电路

路或有稳定的被测直流电压输入的情况下，仪器所显示出来的数字，虽没有大的错误，但其数字显示总不能稳定，忽大忽小来回跳跃，使测量者无法读数。

由于 DVM 主要采用大规模 CMOS 集成电路，其跳字故障多为抗干扰能力差所致。抗干扰能力与时钟脉冲的频率有关，要求 A/D 转换器的时钟脉冲频率应为市电频率的整数倍。

发现跳字故障时，首先检查图 6-16 中 2IC$_4$（5G1555）3 脚时钟频率是否为 120（1 ± 2%）kHz。如偏离太大，则可调整或更换 2R_{17}，电阻减小频率升高，电阻增加频率降低。如频率正常，用 1000V 兆欧表检查保护端对低电位端和机壳后面板的绝缘电阻，绝缘电阻应大于 1000MΩ，否则会降低共模干扰抑制比，产生跳字故障。绝缘电阻小的原因多为逆变变压器绝缘损坏，需更换或修理。

2. 20V 以上高量程无法测试故障的诊断

其他量程能测试，说明电源及 A/D 转换单元正常，故障出在图 6-18 所示电路的量程转换单元和前置放大单元。这类故障一般为精密分压网络或测试转换开关接触不良所致，采用电阻测试法进行故障检查。用万用表 $R \times 1$ 档检查转换开关，正常。用万用表 $R \times 10k$ 档检查精密分压网络，即图 6-18 中的 3R_5 ~ 3R_{10} 支路，结果发现 3R_5（9MΩ）精密线绕电阻断路。该电阻用微细锰铜线绕制，当受热、受冷或振动时极易断线。用同型号且温度系数小于 10PPM/℃（10^{-5}/℃）的电阻更换，就可测 20V 以上高电压了。更换后，对高量程各档应重新校准，校准方法参阅 DVM 检定的有关内容。

6.6　新型真有效值 $3\frac{1}{2}$ 位 DVM 及其故障诊断

交流电压值有三个主要参数：电压有效值（U_{RMS}）、平均值（U_{AV}）、峰值（U_{P}）。其中，真正能反映被测信号能量大小的是电压有效值。三参数之间的关系可用波峰因数 K_{P} 和波形因数 K_{F} 来表征。波峰因数 K_{P} 定义为电压峰值与电压有效值之比：

$$K_{\text{P}} = \frac{U_{\text{P}}}{U_{\text{RMS}}} \tag{6-12}$$

正弦波的 $K_{\text{P}} = \sqrt{2}$，方波的 $K_{\text{P}} = 1$，三角波的 $K_{\text{P}} = \sqrt{3}$。

波形因数 K_{F} 定义为电压有效值与电压平均值之比：

$$K_{\text{F}} = \frac{U_{\text{RMS}}}{U_{\text{AV}}} \tag{6-13}$$

正弦波的 $K_{\text{F}} = \frac{1}{0.9} = 1.11$，方波的 $K_{\text{F}} = 1$，三角波的 $K_{\text{F}} = \frac{2}{\sqrt{3}}$。

普通的交流数字电压表和数字万用表的交流电压档均属于平均值电压档，仅能测量不失真的正弦波电压的有效值。这类电压表有以下缺陷：①测量失真的正弦波电压时会产生误差。②无法测量非正弦波电压。这使之用途受限，为解决以上问题，采用单片真有效值/直流转换器（TRMS/DC,Trur Root Mean Square/ Direct Current）加上直流 DVM 就组成了真有效值 DVM。本节介绍真有效值/直流转换器 LTC1966 组成的 DVM 及其故障诊断。

6.6.1　LTC1966 的性能特点

LTC1966 是美国凌特公司（LT）2002 年推出的新型 TRMS/DC 转换器，同系列的还有

2004 年推出的 LTC1967、LTC1968 两个新型号。

1. LTC1966 系列 TRMS/DC 型转换器的特点

LTC1966 系列产品为精密宽带 TRMS/DC 型转换器，采用全新的计算技术，适用于测量 $K_P \leq 4$ 的各种交流电压有效值。它具有以下特点：

1）使用灵活、外围电路简单。仅配接一只电容器即可完成 TRMS/DC 转换。

2）准确度高、线性度好。以 LTC1966 为例，在 50Hz～1kHz 频率范围内，转换增益误差为 0.1%，总误差为 0.25%，线性度高达 0.02%。使用时仅需对系统进行简单校准即可，且带宽固定，不受输入电压影响。当被测信号频率为 6kHz(1±1%)时，−3dB 带宽为 800kHz。

转换增益 G_{AIN} 定义为

$$G_{AIN} = \frac{1.000 U_{O(DC)}}{U_{IN(RMS)}} \tag{6-14}$$

3）输入、输出方式非常灵活。允许差动输入或单端输入，差动输入电压峰值可达 1V。输出电压范围宽，具有满幅电压的输出特性，其输出电压的幅值就等于电源电压值。

4）低电源电压、微功耗。可采用 +2.7～5.5V 单电源供电或 ±5.5V 双电源供电。电源电流典型值仅为 155μA，最大不超过 170μA。在备用模式下，电源电流可降至 0.1μA。

5）体积小、安装空间小。

6）芯片的最高结温 T_{jM} = +150℃，热阻 R_{TH} = 220℃/W，对印制电路板的焊接、压力以及工作温度不敏感。

7）工作温度范围宽，为 −40～+85℃。

2. LTC1966 系列 TRMS/DC 型转换器的主要性能

LTC1966/1967/1968 的工作原理基本相同，主要性能比较如表 6-1 所示。

表 6-1　LTC1966/1967/1968 主要性能比较表

型　　号	转换增益误差 γ(%)	输入失调电压 U_{IS}/V	输出失调电压 U_{OS}/V	输入阻抗 Z_I/MΩ	1% 精度时的带宽/kHz	−3dB 带宽/kHz	工作电流 I_S/μA
LTC1966	±0.1 (50Hz～1kHz)	0.2	0.1	8	6	0.8	155
LTC1967	±0.1 (50Hz～5kHz)	0.2	0.1	5	40	4	320
LTC1968	±0.1 (50Hz～20kHz)	0.4	0.2	1.2	500	15	2300

6.6.2　LTC1966 的引脚功能、工作原理及其典型应用电路

1. LTC1966 的引脚功能

LTC1966 采用 MSOP—8 封装，引脚排列图如图 6-20 所示，各引脚功能如下：

1 脚 GND，电源地。

2 脚 IN₁、3 脚 IN₂，两个差分输入端，直接耦合，且与信号极性无关。

4 脚 U_{SS}，负电源端，对地电位为 −5.5V。

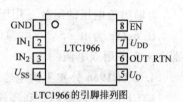

图 6-20　LTC1966 引脚排列图

5 脚 U_0，高阻抗电压输出端。

6 脚 OUT RTN，输出电压的返回端。输出电压与该引脚电位有关。在 AC、DC 输入模式下，U_0 与 OUT RTN 引脚之间的电位是不平衡的，该引脚应接在 AC、DC 的低阻抗端。通常将该引脚接地，亦可接 $U_{SS} < U_{OUTRTN} < (U_{DD} - U_{OM})$ 范围内的任意电压值，U_{OM} 为最大输出电压。将 OUT RTN 端接地时，能取得最佳效果。

7 脚 U_{DD}，正电源端，接 +2.7 ~ 5.5V 电源。

8 脚 $\overline{EN}$，低电平有效的使能控制端。当此端开路或接 U_{DD} 引脚时，LTC1966 因无法获得偏置电压而不工作。正常工作时，此端与 GND 相接，亦可接低电平或与 U_{SS} 端相接。

2. LTC1966 的工作原理

LTC1966 用于 TRMS/DC 转换时，应在 U_0 引脚与 OUT RTN 引脚之间并接一电容器，即对输出电压取平均值，这一电容称为平均电容 C_{AV}。电路的传递函数即输入输出关系为

$$(U_0 - U_{OUTRTN}) = \sqrt{A_{Vg}(U_{IN1} - U_{IN2})^2} \tag{6-15}$$

式中，A_{Vg} 表示取平均值。

从式（6-15）中不难看出，U_0 与 OUT RTN 两引脚间的电压即平均电容上的电压，为输入电压的方均根值，输出的直流电压为真有效值。

LTC1966 的内电路可等效为一个模拟乘法/除法器和一个低通滤波器（LPF）。乘法器进行平方运算，除法器进行开方运算，低通滤波器取平均值，最后得到：

$$U_0 = \sqrt{U_{IN}^2} = U_{IN}(RMS) \tag{6-16}$$

上式表明，输出电压是输入电压的方均根值，输出电压是真有效值。

3. LTC1966 组成真有效值数字仪表的典型电路

LTC1966 组成真有效值数字仪表的典型电路如图 6-21 所示。

图 6-21a 为 ±5V 双电源供电、差分输入、直流耦合式 DVM。

图 6-21b 为 +5V 单电源供电、差分输入、交流耦合式 DVM。

图 6-21c 为单电源供电、差分输入、交流耦合式电流表，采用 CMRAGNETICS 公司生产的 CR8348—2500—N 型电流互感器（T），可测频率为 50 ~ 400Hz、有效值在 75A 以下的电流，工作温度范围为 -25 ~ +66℃，此电流表的灵敏度为 4mV（DC）/A（RMS）。

图 6-21d 为由 ±2.5V 双电源供电、单端输入、具有关断功能的交流耦合式真有效值 DVM，当 $\overline{EN}$ 端接高电平时，LTC1966 处于关断状态；接低电平时，LTC1966 能进行正常的有效值/直流转换。

图 6-21e 为由 ±5V 双电源供电、可测量电源噪声的真有效值 DVM，该仪表的灵敏度为对应于 1μV 的噪声输入电压，可输出 1mV 的直流电压。

图 6-21f 为由 9V 电池供电、单端输入、交流耦合式真有效值 DVM，图中，LT1175CS8 -5 为输出负电压的运放，用于产生负电源。

图 6-21g 为由 ±5V 双电源供电、单端输入、交流耦合式电流表，该电路与图 6-21c 的区别在于它采用双电源。

4. LTC1966 外接平均电容的选择

LTC1966 型转换器是利用输出端的平均电容来完成低频信号求平均值的功能。所以，正确选用平均电容 C_{AV} 是设计、调试 LTC1966 应用电路的关键。平均电容一般根据不同容量的

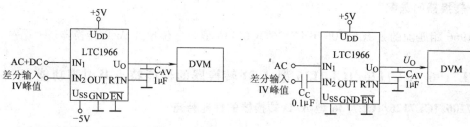

a) ±5V双电源供电、差分输入、直流耦合式DVM　　　b) +5V单电源供电、差分输入、交流耦合式DVM

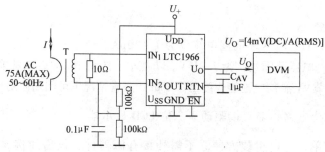

c) 单电源供电、差分输入、交流耦合式电流表

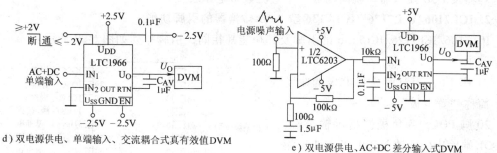

d) 双电源供电、单端输入、交流耦合式真有效值DVM　　　e) 双电源供电、AC+DC差分输入式DVM

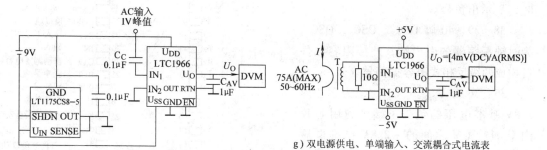

f) 9V电池供电、单端输入、交流耦合式DVM　　　g) 双电源供电、单端输入、交流耦合式电流表

图 6-21　LTC1966 组成真有效值数字仪表的典型电路

平均电容在低频段的直流误差曲线来选择。曲线可参阅参考文献[39]。

对于三角波或正弦波，波峰因数 $K_P < 2$，C_{AV} 的容量的允许范围为 $0.1 \sim 10\mu F$，在绝大部分应用中，可选 $C_{AV} = 0.1\mu F$。

在波峰因数 $2 < K_P \leqslant 4$ 以及输入为（AC + DC）波形的情况下，C_{AV} 容量的允许范围为 $1 \sim 100\mu F$，选 $C_{AV} = 1\mu F$。当频率 $f \geqslant 10Hz$ 时，直流误差将小于 0.1%。

在对测量精度要求不高的场合，平均电容可选低成本的瓷介电容器；在对测量精度要求高的场合，应选薄膜电容，例如金属化聚脂薄膜电容器。

5. A/D 转换器的选配

与 LTC1966 相匹配的是 ICL7106/ICL7126/ICL7136 型 $3\frac{1}{2}$ 位单片 A/D 转换器。

6.6.3 ICL7106/ICL7126/ICL7136 型 A/D 转换器的性能特点及引脚功能

1. ICL7106/ICL7126/ICL7136 型 A/D 转换器的性能特点

ICL7106/ICL7126/ICL7136 型 $3\frac{1}{2}$ 位单片 A/D 转换器是专为 DVM 和 DPM 设计的，具有以下特点：

1）输入电阻高达 $10^{12}\Omega$，输入端的漏电流仅为 $1 \sim 20pA$。

2）采用单电源供电，电压范围宽，为 $7 \sim 15V$。功耗小，约为 16mW。通常采用 9V 叠层电池，可使仪器小型化，一节 9V 叠层电池能连续工作 200h，正常情况下可间断使用半年左右。

3）内部有异或门输出电路，能直接驱动 $3\frac{1}{2}$ 位 LCD 显示器。

4）外围电路极为简单，整机组装方便。不需外接有源器件，仅需加接 5 只电阻器、5 只电容器及 LCD 显示器，就能构成一个直流数字电压表。

2. ICL7106/ICL7126 /ICL7136 型 A/D 转换器的引脚功能

ICL7106/ICL7126/ICL7136 的引脚及其功能都相同，引脚排列如图 6-22 所示。

其中：

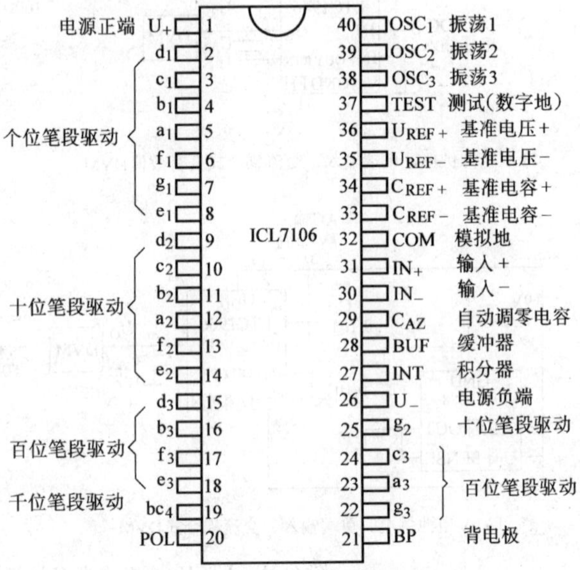

21 脚 BP，为背面公共电极的驱动端，简称"背电极"。

20 脚 POL，为负极性指示输出端，当 POL 端输出的方波与背电极方波反相时，显示出负号。

38、39、40 脚 OSC₃、OSC₂、OSC₁，为时钟振荡器的引出端，外接阻容元件可构成两级反相式阻容振荡器。

35、36 脚 U_{REF-}、U_{REF+}，为芯片内 2.8V 基准电压的负、正端，利用芯片内 U_+ 与 COM 之间的 +2.8V 基准电压源分压后，可提供所需的 U_{REF} 值，也可选外接的基准电压。

33、34 脚 C_{REF-}、C_{REF+}，为外接基准电容端。

29 脚 C_{AZ}，接自动调零电容端，该端在芯片内部接至积分器和比较器的反相输入端。

28 脚 BUF，为缓冲放大器的输出端，接积分电阻 R_{INT}。

27 脚 INT，为积分器的输出端，接积分电容 C_{INT}。

其他引脚的功能从图 6-22 中就可得知，恕不赘述。

图 6-22 ICL7106/ICL7126/ICL7136 的引脚排列

电源正端 U_+	1		40	OSC₁ 振荡1
d₁	2		39	OSC₂ 振荡2
c₁	3		38	OSC₃ 振荡3
b₁	4		37	TEST 测试(数字地)
a₁	5		36	U_{REF+} 基准电压+
f₁	6		35	U_{REF-} 基准电压-
g₁	7		34	C_{REF+} 基准电容+
e₁	8		33	C_{REF-} 基准电容-
d₂	9	ICL7106	32	COM 模拟地
c₂	10		31	IN+ 输入+
b₂	11		30	IN− 输入−
a₂	12		29	C_{AZ} 自动调零电容
f₂	13		28	BUF 缓冲器
e₂	14		27	INT 积分器
d₃	15		26	U_- 电源负端
b₃	16		25	g₂ 十位笔段驱动
f₃	17		24	c₃
e₃	18		23	a₃
bc₄	19		22	g₃
POL	20		21	BP 背电极

个位笔段驱动：d₁ c₁ b₁ a₁ f₁ g₁ e₁
十位笔段驱动：d₂ c₂ b₂ a₂ f₂ e₂
百位笔段驱动：d₃ b₃ f₃ e₃
千位笔段驱动：bc₄
百位笔段驱动：c₃ a₃ g₃

ICL7106的引脚排列图

6.6.4 由 ICL7136 构成的 $3\frac{1}{2}$ 位 LCD 直流 DVM

1. 电路图

由 ICL7136 构成的 $3\frac{1}{2}$ 位 LCD 直流 DVM 电路如图 6-23 所示，该 DVM 的满量程为 2V，测量速率为 1 次/秒。与 ICL7106 不同，ICL7136 不需加积分延迟补偿电阻。

2. ICL7136 外接元件的选择

（1）积分电阻的选择 图 6-23 中的积分电阻为 R_4，R_4 由下式估算：

$$R_4 = U_0/I_0 \tag{6-17}$$

对于 200mV 量程，在满量程时积分器输出电压 $U_0 = 2V(U_{IN} > 0)$，或者 $U_0 = -2V(U_{IN} < 0)$，输出电流 $I_0 \approx 1\mu A$。代入式 (6-17) 中得 $R_4 = U_0/I_0 = 200k\Omega$，通常取 $R_4 = 180k\Omega$。对于 2V 量程，$I_0 \approx 1\mu A$，积分电阻取 $1.8M\Omega$。

积分电阻值决定积分电流的大小。积分电阻值取得过小，积分电流会超出积分器的带负载能力，使输出电压趋于饱和；反之，积分电阻值取得过大，印制电路板上存在的漏电流会导致测量误差增大。

（2）积分电容 $C_{INT}(C_5)$ 的选择 积分时间常数由积分电阻和积分电容决定，$\tau = R_{INT}C_{INT}$。为保证线性积分，$\tau \gg T_1$，T_1 为正向积分时间。

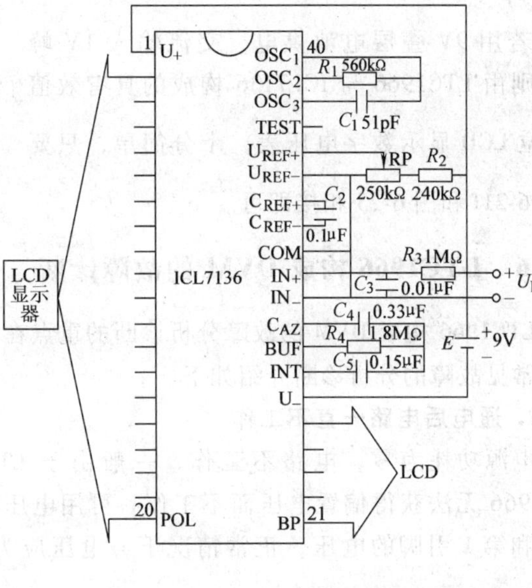

积分电容由下式估算：

$$C_{INT} = \frac{T_1}{R_{INT}U_0}U_{IN} \tag{6-18}$$

式中，U_{IN} 为输入电压。考虑到满量程时，$U_{IN} = U_M$，则

$$C_{INT} = \frac{T_1}{R_{INT}U_0}U_M \tag{6-19}$$

图 6-23 ICL7136 构成的 $3\frac{1}{2}$ 位 LCD 直流 DVM 电路

当测量速率选 3 次/秒时，$f_0 = 48kHz$，$T_0 = 20.8\mu s$。T_{CP} 为计数脉冲，$T_{CP} = 4T_0 = 83.2\mu s$，$T_1 = 1000T_{CP} = 83.2ms$。积分器满量程时的输出电压 $U_0 = 2V$。把 $R_4 = 180k\Omega$，$U_0 = 2V$，$T_1 = 83.2ms$，$U_M = 200mV$ 代入式 (6-19) 计算，得 $C_{INT} = 0.046\mu F$。C_5 取标称值 $0.047\mu F$。

当测量速率选 1 次/秒时，$f_0 = 16kHz$，$T_1 = 250ms$，可求得 200mV 量程时 $C_5 = 0.138\mu F$，取标称值 $0.15\mu F$。

积分电容应选用介质吸收系数小的金属壳可接地的聚丙烯电容器。

（3）自动调零电容 $C_{AZ}(C_4)$ 的选择 自动调零电容可消除芯片内缓冲器、积分器和比较器的输入失调电压。自动调零电容的大小还会对系统的噪声产生影响。

对于 200mV 量程，可适当增大自动调零电容器 C_4 的电容量，通常取 C_4 为 0.33μF 或 0.47μF。对于 2mV 量程，为提高从超量程状态恢复到正常测量状态的速度，应减小 C_4 的电容量，一般取 0.033μF 或 0.047μF。

上述外接元器件的选择公式及原则也适用于 ICL7126 构成的 DVM 电路。

6.6.5　LTC1966 构成的 DVM

LTC1966 与 ICL7106、ICL7136 系列 A/D 转换器相接即可构成真有效值数字电压表。LTC1966 与 ICL7106 相接的电路简图如图 6-24 所示。

若用 9V 叠层电池供电，交流输入 1V 峰值，则由 LTC1966 与 ICL7136 构成的真有效值 $3\frac{1}{2}$ 位 LCD 显示数字电压表，十分简单，只要把图 6-21f 和图 6-23 相接即可。

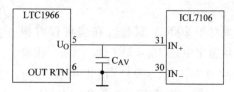

图 6-24　LTC1966 与 ICL7106 构成 DVM 电路简图

6.6.6　LTC1966 构成 DVM 的故障诊断

LTC1966 构成 DVM 的故障分析诊断的重点在 LTC1966 及其电路。现将 LTC1966 应用电路中常见故障的分析诊断介绍如下。

1. 通电后电路一直不工作

电源功耗为零，电路不工作，一般由于 LTC1966 的第 8 引脚未接低电平所致，因 LTC1966 无法获得偏置电压而不工作。可用电压测量法进行诊断，用万用表电压档测第 8 引脚和第 1 引脚的电压，正常情况下，电压应为零。解决方法是将第 8 引脚和第 1 引脚相连。

电源功耗不为零，电路不工作，单端输入时输出为零或几乎无输出，一般是因两个输入引脚未接通所致。断电后用电阻测量法进行诊断，用万用表电阻档测芯片输入引脚的焊盘、印制导线或连接电线是否焊接良好和相通，为防假焊，可用电烙铁重焊引脚的焊盘。

2. 当被测信号频率超过 10kHz 时输出信号中包含噪声电压

这是受到 LTC1966 本身频率特性限制所致。LTC1966 在 50Hz～1kHz 频率范围内，线性好、误差小、产生噪声电压很小，所以其输入频率一般应在 1kHz 以下。如要测大于 1kHz 交流电压，可在 LTC1966 输出端加接一个数字滤波器以滤除噪声电压。

3. 当波峰因数接近 4 时，出现较大测量误差

这一故障可通过适当增加平均电容的电容量予以解决。

4. 转换增益误差大，约为 1%，而无其他故障现象

在测试转换增益时，发现误差约为 1%。LTC1966 在规定的使用条件下正常工作时，转换增益误差仅为 0.1%。这一故障可能是由电路负载所致。故障原因有：

1）LTC1966 的输出电阻较大，为 85kΩ，带载能力差。尽管测试用的仪器输入阻抗较大，但仍会引起分流。若使用输入阻抗为 10MΩ 的数字万用表或 ×10 的示波器探头，则也

会引起 -0.85% 的转换增益误差。解决这一问题的方法是去掉分流负载或加一级输出缓冲器。若采用图 6-25 所示由运放 LT1880 组成的带缓冲器的二阶后置滤波器，可谓一举三得，除把高输出阻抗变为低输出阻抗外，还能滤除纹波电压，减小交流误差。上述 2、3 所出现的故障也能得到解决。

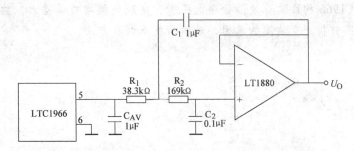

图 6-25 由运放 LT1880 组成的带缓冲器的二阶后置滤波器

2）平均电容 C_{AV} 漏电。这样相当于在 LTC1966 输出端并联了一个负载，可用替代法进行故障诊断。断电后焊脱平均电容器的一个引脚，换上一个质量好的同容量的金属薄膜电容器，通电重新测试，若恢复正常，则说明原电容器漏电。

思考题与练习题

6-1 简述数字电压表的检修程序。

6-2 数字电压表出现测量数字不停的故障称为_____故障。

6-3 积分编码式数字电压表出现调零不正常故障，主要是哪一部分有问题而引起的？

6-4 图 6-5 所示电路中，R_{20} 虚焊或断开，运放 A_1 的工作状态会发生什么变化？试分析故障现象。可用何种故障检测方法检查（两种以上）？检查时会观测到什么现象？

6-5 图 6-5 所示电路中，电位器 RP_2 滑臂触头接触不良，将会产生什么现象。

6-6 图 6-5 所示电路中，若 V_1 损坏，则该电路能否放大被测电压信号？为什么？

6-7 图 6-5 所示电路中，衰减度转换开关分几档？设量程置于 20mV 档，选 $D = 1/10$，则反馈系数 F 应选多大？通过计算加以说明。

6-8 积分编码式数字电压表出现数字"停零"、不能测电压现象，其故障原因通常有哪两种？

6-9 图 6-16 所示双积分单元电路图中，电容 $2C_1$ 的选择有何特殊要求？请说明理由。若时基脉冲频率为 200kHz，则 $2C_1$ 应选多大？

6-10 图 6-18 所示 SX1824 型数字电压表量程转换和前置放大单元电路图中，若 $3RP_5$ 滑动触头接触不良，则会产生什么故障现象？说明原因。

6-11 画出图 6-19 所示隔离电源的框图。

6-12 SX1824 型数字电压表发生跳字故障应如何检修？

6-13 在 LTC1966 型转换器用作三角波或正弦波测试时，波峰因数_____，外接平均电容 C_{AV} 选择范围为_____，一般选_____。在测量精度要求高的情况下，应选_____，例如_____电容器。

6-14 ICL7136 构成的 $3\frac{1}{2}$ 位 LCD 直流 DVM，外接积分电阻 R_{INT} 选择过大或过小，会出

现什么问题？一般情况下，对于 200mV 量程 R_{INT} 应选多大？对于 2V 量程 R_{INT} 应选多大？

6-15　图 6-23 所示 ICL7136 构成的 $3\frac{1}{2}$ 位 LCD 直流 DVM 电路图中，积分电容 C_5 应选何种电容器？为什么？

6-16　由 LTC1966 构成真有效值数字电压表，发现转换增益误差大，约为 1.5%，而无其他故障现象，试分析产生故障的原因，采用的故障诊断方法。

第7章 微机彩色显示器的原理与维修

根据目前微机使用中出现的故障统计，显示器的损坏，特别是开关电源、行输出、高压及行、场同步部分的故障占有较大的比重。本章对彩色 CRT 显示器的基本原理、维修方法进行了介绍。CRT 为阴极射线管 CATHODE-RAY TUBER 的缩写。

7.1 彩色显示器的基本工作原理

CRT 显示器不同于电视机，它直接受微机主机控制，主要由场扫描电路、行扫描电路、视频放大电路、CRT、显像管电路及电源电路组成。它省去了电视机中的公共通道部分、同步脉冲分离及伴音等部分，增加了同步信号处理电路，其电路组成较电视机简单。场扫描电路主要产生垂直方向的偏转电流；行扫描电路主要产生水平方向的偏转电流和 CRT 所需的高、中、低电压；视频放大电路将主机送来的信号经放大后送给 CRT，控制阴极电子束的发射；行、场扫描系统形成均匀的光栅，而光栅各像素的亮度、色彩由视频放大电路控制，要形成画面必须使行场振荡与主机提供的同步脉冲同步，所以加入了同步信号处理电路，使行场振荡频率同步于主机频率。

7.1.1 彩色 CRT

根据三基色原理可知，红(R)、绿(G)、蓝(B)三种基色按不同比例可以合成自然界中的多种颜色。彩色 CRT 就是根据三基色原理在屏幕上涂有红、绿、蓝三色荧光粉，再用电子枪发射三束电子束轰击三色荧光粉产生三种单色光。用来产生电子束的每支电子枪都有灯丝、阴极、控制栅极、加速电极、聚焦电极及高压阳极等。荧光粉小点直径为 0.05 ～ 0.1mm。它们按红、绿、蓝顺序地重复地在一行上排列，下一行与上一行小点位置互相错开，屏幕上每相邻的三个 R、G、B 荧光小点与各自的电子枪相对应，为了使三支电子束能准确地击中对应的荧光小点，在距离荧光屏幕 10mm 处设置一块薄钢板制成的网板，像罩子似的把荧光屏罩起来，称为荫罩板。板上有成千上万个小孔，每个小孔对准一组荧光小点，各电子枪发射的电子束，通过板上的小孔撞击各自的荧光粉而发出红光、绿光和蓝光。电子束的强弱决定对应荧光粉的亮度。彩色 CRT 的亮度一般是通过调节栅极与阴极之间的电位差来实现。当然，通过调节加速电压也可以实现，但加速电压一般比较高，容易出危险。所以加速电压由厂家调好后用户不宜调整。聚焦控制可调节聚焦电位器改变聚焦电压，以达到焦点准确、显示内容清晰的目的。消隐回扫线是采用专门的消隐电路，将行、场消隐脉冲加到视频放大级，使视放管(视频放大管)在行、场逆程期间截止，阴极电位增高，电子束不发射。

7.1.2 扫描电路

在光栅扫描过程中，矩形屏幕电子束从左至右逐个点扫亮称为行扫描。上、下扫描称为场扫描。由于行扫描频率较高，场扫描频率低，加之荧光粉的余辉效应，仔细看可以看出屏幕上一根根稍斜的细亮线。一行扫完回到左边的过程称之为行逆程。此时屏幕不亮，为行消隐。场扫描也称为帧扫描，一场扫完回到上面左上角的过程称为场逆程。

1. 行扫描电路

（1）行扫描电路的主要作用和要求　行扫描电路的主要作用和要求如下：

1）给行偏转线圈输送线性良好的锯齿波电流，形成 CRT 电子束水平扫描所必需的磁场。锯齿波电流的幅度应能使电子束在荧光屏上满幅度扫描，扫描速度均匀，线性良好，否则会出现图像水平方向过大或过小，部分拉伸或压缩。

2）供给 CRT 阳极高压，加速极、聚焦极所需中压及视放输出级（视频放大输出级）所需电源电压、灯丝电压等。

3）应与行同步信号同步，同步稳定可靠，不受外界干扰。

4）供给行消隐脉冲。

5）不干扰机内其他部分的正常工作。

（2）行扫描电路的组成　行扫描电路的组成框图如图 7-1 所示。

行扫描电路由 AFC 电路（自动频率控制电路）、行振荡器、行预激励、行激励电路和行输出级组成。目前的显示器，特别是彩色显示器中，把 AFC、行振荡及行预激励电路集成在一块芯片上，有的还与场扫描电路集成在同一芯片上。行激励及行输出电路一般有其独立的电路，高、中低压电源为附属电路。行扫描电路工作过程如下：

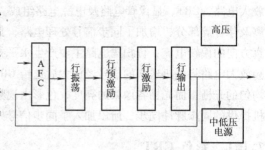

图 7-1　行扫描电路的组成框图

显示适配器送来的同步脉冲信号，一路送至场积分电路，另一路送往自动频率控制电路，与行频锯齿波比较电压进行相位比较，输出误差电压控制行振荡器的行振荡频率，使行振荡频率与发送端完全一致。

行振荡电路在集成电路中一般采用多谐振荡器，并外接 RC 定时电路。由行振荡电路产生行频脉冲，通过行预激励级放大后，经行激励（行推动）变压器送往行激励级与行输出级。采用行激励变压器是使行激励级与行输出级的阻抗匹配，以便最大地输出脉冲功率。

行激励级是一个脉冲功率放大器，经放大后的行频脉冲控制行输出管的开、关，使行偏转线圈中流过锯齿波电流。

行输出管集电极的逆程反峰脉冲，经行输出变压器（又称逆程变压器，俗称高压包）并通过整流、滤波电路，整流、滤波后得到所需的各种工作电压，其中包括阳极高压、聚焦极电压、灯丝电压、视频输出电压及其他所需电压。

行输出电路中一般都设置了显像管高压限制电路（X 射线保护电路），因为显像管阳极高压过高时，会产生过量 X 射线，影响人身健康。

2. 场扫描电路

（1）场扫描电路的作用和要求　场扫描电路的作用和要求如下：

1）场扫描电路应能供给场偏转线圈线性足够好、幅度足够大的锯齿波电流。

2）场振荡频率应能与场同步信号同步。

3）场频、场幅和场线性可以进行调整。

4）场扫描电路能稳定可靠地工作。

5）场扫描电路能供给场消隐信号。

（2）场扫描电路的组成　场扫描电路的组成框图如图 7-2 所示。

场扫描电路一般由场振荡器、场锯齿波形成电路、场激励电路、场推动电路及场输出电路组成。

其工作原理如下：

由显示适配器送来的同步脉冲信号，经积分电路输出场同步信号。场同步信号被送

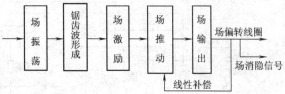

图 7-2　场扫描电路的组成框图

到场振荡级，使场振荡级输出的场频脉冲与场同步信号同步。由场振荡级输出的场频脉冲输入到锯齿波形成电路，以控制锯齿波的频率。形成的锯齿波经场激励、场推动电路放大及校正，并调整输出幅度，经场输出电路进行功率放大后输出，向场偏转线圈提供锯齿波电流。

7.1.3　视频驱动电路

1. 视频驱动电路的主要作用及要求

视频驱动电路的主要作用及要求如下：

1）增益足够大，视频信号电压满足显像管满幅调制所需的幅度。

2）频带宽，防止图像边缘轮廓模糊。

3）不能产生灰度失真。

4）对比度可调。

5）有保护输出管的措施，防止显像管内跳火时产生高压将输出管击穿。

2. 视频驱动电路的组成及工作原理

视频驱动电路的组成框图如图 7-3 所示。

视频驱动电路一般由前置级、放大级和末级平衡级组成。

工作原理：

显示卡送来的 R、G、B 信号，由前置级进行白平衡调整，然后送到放大级进行放大，放大电路将信号放大后再进行一次平衡调整，最后送到显像管阴极。

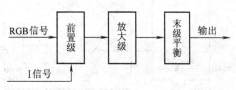

图 7-3　视频驱动电路的组成框图

I 信号为亮度控制信号，用来改变字符显示的亮度。

7.1.4　电源电路

彩色 CRT 显示器的电源部分绝大多数采用开关稳压电源。开关电源按负载连接形式分为并联型与串联型，按激励方式分为自励式和它励式。开关管多采用场效应晶体管。

7.2　典型彩色显示器电路分析

彩色显示器的种类和品牌繁多，但其基本原理大同小异。下面以 FM1439 型彩色显示器为例进行分析。FM1439 型微机彩色显示器的电路图如图 7-4 所示。下面对开关电源，三色视频放大电路，行、场扫描电路，行输出电路分别进行介绍。

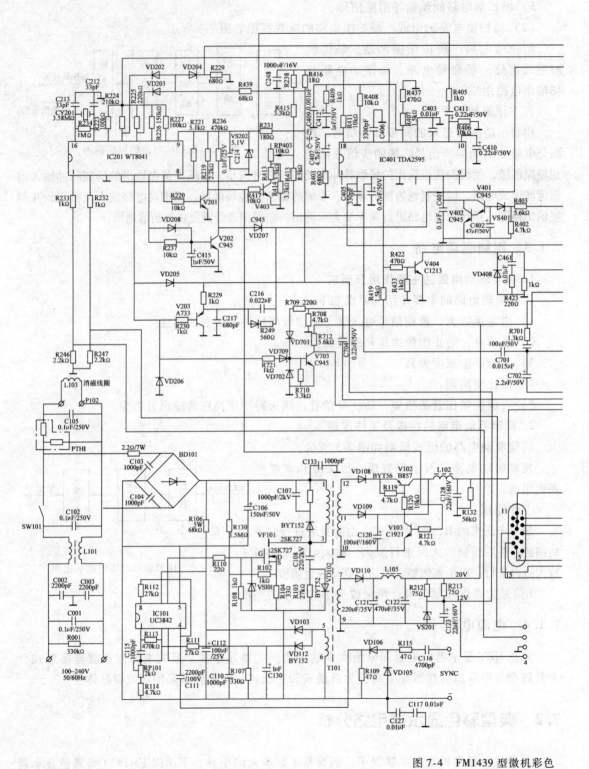

图 7-4　FM1439 型微机彩色

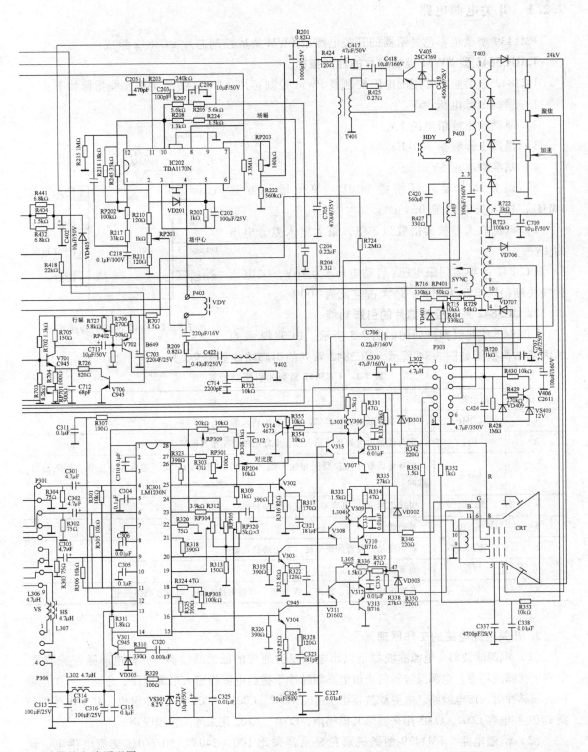

显示器的电路原理图

7.2.1 开关电源电路

FM1439 型微机彩色显示器的开关电源由 PWM 集成控制芯片 UC3842 组成。

1. UC3842 型 PWM 控制芯片的性能指标

UC3842 是工业中常用的电流控制型 PWM 控制芯片，UC3842 的主要性能指标如下：

1）最高电源电压 36V。

2）驱动输出峰值电流 1A。

3）最高工作频率 500kHz。

4）基准源电压 5V。

5）误差放大器开环增益 90dB，单位增益带宽 1MHz，输入失调电流 0.1μA。

6）电流放大器放大倍数为 3 倍，最大输入差分电压为 1V。

UC3842 的导通门限电压（启动电压）为 16V，欠电压封锁关断门限电压为 10V，最大占空比为 100%。

2. UC3842 系列控制芯片的引脚功能

UC3842 系列引脚排列图如图 7-5 所示。UC3842 系列的内部结构框图如图 3-34 所示。UC3842 系列的引脚功能如表 7-1 所示。

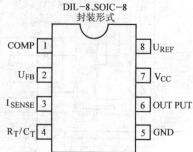

图 7-5　UC3842 系列引脚排列图

表 7-1　UC3842 系列的引脚功能表

引脚	标示符号	功　　能
1	COMP	内部误差放大器补偿脚，频率补偿输入端
2	U_{FB}	内部误差放大器反相输入端，取样反馈电压接至该脚
3	I_{SENSE}	内部电流取样比较器同相输入端，当该脚电压为 1V 时，芯片停止工作，关闭输出脉冲
4	R_T/C_T	外接电阻 R_T、电容 C_T 决定振荡器频率
5	GND	接地端
6	OUT PUT	输出驱动开关管的矩形波，为图腾柱式输出
7	V_{CC}	电源脚
8	U_{REF}	基准电压输出端，输出 +5V 电压，电流可达 5mA，可给外电路供电

3. 开关电源电路的工作原理

（1）电源滤波器　电源滤波器是以市电频率为通带的低通滤波器，亦称电源噪声滤波器、电磁干扰滤波器等。电源滤波器防止市电高频脉冲干扰经电源线窜入电源电路，也防止开关电源的高频脉冲引入市电线路。电源滤波器由 L101、C002、C003、C001 和 C102 组成，其中电感扼流圈 L101 和电容 C002、C003 用来滤除共模噪声，C001、C102 用来滤除差模噪声。

（2）消磁电路　FM1439 型微机彩色显示器采用 100～240V、50/60Hz 交流电供电。经消磁电阻 PTH1 给消磁线圈 L103 通电，以消除屏幕磁性。消磁电阻 PTH1 为正温度系数热敏元件。冷态时阻值小，开机瞬间大电流通过消磁线圈，产生强磁场，对显像管进行消磁。大电流通过消磁电阻时，消磁电阻马上发热，发热后 PTH1 的电阻值变得很大，只有很小的电流流过，维持消磁电阻发热，此时消磁线圈中电流极小，磁场很弱（可忽略不计）。当显示器一旦出现屏幕彩色色斑现象，大多是消磁电阻损坏开路所致。

（3）软启动及供电电路原理　交流电由桥堆 BD101 整流、电容 C106 滤波后，得到 300V 左右的直流电压。

UC3842 自身的供电电压在 10～30V 之间，低于 10V 时停止工作。在电路刚接通瞬间，电源电压由启动电阻 R106 和电容 C112 引入⑦脚，C112 充电，当⑦脚的电压升至 +16V 时，达到 UC3842 的启动电压，控制芯片开始工作，这种在电路通电后过一段时间才能工作的启动称为软启动。电路起振后，通过高频变压器 T101 的反馈绕组⑤、⑥引入交变电压，经 VD103 整流、C112 滤波后引入⑦脚供给工作电源。⑧脚能输出 5V 基准电压，它一是给芯片内部振荡器提供工作电源；二是经内部衰减后为误差放大器提供基准电压源；三是为内部其他电路提供工作电源。⑤脚接低电位。

（4）电路的振荡频率　UC3842④脚外接 R112、C111 决定芯片的振荡频率，振荡频率可由下式估算：

$$f_s(\mathrm{kHz}) = \frac{1.72}{R_{112}(\mathrm{k}\Omega)\,C_{111}(\mu\mathrm{F})} \tag{7-1}$$

UC3842 的振荡频率还可以与行频同步，图中 SYNC 表示行同步线圈，由绕在行输出变压器上的一匝软线提供行频脉冲信号，经 C116、R115、VD106、VD105、C111 等元器件送入 UC3842④脚。当行输出级正常工作时，开关电源的工作频率被行频锁定而同步工作。

（5）电源输出　UC3842⑥脚输出脉宽调制信号，通过限流电阻 R110、R108 加到开关管 V101 的栅极，控制 V101 的导通或截止，开关变压器一次绕组①、③通过脉冲电流，经二次绕组和反馈绕组输出三路电压。

第 1 路，由二次绕组⑫、⑪、⑩输出，经 VD108、VD109 整流，C120、L102、C128 滤波后，提供 100V 左右的高压给行输出管 V405 供电。显示器高、低压供电方式是由 IC201 的⑦脚输出信号（经 R220、V201、R121）控制 V103、V102 导通或截止。使输出电压升高可以弥补行扫描频率变化带来的额外损耗。

第 2 路，由二次绕组⑦、⑨输出，经 VD110 整流，C121、C122、L105 滤波后提供 20V 电压，由稳压管 VS201 提供 12V 低压电源。

第 3 路，由反馈绕组提供 UC3842 所需电源，并为 UC3842 提供电压取样信号，改变 UC3842 的输出高电平脉宽，改变占空比，以稳定输出电压。

（6）稳压原理　若电源的输出电压下降，则 T101 上反馈绕组⑤、⑥的反馈电压也下降，经 VD112 整流，由 R111 提供给②脚的反馈电压随之下降，经芯片内电路调整，使⑥脚输出的高电平脉冲宽度变宽，即占空比增大，开关管导通时间增大，从而使输出电压升高，输出电压达到稳定。

①、②脚接芯片内部误差放大器，R113 为放大器外接反馈电阻，和 C115 一起用以调整误差放大器的增益和频率响应。

（7）过电流保护和过电压保护　UC3842③脚为电流检测端，接 UC3842 内部的电流检测比较器。图 7-4 中开关管 V101 的源极电阻 R104（33Ω）为过电流检测电阻，对脉冲变压器一次侧电流进行采样，在 R104 上建立电压，并与电流检测比较器的参考电压进行比较，进而控制脉冲的占空比，使流过开关功率管的最大峰值电流受误差放大器控制，达到稳压目的。而当电源发生异常时，V101 的源极电流剧增，U_{R104} 剧增，$U_{R104} = 1V$ 时，就会使脉冲调制器处于关闭状态，⑥脚无调制脉冲输出，开关管不工作，起到保护作用。R102、C110 构成阻容滤波器。

开关管 V101 选用 2SK727 型 N 沟道 V—MOSFET 管。在开关管 V101 关断瞬间，高频变压器会产生尖峰电压，损坏开关管。图 7-4 中 C107、VD101 和 R101 组成第一吸收网络。当开关管 V101 关断时，一次绕组产生的尖峰电压使 VD101 导通，改由向 C107 充电，以限制尖峰电压峰值及上升速率，对开关管起到保护作用。C108、VD102 和 R103 组成第二吸收网络。当开关管 V101 关断时，一次绕组产生的尖峰电压向 C108 充电，因此限制尖峰电压的峰值及上升速率，对开关管起到保护作用。当开关管导通时，C108 上储存的电荷，沿 C108 →R103→地→R104→V101 回路泄放掉。VD102 在 C108 上电压达到其阈值电压时导通，以增大充电电流。

7.2.2 三色视频放大电路

三色视频放大电路由 IC301（LM1203N）组成。LM1203N 是彩色显示器专用的红、绿、蓝三通道宽带放大器。它包含三路单独输出的黑电平钳位比较器，由微机上的彩色显示适配卡（俗称显卡）通过图 7-4 中的 15 针插头的①、②、③脚接到显示器的 P301 插座。

1. LM1203N 的引脚功能

LM1203N 的引脚功能如表 7-2 所示。

表 7-2　LM1203N 的引脚功能表

引　脚	名　　称	标 示 符 号	引　脚	名　　称	标 示 符 号
1	电源 1	VCC1	15	B 钳位（+）	BCLP +
2	对比度电容	CON C1	16	B 视频输出	BOUT
3	对比度电容	CON C2	17	B 钳位（−）	BCLP −
4	R 视频输入	R_{IN}	18	B 驱动	BGAIN
5	R 钳位	R_{CLAMP}	19	G 钳位（+）	GCLP +
6	G 视频输入	G_{IN}	20	G 视频输出	GOUT
7	地	GND	21	G 钳位（−）	GCLP −
8	G 钳位电容	G_{CLAMP}	22	G 驱动	GGAIN
9	B 视频输入	B_{IN}	23	电源 2	VCC2
10	B 钳位电容	B_{CLAMP}	24	R 钳位（+）	RCLP +
11	2.4V 基准电压	V_{REF}	25	R 视频输出	ROUT
12	对比度控制	CONI	26	R 钳位（−）	RCLP −
13	电源 1	VCC1	27	R 驱动	RGAIN
14	钳位脉冲输入	CLAMP	28	电源 1	VCC1

2. LM1203N 的外接元器件及其作用

图 7-4 中 R304、R302、R303 为阻抗匹配电阻，C303、C302、C301 为输入耦合电容。

⑪脚输出 2.4V 参考电压，经电阻 R301、R305、R306 连到 R、G、B 的视频输入脚⑨、⑥、④，为各路放大器提供直流偏置。⑫脚用作对比度控制和亮度控制，RP309、RP308、RP204 组成对比度控制电路。RP204 安装在显示器外部，为对比度电位器，调节 RP204 可改变⑫脚上的电位，电位越高，对比度越强，文字或图像内容越亮。V314 组成自动亮度限制（ABL）电路，V314 左侧发射极所接电容 C312 用来滤除电位器旋动时产生的干扰。⑭脚输入负极性行频钳位脉冲，以使内部钳位电路工作，对⑤、⑧、⑩脚上的钳位电容 C304、C306、C305 进行充电，完成黑电平钳位功能，恢复由于采用电容耦合损失的直流分量。如⑭脚无钳位脉冲输入，则内部钳位电路不工作，钳位电容充不上电，显示光栅熄掉，屏幕上无任何显示。

⑯、⑳、㉕脚分别输出 R、G、B 视频信号。R326、R319、R316 分别为 LM1203 输出负载电阻。钳位负端⑰、㉑、㉖脚经电阻 R325、R318、R323 引入负反馈，可补偿因元器件工作不稳定而引起的直流电平漂移，起到稳定工作点的作用。

钳位正端⑮、⑲、㉓引脚上外接电路可控制 LM1203 内部放大器黑电平钳位的高低，因此电位器 RP303、RP305、RP320 起到暗平衡调节的作用。RP303、RP301 分别用来控制红、蓝两通道的增益，是亮度平衡调节电位器。

3. 电路工作原理

R、G、B 三色信号从 IC301 的④、⑥、⑨三脚输入，再从㉕、⑳、⑯三脚输出，经过（V302、V306、V307、V315）、（V303、V308、V309、V310）、（V304、V311、V312、V313）三组视频放大器放大后，分别控制显示器 CRT 的⑧、⑥、⑪脚，即三个电子枪的阴极，从而控制三色电子枪的电子流。显示器的灯丝电压由行输出变压器⑨、⑩脚提供脉冲电压，视频放大器末级电源由行输出变压器⑤脚经整流滤波后提供。三色信号流程如下。

15 针插头：

①　　　　　①输入 C301　　　④输出㉕——（V302——V315——V306——

②—→P301③—→C302——IC301⑥—→⑳——（V303——V308——V309——

③　　　　⑤　　C303　　　　⑨　　⑯——（V304——V311——V312——

V307）——→R　　　　　　⑧

V310）——→G　CRT　⑥

V313）——→B　　　　　⑪

7.2.3　行、场扫描电路

显示器的行、场扫描同步脉冲由微机通过 15 针插头中的⑬、⑭脚提供，接到视放板 P301 插座的⑧、⑨脚，再由 P306 插座转接到 IC201 的①、②脚上。IC201 是台湾伟铨公司专门为多频显示器生产的同步脉冲信号处理集成电路，型号为 WT8041。任意极性的行、场同步信号从①、②脚输入，经处理后再从④、⑥脚输出。IC201 的工作电压虽为 5V，但模式控制信号输出电平可通过上拉电阻，提高到 12V。其信号流程为：

15 针⑬——→P301⑧—→L307——→P306②—→IC201①输入——→IC201④输出

插头⑭——→P301⑨——→L306——→P306①——→IC201②输入——→IC201⑥输出

IC401 是行扫描集成电路，起到行振荡、鉴相和高压保护等作用。本机采用的型号为 TDA2595。TDA2595 的内部结构框图如图 7-6 所示。

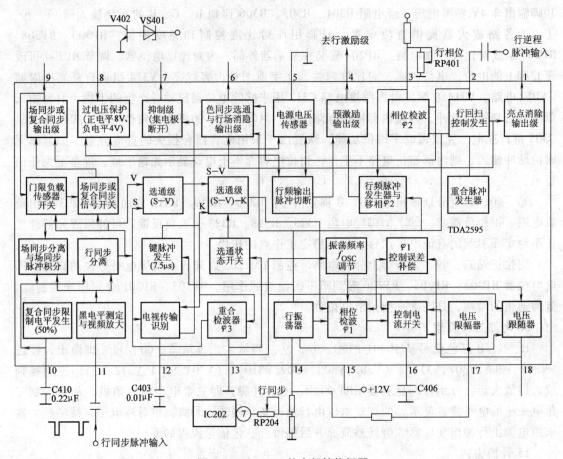

图 7-6 TDA2595 的内部结构框图

TDA2595 的引脚功能如表 7-3 所示。

表 7-3 TDA2595 的引脚功能表

引　脚	标 示 符 号	功　能	引　脚	标 示 符 号	功　能
1	Output Stage	亮点消除输出级	10	Composite Sync	复合同步限制
2	Flyback Pules	行逆程脉冲输入端	11	Composite Video	复合视频信号输入
3	Phase Detector $\varphi2$	鉴相器 $\varphi2$	12	Trans Identification	传输识别
4	H. Output	行激励输出	13	Coin Detector $\varphi3$	重合检波器 $\varphi3$
5	Supply Voltage Sensor	电源电压传感器	14	Osc	行振荡器
6	V. Blanking Pulse	场消除脉冲输出	15	Phase Detector $\varphi1$	鉴相器 $\varphi1$
7	Mute	抑制端	16	Osc	行振荡器
8	Protection	过电压保护	17	Voltage Limiter	电压限幅器
9	V. Composite Sync	场（复合）同步	18	Voltage Follower	电压跟随器

IC202 是场振荡和场输出集成电路，型号为 TDA1170N，该电路为大多数显示器所采用。TDA1170N 的引脚排列如图 7-7 所示，其内部结构框图如图 7-8 所示。IC201④脚输出的行同步信号送入 IC401 的⑪脚，经处理后从④脚输出，去驱动行推动管 V404，经 T401 耦合，推动行输出管 V405。IC401 的②脚是行逆程脉冲输入端，用于控制行同步。

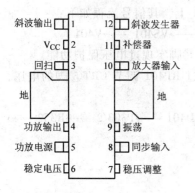

图 7-7　TDA1170N 的引脚排列

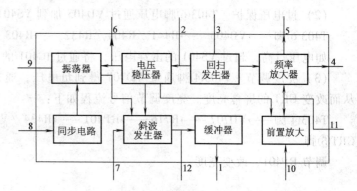

图 7-8　TDA1170N 的内部结构框图

TDA1170N 的引脚功能如表 7-4 所示。

表 7-4　TDA1170N 的引脚功能表

引　脚	标 示 符 号	功　　能	引　脚	标 示 符 号	功　　能
1	RAMP OUTPUT	斜波输出	7	HEIGHT ADJ	场幅控制
2	V_{CC}	电源	8	SYNC INPUT	场同步信号输入
3	FLYBACK	回扫发生器	9	OSCILLATOR	场振荡器（接地）
4	POWER AMP OUTPUT	偏转功率输出	10	AMP INPUT	放大器输入
5	POWER AMP SUPPLY	功率输出电源	11	COMPENSATION	负反馈输入
6	REGULATED VOL	场振荡频率控制的阻容元件	12	RAMP GENERATOR	斜波发生器

由于 IC202 功耗较大，除了将该电路的散热片接地外，还需外加散热器。该器件工作时温度较高，容易因发热引起脱焊而造成场扫描故障。

7.2.4　行输出电路

连在行输出变压器 T403 一次绕组上的行偏转线圈，通过枕形校正变压器 T402 接地，行幅调节器 RP402 改变 V702 的电流，通过枕形校正变压器调节行幅。

行输出变压器 T403 的二次绕组，一路经多级升压、整流后得到 24kV 超高压，接到显示器 CRT 的高压嘴上，并通过聚焦、加速电位器分别将不同高压接到 CRT 的①、⑦脚。注意：CRT 的①脚电压较高，一般直接接引线到管座上面，不在印制电路板上引出，以免引起周围元件靠近而放电。显示器出现图像模糊的故障时，大多是由该引脚在管座上绝缘下降放电而造成的，更换管座即可。

T403 另几组绕组的功能分别为：

（1）提供视频放大电路主电源　变压器 T403 的⑤脚提供视频放大电路主电源。视频放大电路供电电源回路如下：

$$T403⑤ 脚 \longrightarrow VD706 \longrightarrow P303① \longrightarrow L302 \begin{cases} R331 \longrightarrow V306、V307 \\ R334 \longrightarrow V309、V310 \\ R337 \longrightarrow V312、V313 \end{cases}$$

（2）过电压保护　T403⑥脚电压通过 VD405 加到 VS401 上，其信号流程如下：

T403⑥脚——→VD405——→R441∥R404∥R432——→R403——→VS401——→V401

如电压过高，超过 VS401 的击穿电压，将通过 IC401 的⑧脚实现过电压保护功能。

（3）亮度调节　T403④脚通过 VD707 得到负电压，通过 RP401 调节 CRT⑤脚的电压，从而改变 CRT 的屏幕亮度。亮度调节信号流程如下：

T403④脚——→VD707——→R716——→RP401——→R434∥VD401——→P303②——→R352——→CRT⑤脚

调节 RP401，改变亮度

7.3　显示器维修的基本知识

微机彩色显示器电路较复杂，与其他电子设备相比有其特殊性。在维修过程中，应研究其特殊性和与其他设备的共性，提高维修效率。

7.3.1　维修准备工作及维修注意事项

1. 维修准备工作

维修前要做好以下工作：

1）修理前应了解电路原理，信号流程及正常状态下各点的工作电压、波形，准备好电路原理图、印制电路板图及相应资料。

2）准备好必要的测量工具、仪器及易损备用元器件。

3）打开后盖前应了解机壳结构，以免损坏外壳。

4）询问用户，了解显示器损坏过程。

2. 维修注意事项

微机彩色显示器有其特殊性，维修过程中要注意以下几个问题：

1）检修 CRT 显示器时应在市电与电源输入端加入 1:1 的隔离变压器，以防开关电源底盘带电，危及人身安全。

2）检修内部电路时必须关断电源，手不要触及高压。

3）装卸、挪动和处理显像管时，必须带上防爆玻璃做的防目镜。显像管的高压极用一只 10kΩ/2W 电阻对地多次放电。（注意：必须先关断电源，且不可对石墨层放电）。取下高压帽后，小心托住屏面，不要用硬物碰管颈，尤其不能碰抽气孔，以防漏气损坏显像管。通电维修时，应特别注意衣服不要挂着视放板，以防损坏显像管，甚至发生爆炸事故。

4）检修时应清除工作台面，以防修理台面上的杂物接触电路，造成短路。

5）不可随意用大容量熔断器代替小容量熔断器，熔断器熔断后，在未查明故障原因的情况下，不可随意更换新熔断器，以防扩大故障，损坏其他元器件。

6）当屏幕上出现一个亮点或一条亮线时，应将亮度关小，以免烧坏荧光屏。

7）不可随意调节机内微调元器件，或变动机内连线。

8）更换高、中频回路电容时，应保持与它相连的导线位置和参数不变。

9）更换元器件时一定要断电，元器件型号要一致。

10）不可采用高压放电方法检测高压，以防损坏行输出管或高压整流器件。

11）不可随意提高开关电源的输出电压，使显像管产生对人体有损害的过量 X 射线，也容易损坏元器件。

12）通电试验时，不可将开关电源的主负载全部断开，以防击穿开关管，也不要拆除保护电路。

7.3.2 故障检修的一般顺序与基本规则

1. 故障诊断、检修的一般顺序

彩色显示器故障诊断、检修的顺序如下：

1）首先从外观检查机内有无故障痕迹，如烧焦，脱焊，熔断器熔断，电容器炸开和漏液等。

2）从各方面了解故障症状，充分发挥可调旋钮的作用，观察故障症状的变化。

3）根据故障症状推断可能发生故障的部位。

4）检查故障电路，缩小故障范围。

5）找出故障元器件。

6）调换损坏元器件，必要时应加以调试。

7）检修结束后，通电观察机器工作是否正常。

2. 故障检修的基本规则

在检修过程中，首先应检修光栅故障，没有光栅其他故障的诊断就无法进行。检修光栅故障主要是检查光栅质量，看其是否可调，有无畸变，有无回扫线。光栅正常后再检查字符是否正常，黑白字符应字迹清晰、稳定、大小合适、层次分明及中心位置正确。最后检查色彩是否正常，色彩应纯正不偏色、彩色均匀、无色斑和无爬行现象。

一般，光栅亮度的故障部位在电源电路、显像管电路、行扫描电路及 CRT 本身。光栅畸变的故障部位在线性调整电路、枕形失真调整电路。回扫线部分的故障部位主要在消隐电路或亮度钳位电路、CRT 碰极等。色彩故障一般发生在视频放大电路和显像管电路。

7.3.3 主要电路发生故障时的征兆

1. 行扫描电路的故障征兆

这部分出现故障将会使整机失去高压，显像管无光，AFC 电路失去比较脉冲，无消隐脉冲而使整机失常。还会引起光栅水平方向畸变、行幅不足或过大、不同步，光栅中央出现一条垂直亮线等故障现象。这部分是整机耗电最大的部分和电压最高的部分，故障率较高。

2. 场扫描电路的故障征兆

这部分发生故障时，在屏幕上只有一条横亮线或亮带，还会出现场线性不好、场幅过大或过小、场不同步及卷边等故障现象。

3. 视频放大电路的故障征兆

这部分发生故障主要产生无显示、偏色或白平衡失调等故障现象。

4. 电源电路的故障征兆

这部分是整机工作的关键部分，损坏后会使主机不工作或部分不工作，导致整机工作失常，造成无光栅，显示内容失真、扭动，纹波增大或光栅出现暗角等故障现象。

5. 同步信号处理电路的故障征兆

这部分出现故障会使图像行、场不同步或水平方向出现多幅图像等故障现象。

6. 消磁电路的故障征兆

这部分出现故障会使屏幕出现色斑，色彩发生畸变。

7.4 微机彩色显示器故障诊断与检修实例

微机彩色显示器的维修以 FM1439 彩色显示器的典型故障为例进行介绍。

7.4.1 无光栅、无图像故障的诊断与检修

1. 故障分析

彩色显示器无光栅、无图像故障，通过对显示器电路框图和电路图分析可知，可能出现在总电源电路、行扫描电路或馈电高、中压电路。

2. 故障诊断

（1）应用观察法进行直观检查　首先采用观察法进行初步表面检查。打开显示器后盖，观察熔丝的状态。如果熔丝完好无损，则表明电源部分无明显故障，故障可能出现在行输出级电路中；如果熔丝烧断，则表明电源部分有短路故障。

（2）用通电观察法检查 CRT 灯丝情况　将显示器通电，观察 CRT 灯丝是否亮。如果灯丝亮，则说明行扫描部分工作基本正常，故障可能在高、中压部分或管座；如果灯丝不亮，则故障可能在行扫描电路部分。

（3）应用测量电阻法检测短路故障　如果熔丝烧断且熔丝管发黑，则说明电源部分有严重短路故障。可用万用表电阻档进行检测，检测步骤如下：

1）用万用表电阻档检测图 7-4 所示 FM1439 型彩色显示器电路中 BD101 整流桥堆是否有某个二极管击穿短路。

2）检测 V101 的 D、S 极是否击穿。

3）检测滤波电容 C106 是否短路或严重漏电，高频滤波电容 C001、C002、C003、C102、C103、C104 是否严重漏电或短路击穿。

若熔丝烧断但熔丝管不发黑，则表明电源部分有短路故障，但不太严重。可能是行输出管 V405 击穿或阻尼二极管击穿，逆程电容 C410 击穿或严重漏电，也可能是浪涌电流的冲击将熔丝烧断。同样，应用测量电阻法检测上述元器件，找出故障部位。

（4）用测量电压法检测电源电压和关键节点电压　如熔丝正常，灯丝不亮，则可采用测量电压法检测主电源电压是否正常。若主电源电压不正常，则先检查行输出管各管脚阻值是否正常。若行输出管正常，则故障可能在开关电源本身，逐一检查各元器件。若主电源正常，则检查行扫描部分电压。

3. 故障检修流程

无光栅、无图像故障（黑屏）的检修流程可按图 7-9 所示的流程进行。

7.4.2 水平一条亮线故障的诊断与检修

1. 故障分析及故障诊断

经验表明，水平一条亮线说明场扫描电路有故障，FM1439 彩色显示器中的 IC401（TDA2595）是行、场扫描电路控制核心芯片，为双列直插式塑封结构。部分进口彩色显示器

如 AST、TYSTAR、ERGO 以及国产长城彩色显示器等都使用 TDA2595 作行、场扫描电路控制核心芯片。

　　IC202 型号为 TDA1170N，它是一个 12 引脚双列直插式塑封结构的场扫描集成电路芯片，它在显示器及其他电视机等电路中被广泛应用。其内部具有同步电路、振荡和斜波发生器、高增益放大器、回扫发生器及电压稳压器等电路，具有完整的偏转系统。

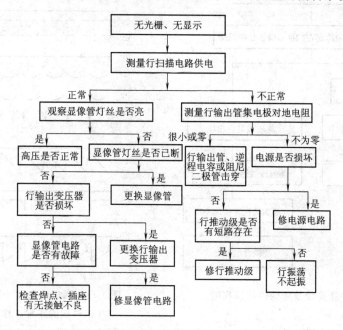

图 7-9　无光栅、无图像故障的检修流程

　　检修时，先用测量电压法检查供电电源是否正常。若场供电电源不正常，则检查 R201 及供电电路。若 R201 开路，则一般 IC202 损坏。若供电电源正常，则继续用测量电阻法检查场偏转线圈是否开路。若偏转线圈正常，则检查 IC202 及其外围元器件。

　　2. 故障检修流程

　　水平一条亮线故障的检修流程如图 7-10 所示。

7.4.3　水平不同步故障的诊断与检修

　　1. 故障分析及检查

　　水平不同步可能是主机同步脉冲未输入显示器，也可能是行振荡频率不对或 AFC 电路工作失常，也有可能是行同步信号处理电路出现故障。

　　2. 故障诊断与检修

　　波形法是彩色显示器故障诊断中准确、有效的方法。P301 为 FM1439 彩色显示器的微机信号引入插座，微机输入显示器的 15 芯信号线的正常工作波形如图 7-11 所示。

　　检测故障时，用示波器测量 P301 各引脚波形并与图 7-11 对照。若不一致，则说明故障在微机主机部分；若各引脚波形均正常，则说明故障在彩色显示器部分。接着检查 IC401（TDA2595）各脚直流电位是否正常。如正常，则用替代法更换 IC201（WT8401）同步信号处理芯片，该芯片出现故障常引起行不同步、水平方向出现多个图像或屏幕上出现斜条。

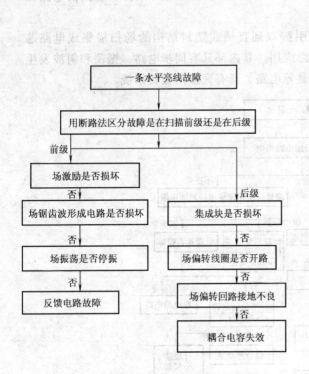

图 7-10　水平一条亮线故障的检修流程图

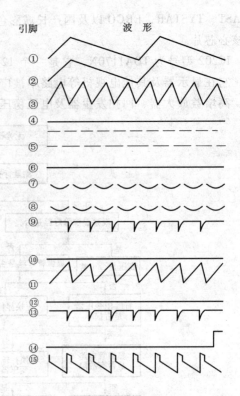

图 7-11　微机输入显示器的 15 芯
信号线的正常工作波形

7.4.4　字符显示有轻微的横向抽动及机内传出"吱吱"声故障的诊断与检修

1. 故障分析

显示器光栅的亮度、场幅和行幅均正常，字符显示正确、完整。彩色图像的色彩正常，但从屏幕上可以看到轻微断续的字符横向抽动，仔细听还在字符抽动的同时传出"吱吱"叫声。由于光栅正常；说明电源电路，行、场扫描电路正常；由于显示内容完整，彩色正常，说明视频电路，同步电路及 R、G、B 三色信号没有问题。故障可能发生在显像管电路，从抽动很轻微的表现来看，不像是电路振荡频率偏离。结合机内传出"吱吱"叫声，估计是高压电路有接触不良或高压放电造成。

2. 故障诊断与检修

1）打开机盖，清除机内积尘。因积尘等可能使高压部分绝缘电阻值下降，造成高压放电。

2）用直觉法检查显像管电路，若未发现有明显异常，则整理好机内元器件位置。

3）将显示器通电，用通电观察法进行观察，在较暗处发现显像管高压嘴与高压帽处有断续紫色光亮，表明该处有高压放电。

4）将电源关断，高压放电后拆下高压帽，若发现高压线与高压嘴处接触不良，则将该处重新清洁焊好后开机试验，故障排除。

注意： 显像管除尘时不可将显像管外壳上的石墨层擦掉，该石墨层可形成高压电容，还具有静电屏蔽的作用，以减少外磁场或电场对显示内容的影响。

7.4.5　字符显示颜色偏紫色故障的诊断与检修

1. 故障分析

CRT 有字符显示说明显示器电源电路，行、场扫描电路及同步信号处理电路工作均正常。根据彩色显示器原理，产生字符显示颜色不正常的主要原因有以下几种：

1）亮度信号不正常。

2）视频 R、G、B 三色信号不正常。

3）显像管工作电压不正常。

若偏色严重，则估计多为 R、G、B 三色信号不正常所致。

2. 故障诊断与检修

1）用改变现状法，调节亮度、对比度电位器。若调节亮度，字符颜色仍未改变，则表明亮度信号正常。

2）用改变现状法，调节 R、G、B 三个末级视放黑白平衡电位器，字符颜色可改变，但恢复不了正常颜色。

3）用测量电压法，测量视频输出管 C 极电位均正常，但显像管阴极⑥脚电位不正常。

4）断电后用测量电阻法检测电阻 R342、R350 均正常，测得 R346 开路。

5）因 R346 开路阻断 G 信号的传输，使三个电子枪缺少绿枪，致使字符显示偏紫色。

6）用同型号电阻替换，字符颜色变化较大，但仍不能达到要求。

7）估计为黑白平衡调整时使其末级三色比例失调所致，按 $Y = 0.11B + 0.59G + 0.30R$ 重新调整黑白平衡电位器，使字符显示正常。

思考题与练习题

7-1　填空题

1. 检修 CRT 显示器时，应在市电与电源输入端加入_____，以防开关电源底盘带电危及人身安全。

2. 在彩色显示器检修过程中，首先应检修_____故障，没有_____其他故障的诊断就无法进行。

3. 在对高压电路进行故障诊断的过程中，不可采用高压放电方法检测高压，以防损坏_____或_____元器件。

4. 彩色显示器出现无光栅、无图像故障时，故障可能出现在_____电路或_____电路。

5. 在彩色显示器维修通电试验时，不可将开关电源_____全部断开，以防击穿开关管，也不要拆掉_____电路。

7-2　简答题

1. 简述微机彩色显示器的基本组成。

2. 简述微机彩色显示器行、场扫描电路的作用和基本组成。

3. 简述微机彩色显示器故障诊断、检修的顺序。

4. 根据以下故障现象进行故障分析。

①屏幕出现彩色色斑。②水平一条亮线。③行不同步。④缺少红色。⑤电源指示灯亮，无光栅。

附　　录

附录 A　XJ4328 型示波器电路图

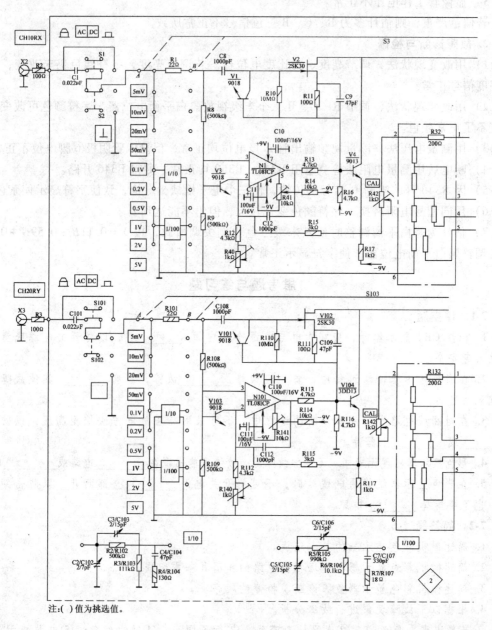

注:( )值为挑选值。

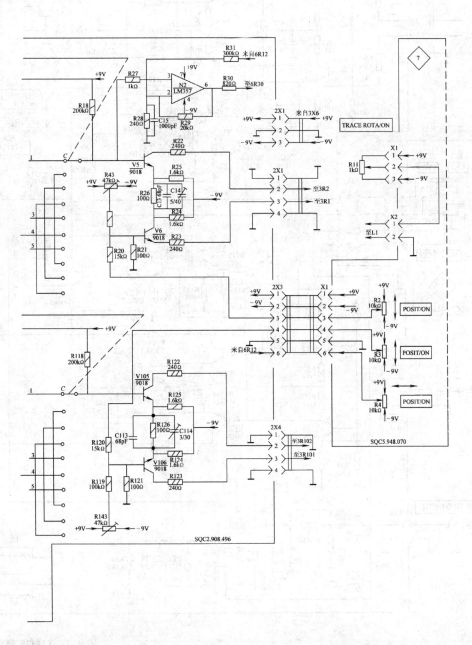

垂直输入电路图

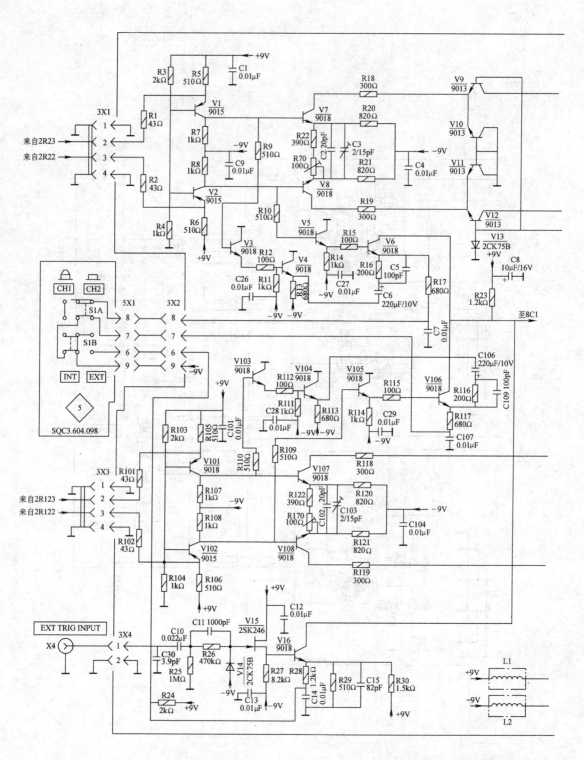

图 A-2　XJ4328 型示波器

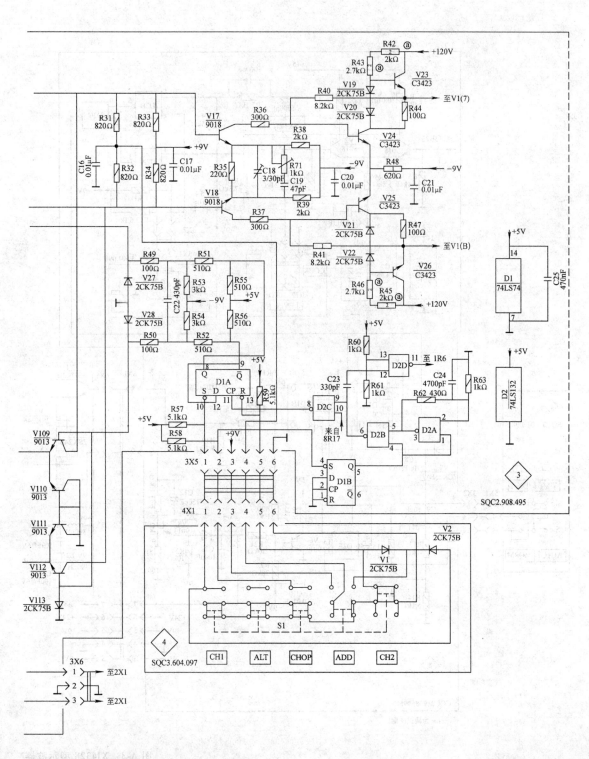

垂直开关和放大电路图

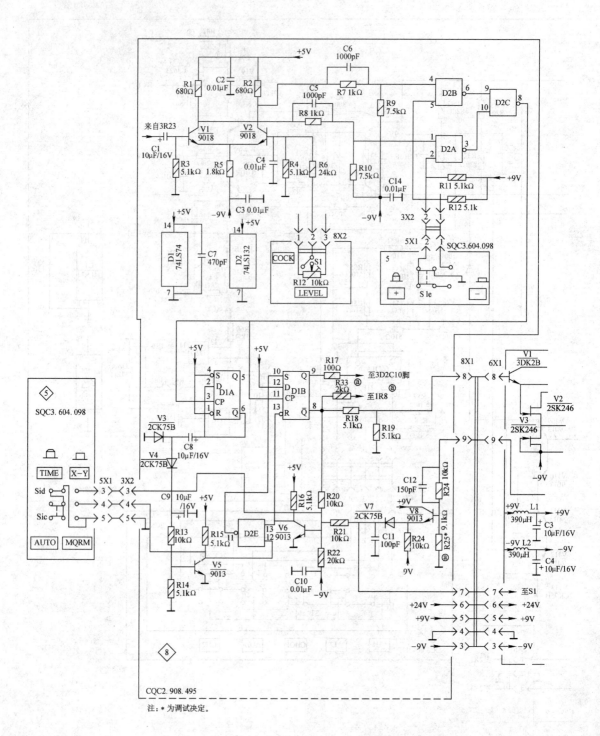

图 A-3 XJ4328 型示波器

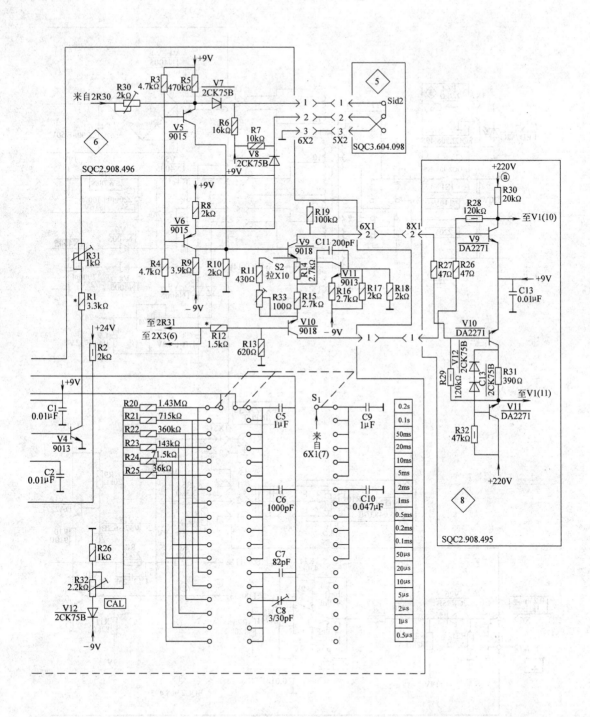

水平通道电路图

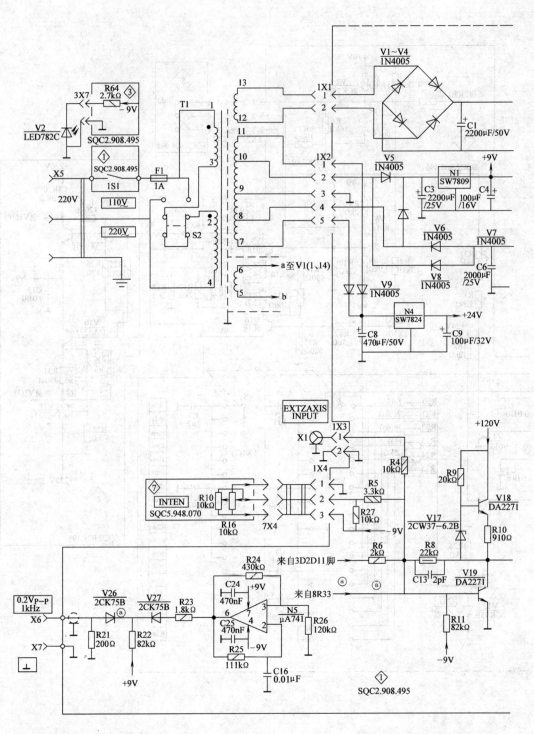

图 A-4　XJ4328 型示波器

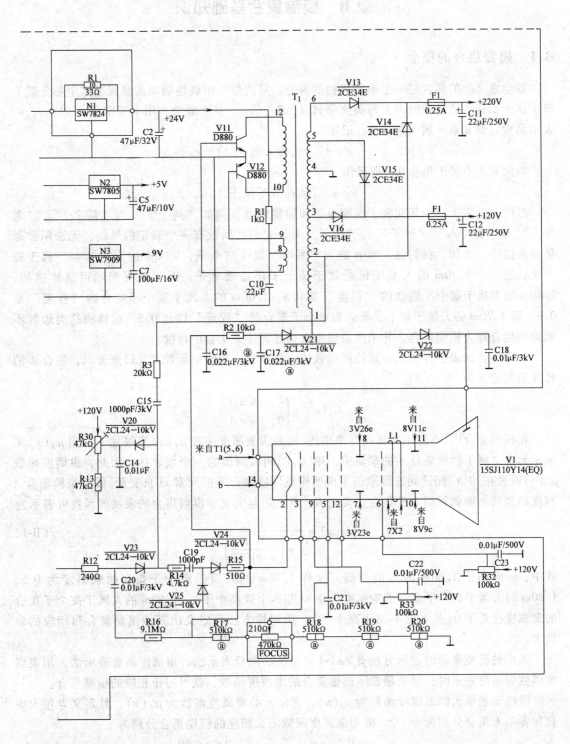

电源及示波管电路图

附录 B 模糊集合基础知识

B.1 模糊集合的概念

数学意义上的集合是一个确定事物的集合。可清楚、明确地确定元素属于这个集合或不属于这个集合。通常我们用大写英文字母 A、B、C、…表示集合，用小写字母 a、b、c、…表示元素，如元素 a 属于集合 A，记作

$$a \in A \quad （读作 a 属于 A）$$

如元素 b 不属于集合 A，则记作

$$b \notin A \quad （读作 b 不属于 A）$$

然而，现实生活中却充满了模糊事物和模糊概念，例如"高个子"与"矮个子"、"老年人"与"青年人"、"胖子"与"瘦子"等，它们之间没有一个确定的界线，无法用普通集合来描述。比如，我们说 1.80m 的人"基本"属于高个子，1.60m 的人"基本"属于矮个子，而一个 1.70m 的人就难说是属于高个子还是矮个子。对于这类问题可这样描述：1.80m 的人属于高个子集合的"程度"是 0.8，1.60m 的人属于矮个子集合的"程度"是 0.8，而 1.70m 的人属于高个子集合和矮个子集合的"程度"均为 0.5。这样将这类边界不明确的集合称为模糊集合，并采用隶属度来描述属于某集合的程度。

普通集合的表示方法之一是特征函数法，就是集合用特征函数 $C_A(x)$ 来表示，集合 A 的特征函数定义为

$$C_A(x) = \begin{cases} 1, & x \in A \\ 0, & x \notin A \end{cases}$$

在模糊集合中，不能用特征函数来描述，而是用隶属度函数 $\mu_A(x)$ 来描述。即用 $\mu_A(x)$ 来表示元素 x 属于模糊集合 A 的隶属度，用 $[0,1]$ 闭区间里的一个数表达。因此，隶属度函数 $\mu_A(x)$ 通过在 $[0,1]$ 闭区间连续取值来说明构成模糊集合 A 的元素 x（自变量）属于模糊集合 A 程度的高低。例如将高个子集合定义为 G，则上述某人属于模糊集合的隶属度函数可表示为

$$\mu_G(x) = \cfrac{1}{1 + \left(\cfrac{0.1}{x - 1.60}\right)^2} \tag{B-1}$$

式中，x 为高于 1.60m 的人的身高。这样 1.70m 的人属于高个子集合的隶属度为 0.5，1.80m 的人属于高个子集合的隶属度为 0.8（基本上算高个子），1.60m 的人属于高个子集合的隶属度接近于 0（基本上不属于高个子）。用同样方法可定义出其他模糊集合和相应的隶属度。

常用的模糊集合的表示方法有 Zaded 表示法、向量表示法、隶属度函数表示法。用隶属度函数表示法表示时，只要确定了模糊集合的隶属度函数，就可写出相应的模糊集合。

设已知老年人的隶属度函数为 $\mu_L(x)$，青年人的隶属度函数为 $\mu_Q(x)$，且定义老年人集合和青年人集合分别为 L、Q，则用隶属度函数定义相应的模糊集合分别为

$$\mu_L(x) = \begin{cases} 0, & 0 \leqslant x \leqslant 50 \\ \left[1 + \left(\cfrac{x - 50}{5}\right)^2\right]^{-1}, & 50 \leqslant x \leqslant 100 \end{cases} \tag{B-2}$$

$$\mu_Q(x) = \begin{cases} 1, & 0 \leqslant x \leqslant 25 \\ \left[1 + \left(\dfrac{x-25}{5}\right)^2\right]^{-1}, & 25 \leqslant x \leqslant 100 \end{cases} \tag{B-3}$$

B.2 隶属度函数及其确定

在普通集合论中，描述集合的特征函数只允许取 0、1 两个值，它与二值逻辑相对应。而模糊集合论中，为描述客观事物的模糊性，将二值逻辑推广至整个闭区间 $[0,1]$ 中的任意连续值，从而将普通集合论中的特征函数推广至模糊集合论的隶属度函数。

隶属度函数定义为表征某元素隶属于某集合的程度。它与特征函数的含义相类似，它不仅可以取 0 和 1，还可取 0 至 1 之间的小数值。当隶属度函数取值越接近于 1 时，隶属于集合的程度就越高。隶属度函数是模糊集合应用的基础，能否正确构建隶属度函数是应用好模糊集合的关键。

模糊统计法是确定隶属度函数的主要方法。这种方法依据试验，首先对论域 U 上的确定元素是否属于给定模糊集合作出清晰判断，并对结果进行统计后得出隶属度函数。模糊统计法确定隶属度函数的一般步骤结合对模糊集合"青年人" N 为例进行介绍，步骤如下：

① 选取一个论域，例如年龄论域 $U = [0, 100\ \text{岁}]$。

② 在论域中选择一个固定元素 $u_0 \in U$，例如 $u_0 = 27$ 岁。

③ 选取一定数量的专家或人群，测试每个人对于集合元素属于模糊集合的认识，统计后获得该元素的隶属度。如对于元素 $u_0 = 27$ 岁，设总测试人数为 n，认为 $u_0 \in U$ 的人数为 n_0，则认为 $u_0 \notin U$ 的人数为 $(n - n_0)$。则元素的隶属度定义为

$$u_N(u_0) = \lim_{n \to \infty} \frac{n_0}{n} \tag{B-4}$$

④ 重复②、③步骤，在论域 U 中选择不同的元素，并由式 (B-4) 计算获得相应的隶属度，以获得整个集合的隶属度函数。

参 考 文 献

[1] 林其鍫. 智能仪器检测技术[M]. 北京：人民邮电出版社，1990.

[2] 孙梅生，等. 电子技术基础课程设计[M]. 北京：高等教育出版社，1989.

[3] 诸邦田. 电子电路实用抗干扰技术[M]. 北京：人民邮电出版社，1996.

[4] 张松春，等. 电子控制设备抗干扰技术及其应用[M]. 2版. 北京：机械工业出版社，1995.

[5] 张连春. 收音机扩音机录音机和电视机用稳压电源制作[M]. 北京：人民邮电出版社，1995.

[6] 张肃文. 高频电子线路[M]. 北京：人民教育出版社，1983.

[7] 孙义芳，庄慕华. 电子技术基础实验[M]. 北京：高等教育出版社，1992.

[8] 谢自美. 电子电路设计、实验、测试[M]. 武汉：华中理工大学出版社，1994.

[9] 蒋焕文，孙续. 电子测量[M]. 北京：中国计量出版社，1998.

[10] 朱文华. 电子测量仪器[M]. 南京：东南大学出版社，1998.

[11] 王忠信，等. 微型计算机故障诊断与维修实用技术（二）（显示器、显示适配器部分）[M]. 北京：人民邮电出版社，1992.

[12] 潘新民，王燕芳. 单片微型计算机实用系统设计[M]. 北京：人民邮电出版社，1992.

[13] 沙占友，等. 新型特种集成电源及应用[M]. 北京：人民邮电出版社，1999.

[14] 陈梓城. 电子技术实训[M]. 北京：机械工业出版社，1999.

[15] 沙占友，等. 新编实用数字化测量技术[M]. 北京：国防工业出版社，1998.

[16] 茅中良. 常用电子测量仪器使用与维修手册[M]. 上海：上海科学技术出版社，1993.

[17] 刘明晶. 通用电子测量仪器[M]. 北京：航空工业出版社，1990.

[18] 王江. 现代计量测试技术[M]. 北京：中国计量出版社，1990.

[19] 张永瑞，等. 电子测量技术基础[M]. 西安：西安电子科技大学出版社，1994.

[20] 彭妙颜，等. 常用电子仪表的使用与维护[M]. 广州：广东科技出版社，1998.

[21] 赵中义. 示波器原理、维修与检定[M]. 北京：电子工业出版社，1990.

[22] 顾德均，等. 航空电子装备修理理论与技术[M]. 北京：国防工业出版社，2001.

[23] 沙占友. 新型数字电压表的原理与应用[M]. 北京：机械工业出版社，2006.

[24] 沈任元，吴勇. 模拟电子技术基础[M]. 北京：机械工业出版社，2000.

[25] 沈任元，吴勇. 常用电子元器件简明手册[M]. 北京：机械工业出版社，2000.

[26] 梅郴. 常用电子仪表的使用与维护[M]. 北京：人民邮电出版社，1995.

[27] 李行善，左毅，孙杰. 自动测试系统集成技术[M]. 北京：电子工业出版社，2004.

[28] 李昌禧. 智能仪表原理与设计[M]. 北京：化学工业出版社，2005.

[29] 杨辉，王金章. 模糊控制技术及其应用[M]. 南昌：江西科学技术出版社，1997.

[30] 杨振江，蔡德芳. 新型集成电路使用指南与典型应用[M]. 西安：西安电子科技大学出版社，1998.

[31] 杨江平. 电子装备维修技术及应用[M]. 北京：国防工业出版社，2006

[32] 尤德斐. 数字化测量技术[M]. 北京：机械工业出版社，1980.

[33] 杨克俊. 电磁兼容原理与设计技术[M]. 北京：人民邮电出版社，2004.

[34] 周旭. 电子设备防干扰原理与技术[M]. 北京：国防工业出版社，2005.

[35] 陈梓城. 模拟电子技术基础[M]. 北京：高等教育出版社，2003.

[36] 陈梓城，等. 常用电子电路设计与调试[M]. 北京：中国电力出版社，2006.

[37] 朱大奇. 电子设备故障诊断原理与实践[M]. 北京：电子工业出版社，2004.